K-Dronebot for Human Flourishing

삶의 차원을 높여주는

K-드론봇

삶의 차원을 높여주는

K-드론봇

지은이 윤광준 · 정우영 · 김율희
펴낸이 조경희
펴낸곳 경문사
펴낸날 2021년 7월 1일 1판 1쇄
등 록 1979년 11월 9일 제1979-000023호
주 소 04057, 서울특별시 마포구 와우산로 174
전 화 (02)332-2004 팩스 (02)336-5193
이메일 kyungmoon@kyungmoon.com

값 20,000원

ISBN 979-11-6073-442-3

K-Dronebot for Human Flourishing

삶의 차원을 높여주는

K-드론봇

윤광준 · 정우영 · 김율희 지음

경문사

서문

Preface

"

미래 세상은 신개념 드론봇의 창의적 개발과 운용을 통해
지구와 우주 공간에서 삶의 차원을 높이는 국가가 주도할 것이다.

"

디지털 기술과 무선통신 기반의 스마트폰이 과거엔 상상도 못 할 정도로 우리 삶의 패러다임을 변화시킨 것처럼, 이제는 4차 산업혁명 기술을 기반으로 하는 드론봇이 인간의 인지와 행동을 또 다른 차원으로 높여 줄 것이다. 지난 몇 년간 드론 시장의 급격한 성장으로 인해 수많은 기사와 뉴스가 보도되었으나 대부분 제목 수준의 단편적인 내용을 다루거나 피상적 지식 전달로 끝나는 등 드론의 이슈화에 치중되어 아쉬움이 많았다. 이에 드론봇에 관한 과학기술 지식을 독자들에게 이해시키고 더불어 종합적인 상식을 높이며 미래설계까지 도움을 주고자 이 책을 집필하였다.

1960년 이후 한국은 고도성장으로 '한강의 기적'을 일으키며 선진국 대열에 진입하기 위해 도약의 발판을 마련했다. 또한, 국제적으로 주목받는 한류 문화를 발전시킴으로써 신흥 선진국으로 인정받고 있다. 이런 시점이 우리가 민첩한 추격자(fast follower)에서 미래 사회를 준비하는 선도자(first mover)라는 사고의 패러다임 변화를 추구해야 하는 중요한 역사적 순간이라고 할 수 있다. 그래서 우리나라가 미래 국제사회에서 드론과 로봇 분야의 과학기술 선도형 선진국이 되는데 일조할 수 있도록 특정 분야의 종사자뿐만 아니라 일반인들도 드론봇을 쉽게 이해하고 활용할 수 있도록 종합적인 지식과 전망을 제시하고자 한다.

이 책에서는 'K-드론봇'을 소개함으로써 드론과 로봇 분야에 대한 주요 주제를 다루고 과학기술 키워드를 중심으로 드론봇의 정의와 원리 및 국내외 현황을 소개하며 국가 미래 전략을 수립할 수 있는 기반을 제시하였다.

1장에서는 이 책을 이해하기 위한 가장 첫 단계인 드론봇에 대한 정의를 중심으로 서술하였다. 또한, 드론봇이 왜 4차 산업혁명의 중심에 서게 될 것인지에 대해 기술적 · 경제적 요인에 기반하여 글로벌 기업들의 사례를 살펴보았다. 드론의 정의와 개념에서는 드론과 로봇의 역사와 정의를 살펴보고, 드론, 로봇, 드론봇의 세 가지의 기능적 차이점에 대해 알아보았다. 이후 멀티콥터 드론 보급과 맞물려 이루어진 폭발적인 드론 대중화 현상, 4차 산업혁명의 기술들을 접목하여 급부상한 글로벌 기업들의 드론봇 사업을 소개하였다.

2장에서는 드론봇이 변화시킬 세상을 이해하기 위해 현재 개발 중인 드론봇과 활용이 예상되는 분야를 소개하였다. 민간 및 국방 분야의 드론봇 연구 현황과 개인형 드론봇을 포함한 중대형 드론봇부터 군집 드론봇까지의 유형 및 활용 기술에 대한 설명에 이어 농업 · 건설 · 치안 등 활용산업별 드론봇에 대한 이슈를 서술하였다.

3장에서는 드론봇 기술 활용을 국가안보와 보안 측면에서 조명해 보기 위해 사이버보안의 중요성과 함께 대테러 개념의 대(對) 드론봇 운용, 드론봇 활용 정보수집활동, 드론봇에 적용되는 4차 산업혁명 핵심기술의 방첩 업무 응용, 그리고 미래 방위체계 중심 드론봇 등에 대해서 다루었다.

4장에서는 미래 산업기술과 4차 산업혁명 시대 우리 삶의 차원을 K-드론봇이 높여 줄 것이란 전망 속에 한국형 수직이착륙 고속이동 틸트 드론봇, 인공지능 드론봇, 모자 드론봇과 드론봇 모함, 육해공 겸용 드론봇 등의 개발과 활용, 그리고 드론을 활용한 도심항공교통(UAM) 체계 구축과 유인 드론봇 개발, 국가 재난재해 신속 대처용 드론봇 시스템 등에 대하여 실제 적용을 통해 설명했다.

부록에는 날개의 양력 발생 원리, 고정익 항공기의 비행 원리에 대하여 일반 독자들이 쉽게 이해하도록 다양한 개념 설명도를 넣었고, 드론 관련 법률 및 시행규칙, 무인 비행 특별승인 절차, 사이버안보 업무규정도 독자가 참고할 수 있도록 포함했다.

지난 10년 동안 저자들이 드론봇 분야 연구와 정책 기획 활동을 하며 축적한 연구 내용과 관련 사진 및 개념도들의 핵심사항을 이 책의 취지에 맞도록 수정하고 보완하여 수록하였다. 한편, 2010년 이후 정부 부처, 국가 연구기관, 언론과 드론봇 관련 기업이 발표한 미래 정책과 연구개발 관련 기사의 사진과 도표를 일부 인용했음을 밝힌다.

윤광준 저자는 건국대 스마트드론연구소를 설립하여 지난 20년간 다양한 초소형 비행체와 드론봇 연구개발 과제를 진행하며, 관련 논문, 특허, 연구 및 정책 기획보고서 등을 작성하였고, 국내외 학술대회와 초소형 드론봇 경연대회에 참가하여 그 결과를 선보였다. 그리고 정우영 저자는 국내외 외교·안보 전문가로 실무경력과 과학정보활동 경험을 토대로 드론봇을 통한 사이버보안과 국가 사이버안보에서 실제 정책 제안 등으로 연결되도록 노력해왔다. 김율희 저자는 국방 로봇 전문가로 드론과 로봇 구조의 기능에 대한 관련 연구 결과를 토대로 이전과는 다른 개념의 드론봇이라는 새로운 분야의 개념 정립을 위해 연구하였다.

책이 출간되기까지 여러분의 많은 도움과 노력이 있었다. 특히 20여 년간 새로운 연구 주제를 같이 도전한 교수와 석박사 제자들의 드론봇 관련 연구개발 노력 결과를 이 책을 통해 소개하게 된 점에 감사드린다. 윤광준 저자의 구상과 생각을 다양한 개념도로 멋지게 구성해준 천민규 석사 제자와 20년 동안 초소형 비행체에 대한 공동 연구를 하며 세계 최고 수준의 학술지에 게재한 내용을 국문 원고로 준비해 준 박훈철 동료 교수에게도 깊은 감사의 마음을 전한다.

끝으로 이 책을 통하여 독자들이 미래 사회에서 주요 산업의 주역으로 등장하게 될 드론봇에 대한 궁금증을 해소하고, 이해도를 높여 곧 다가올 미래에 대한 준비를 하기 바란다. 학생에게는 장래 희망 전공 분야 선택과 드론봇 관련 지식 확대에 도움이 되면 좋겠다. 또한, 드론봇 관련 사업에 관심이 있는 분들에게는 다양한 드론봇 사업 정보 파악과 중요한 사업적 결정을 내리는 데 적극적으로 활용되었으면 한다. 더불어 관련 국가정책이나 제도 수립에 관여하는 분들에게 드론봇을 통한 우리나라와 산업 발전에 대해 청사진과 비전을 제시하고 이를 실현할 수 있는 도구가 되었으면 한다. 1930년대 초에 브나로드 계몽운동이 우리 민족의 지식수준을 높여 주는 계기가 된 것처럼 이 책이 드론봇 관련 융합기술과 통섭 지식에 대한 대중의 이해와 활용 수준 제고에 보탬이 되어 우리나라가 미래 세상에서 최고 국가로 인정받게 되기를 염원해 본다.

2021년 5월
저자 윤광준, 정우영, 김율희

차례

Contents

서문 iv

제1장 드론봇, 4차 산업혁명의 중심에 서다

제 1 절 드론봇은 무엇인가? 2
제 2 절 멀티콥터 드론, 대중을 사로잡다 20
제 3 절 드론봇 사업에 뛰어든 글로벌 기업 22

제2장 드론봇, 세상을 바꾸다

제 1 절 드론봇 개발, 어디까지 왔을까? 32
제 2 절 사물인터넷 기반 신개념 드론봇 66

제3장 드론봇, 과학정보와 만나다

제 1 절 드론봇과 사이버보안 102
제 2 절 드론봇과 국가안보 120

제4장 K-드론봇, 미래를 열다

제 1 절 한국 미래산업을 주도하는 K-드론봇 150
제 2 절 한국형 인공지능 K-드론봇 152
제 3 절 항공모함보다 신개념 드론봇 모함이 필요한 한국 157
제 4 절 K-드론봇, 육해공을 누벼라 161
제 5 절 새로운 도심항공교통 체계를 창출하다 165
제 6 절 재난상황의 히어로, K-드론봇 시스템 180
제 7 절 K-드론봇, 삶의 차원을 높이다 182

부록

A 회전익형 멀티콥터와 고정익 항공기 비행 원리 188
B 날개 양력 발생 원리와 예측 방법 192
C 무인비행장치 특별비행승인 200
D 자주하는 질문과 답변 206
E 드론 관련 법률 207

참고문헌 225
찾아보기 229

01

드론봇, 4차 산업혁명의 중심에 서다

제1절 | 드론봇은 무엇인가?

1 드론봇의 정의

21세기에 들어서면서 스마트폰이 인간 삶의 양상과 관련 산업 시스템을 혁신적으로 변화시켰듯이, 향후 드론봇이 인간 삶의 차원과 패러다임을 변화시킬 것으로 예측하며 이 책을 시작한다.

'드론봇(dronebot)'이라는 용어는 드론(drone)과 로봇(robot)의 합성어이다. 드론봇은 정보 수집과 감시, 수색 및 공격 등 특수 임무를 수행하기 위한 3차원 이동체 시스템이다. 기존 드론은 기본 영상만을 수집하는 단순 역할을 하지만 드론봇은 수집된 정보를 기반으로 로봇팔이나 특수 부착 장치를 활용하여 초기 화재 진압, 조난자 구조, 적군 제압 등 특수 임무를 능동적으로 수행할 수 있는 자율이동체라고 할 수 있다. 드론봇은 원격조정 또는 자율이동체에 정보 수집 센서와 임무 수행을 위한 작업장치가 탑재된 체계품이라 할 수 있다. 드론과 드론봇 체계에 대한 개념도를 그림 1.1과 같이 표현하였다.

용어의 혼란을 줄이기 위하여 이 책에서 언급하는 무인비행체는 카메라가 탑재되지 않고, 인간이 탑승하지 않으며 공중을 이동하는 비행체로 정의한다. 드론봇 운용 체계로는 드론과 로봇이 하나의 하드웨어 시스템으로 결합한 형태일 수도 있고, 필요에 따라 다수의 드론과 로봇이 통신을 통하여 협업하며 특수 임무를 수행할 수 있는 군집 시스템이 될 수도 있다.

지난 1세기 동안 무인비행체, 무인잠수정, 무인선박 등(그림 1.2)이 군사용으로 활용되며 '드론'이란 별칭으로도 불렸으나 요즈음 개인 운용이 가능한 수직이착륙 저속 이동형 멀티콥터 드론이 대중화되며 드론이라는 용어가 다소 다르게 인식되고 있다. 더불어서 대중화된 관련 민간 시장이 폭발적으로 늘고 있다. 이러한 동향을 고려하여 '드론봇'이란 용어는 육상, 수상 및 수중, 공중에서 자율적 이동이 가능하고 필요에 따라 사람도 태우고 전문조종사 없이 이동하며 주어진 임무를 수행할 수 있는 3차원 이동체로 정의하고자 한다.

드론봇은 인공지능(AI) 및 사물인터넷(IoT) 등의 ICT 기술과 융합되어 4차 산업혁명을 주도할 것으로 예측한다. 3차 산업혁명에서 컴퓨터와 디지털 통신이 인간 삶의 양상과 관련 산업을 크게 변화시켜 왔듯이, 향후 신개념 기술이 적용된 드론봇이 물리적 공간과 사이버 공간을 융합한 세계에서 다양한 혁신적인 역할로 인간 생활의 패러다임을 변화시킬 것이다.

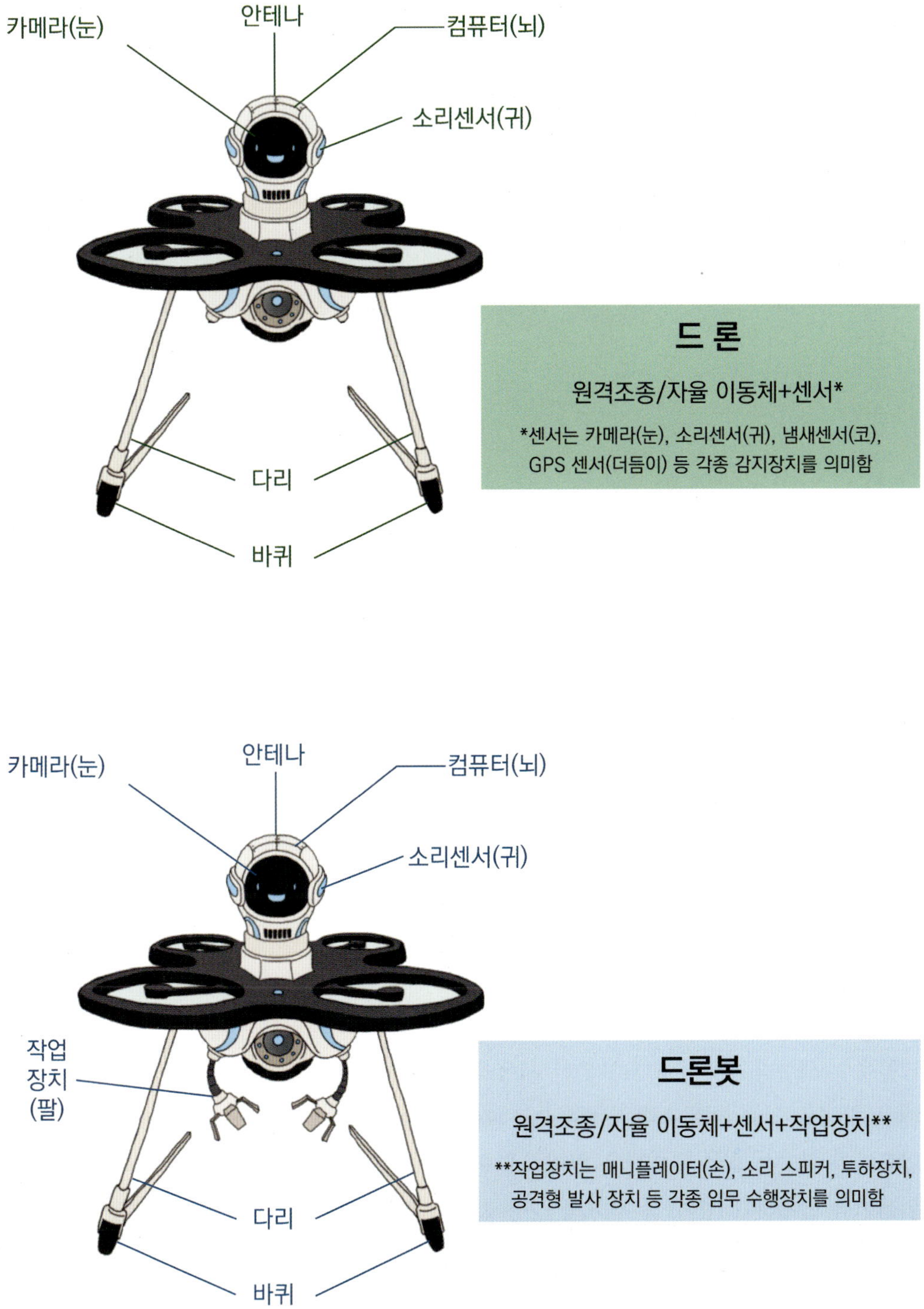

그림 1.1 이 책에서 정의하는 드론과 드론봇 체계 설명도

〈출처: 건국대 스마트드론연구소〉

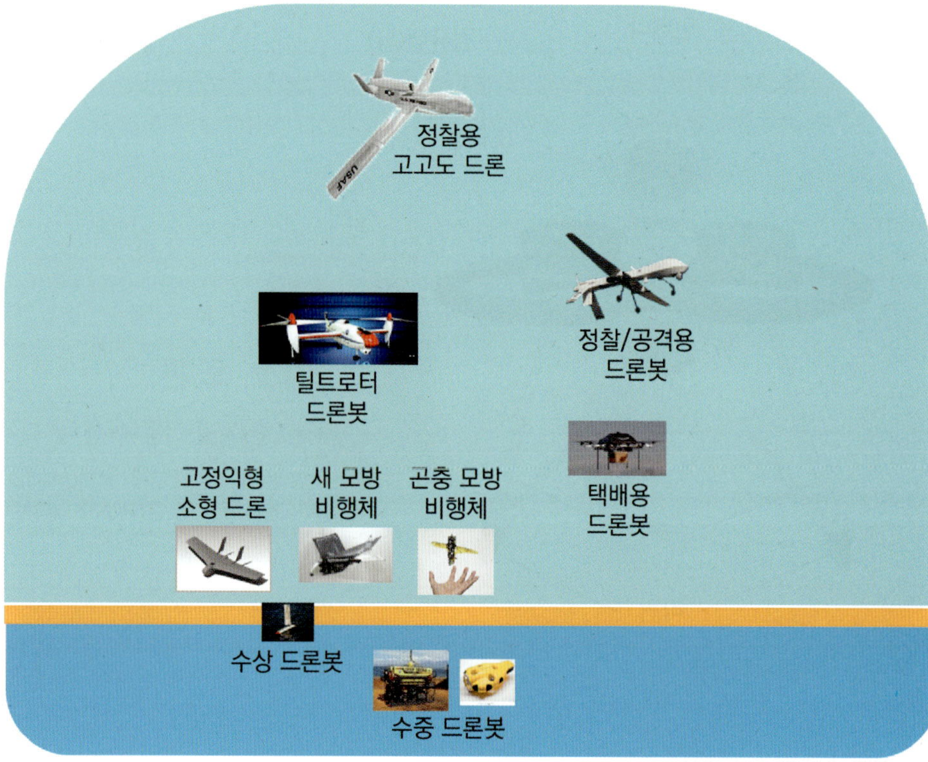

그림 1.2 현재까지 개발되었거나 활용되고 있는 수중, 수상, 공중드론과 드론봇(dronbot)
〈출처: 건국대 스마트드론연구소〉

다음 쪽의 그림 1.3과 같이 코르부스(Corvus Belli Co.)는 2008년에 워 게임(infinity game)용 미니어처 캐릭터로 4개 종류의 드론봇(dronbot)을 소개한 바 있는데, 이 드론봇들은 PC 전쟁 게임에서 최적화된 반자동 보조 로봇이라는 역할로 임무를 수행한다. 이 게임에는 4가지 종류의 드론봇 아이템이 등장한다. 첫 번째 드론봇인 패스파인더는 복잡한 센서와 안테나, 통신기, 네트워크 링크를 통해 자신이 배치된 지역을 완전히 통제하며 숨어있는 적들을 수색한다. 두 번째 드론봇인 시에라는 강력한 반응 서보모터, 중기관총, 자동 지뢰 매설 장비를 갖춘 기동포대 드론봇으로 지역 방위 임무를 수행하면서 진격하는 적들에게 압도적인 화력을 퍼붓는 역할을 한다. 세 번째 드론봇인 클리퍼는 긴 사거리의 유도 미사일 발사기를 탑재하고 있어 적 부대의 상공에서 파괴의 비를 내리는 데에 특화된 드론봇이다. 네 번째 드론봇인 푸가지는 가볍고 민첩한 고기동 플랫폼으로 해커의 작전 범위를 크게 넓히는 역할을 한다.

13년 전 상상에 의해 드론봇 아이템을 만들어 냈지만, 지금은 5G, 인공지능, 멀티콥터 드론 상용화 등의 기술발전에 따라 서서히 현실화되고 있다.

그림 1.3 워 게임 '인피니티'의 미니어처 캐릭터인 드론봇(dronbot)
〈출처: human-sphere.com/index.php?title=Dronbot〉

2018년 9월 한국 육군은 세계 최초로 드론과 로봇을 전투에 운용하기 위해 드론봇전투단을 창설하여 미래 전쟁에서 인간의 피해를 최소화하고 작전을 효율적으로 수행하기 위한 준비를 진행하고 있다. 드론봇전투단은 새로운 통신 네트워크를 기반으로 정찰용, 공격용, 수송용, 통신중계용 등의 드론과 로봇을 활용한 드론봇 운영 체계를 갖추어 미래의 비대칭 전쟁 위협에 능동적으로 대처할 수 있는 임무를 수행할 예정이다. 또한 한국군의 병역의무자 급감에 대비하기 위해서 상비병력수를 줄이고 빈자리를 드론봇으로 대체할 예정이다.

2 드론의 역사

가. 드론의 탄생과 정의

드론의 사전적 의미는 수벌(male bee) 혹은 벌이 날아가며 일으키는 소리(sounds like a sack full of bees)이다. 1939년 미국 해군이 대공포 사격 연습용 타겟으로 개발한 무인 비행체(UAV; Unmanned Aerial Vehicle)의 프로펠러 소리가 수벌의 비행 소리와 비슷하다

그림 1.4 표적용 드론 Denny(OQ2)

그림 1.5 드론 조립 여직공이던 19세의 메릴린 먼로
〈출처: https://en.wikipedia.org/wiki/Radioplane〉

고 하여 '타겟 드론(target drone)'이라 불렸다. 초기에 OQ2 드론 기종(그림 1.4)은 당시 유명한 미국의 영화배우이자 비행사였던 레지널드 데니(Reginald Denny)가 RP-5 타겟 드론 기종으로 개량하여 미 해군에 1만 5000여 대를 납품하였다. 초기 드론산업과 얽힌 우연성을 가진 일화가 있는데 1945년에 미육군 사진 기자가 LA 시내 드론 제조공장을 방문하여 드론 조립을 하는 아름다운 여공의 모습을 사진으로 남겼는데 그 여공이 바로 메릴린 먼로(Marilyn Monroe)이다(그림 1.5). 초기 드론산업에서 세기적 영화배우가 배출된 것이다.

한편 드론에 대한 정의는 법률로 정의할 수 있을 정도로 기본적인 구동원리와 기술정의가 명확하다. 한국 국토교통부가 정의한 드론은 전문 조종자가 탑승하지 아니한 상태로 항행할 수 있는 비행체로서 무인 비행 장치, 무인 항공기, 그 밖에 원격·자동·자율 등의 방식에 따라 항행하는 비행체로 정의되어 있고 다양한 종류의 드론이 개발되고 있거나 운용되고 있다.

나. 드론의 종류

미국에서 개발되었거나 실전에 배치되어 사용하고 있는 군용 드론의 종류를 보면 대형 드론에서부터 손바닥 크기의 초소형 드론들까지 매우 다양하다. 대형의 경우 제품의 단가가 상당히 높고, 초소형일 경우에는 제품의 복잡도가 커져서 마이크로 및 나노 기술이 과감하게 적용된 센서, 통신용 칩과 컴퓨터를 활용하고 있다.

공중을 이동하는 무인비행체뿐만 아니라 사람을 대신하여 수중을 이동하며 특수 임무를 수행하는 수중 무인이동체도 드론으로 명명되기도 하였다. 딥드론(deep drone)은 1970년대에 미국 해군에서 개발되어 유선 원격조종 방식으로 8000m 수심의 바닷속까지 들어가 사진 촬영과 필요한 물건 채취를 하였는데 1984년에 대한항공 007기가 사할린 상공에서 격추되었을 때 이 드론이 바닷물 속으로 들어가 항공기 잔해 수색과 수거 임무를 수행한 적도 있다(그림 1.7).

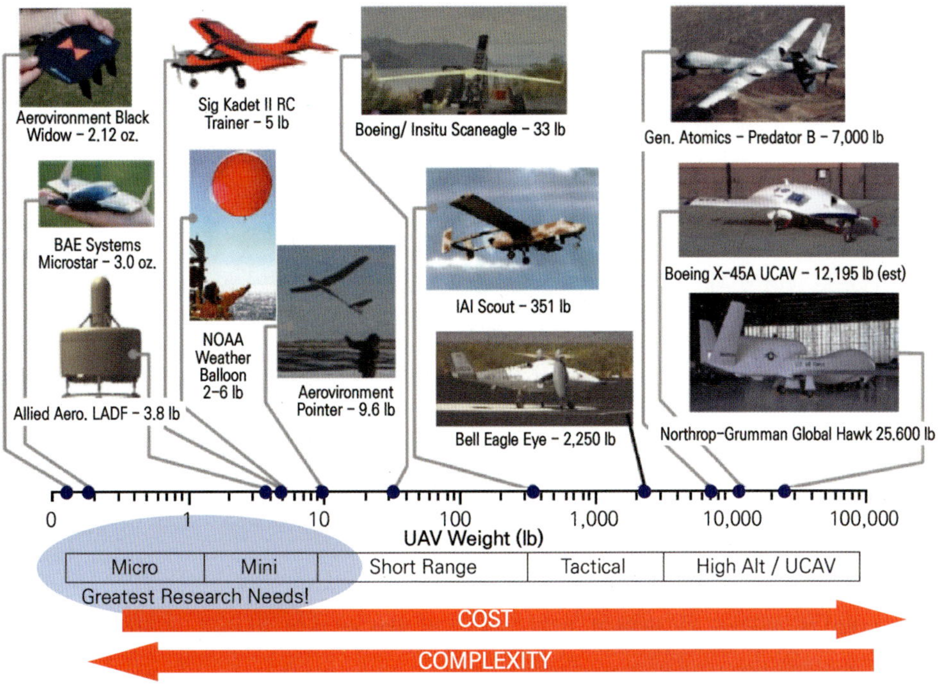

그림 1.6 미국에서 개발된 군용 드론의 종류

〈출처: 미국 공군연구소〉

2014년 일론 머스크(Elon Musk)는 그림 1.8과 같은 드론선 ASDS(autonous spaceport drone ship) 사진을 공개하였다. 재사용이 가능한 우주 비행 로켓을 원격 제어로 발사시키고 또한 자동 착륙할 수 있는 드론 바지선(drone ship)이다. 2016년에는 발사된 로켓 SpaceX Falcon 9을 자동 착륙시키는 데 성공하였다.

그림 1.7 수중 무인이동체 딥드론(deep drone)

〈출처: https://www.marinetechnologynews.com〉

그림 1.8 우주 비행 로켓 발사와 착륙용 드론 바지선 ASDS

〈출처: https://en.wikipedia.org/wiki/Autonomous_spaceport_drone_ship〉

3 쿼드콥터 비행체의 비행 원리

4개의 로터가 달린 쿼드콥터(Quadcopter) 비행체(그림 1.9)는 이미 1세기 이전에도 엔진 동력형 헬리콥터 시스템으로 연구되었으나 4개 로터를 동시에 수동으로 조종하기가 거의 불가능하여 실용화되지 못하였다.

로터와 프로펠러에 대한 뚜렷한 구분이 쉽지는 않으나, 용어의 혼란을 줄이기 위하여 비행체의 부양력을 위한 회전 날개를 로터, 비행체의 추진력을 위한 회전 날개를 프로펠러로 정의한다. 틸트 작동에 의하여 부양력과 회전력을 발생시킬 수 있는 회전 날개는 로터로 분류하였다.

쿼드콥터형 비행체는 그림 1.10과 같이 로터 4개가 부착된 비행체이며, 로터를 회전시켜 발생하는 양력으로 비행한다. 전후좌우로 움직이는 것도 헬리콥터와 같이, 이동하려는 방향으로 로터를 기울이면 양력의 일부가 추력으로 작용하여 움직이게 된다. 쿼드콥터 비행체는 로터가 4개이기 때문에 각 로터의 회전수를 조절하여 기체의 자세를 조절할 수 있다.

쿼드콥터형 비행체가 제자리에서 정지 비행(hovering)을 하면서 상승해야 할 경우, 로터 4개의 회전수를 동일하게 높이면 되고, 하강해야 할 경우, 로터 4개의 회전수를 동일하게 낮추면 된다.

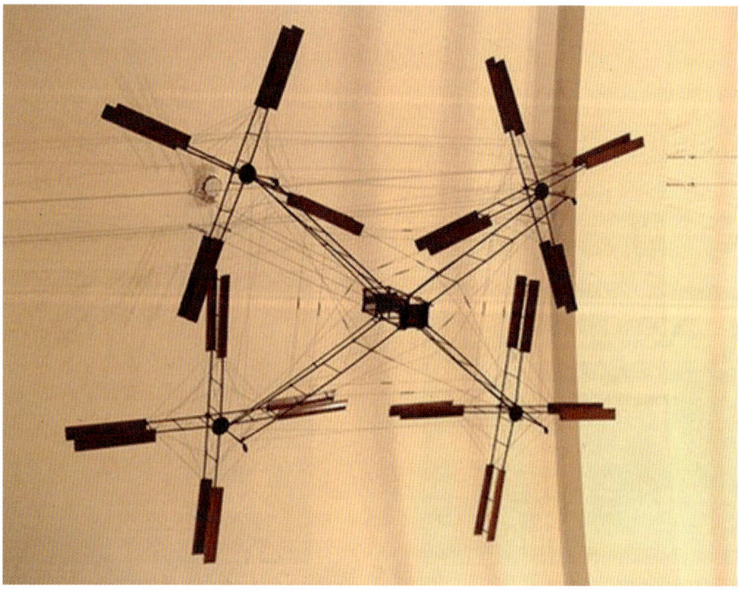

그림 1.9 1907년 프랑스에서 비행에 성공한 최초의 쿼드콥터
〈출처: 위키미디어〉

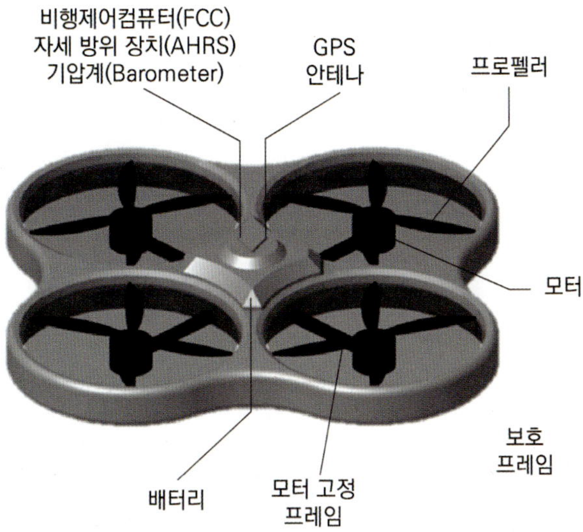

그림 1.10 쿼트콥터의 구조와 구성도

기체를 전진시켜야 할 경우, 전방의 2개 로터의 회전수를 후방의 2개 로터보다 적게 하면 기체의 앞면은 내려가고 뒷면은 올라가게 되는데, 로터 부양력의 일부가 진행 방향으로 추력으로 작용하여 비행체가 전진하게 된다. 후진과 좌우 방향 비행도 같은 원리로 구현된다.

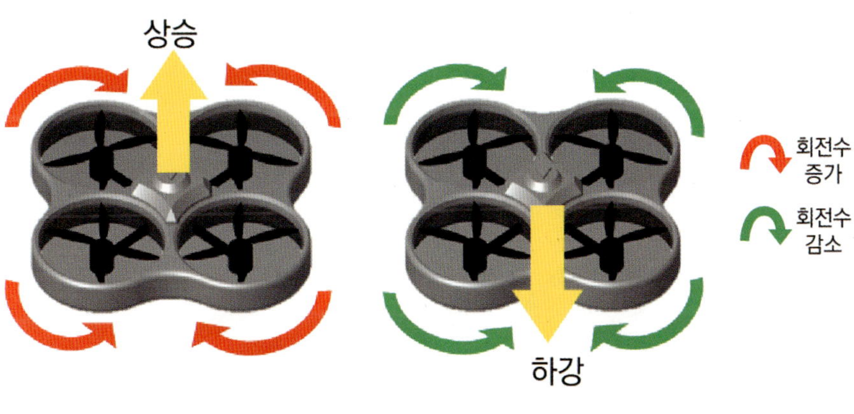

그림 1.11 쿼드콥터와 고정익 항공기의 상승과 하강 원리 설명도

쿼드콥터형 비행체는 제자리에서 정지 비행(hovering)을 하면서 방향 회전을 할 때도 로터의 회전수를 조절하는데, 회전하는 각 로터의 각운동량(angular momentum)의 차이를 이용하여 원하는 기체 회전력을 얻을 수 있다. 쿼드콥터가 제자리비행 중 그림 1.13처럼의 좌

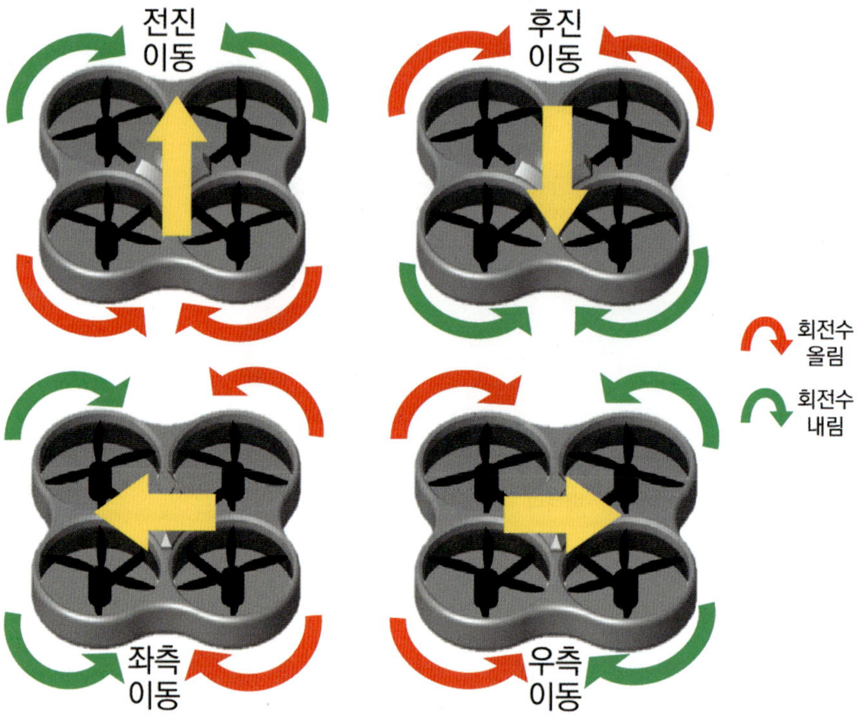

그림 1.12 쿼드콥터의 전후좌우 이동 원리 설명도

상과 우하 로터의 회전수를 높이고 좌하와 우상 로터의 회전수를 낮추면 기체는 왼쪽으로 회전한다. 또한 우상과 좌하 로터의 회전수를 높이고 좌상과 우하 로터의 회전수를 낮추면 기체는 오른쪽으로 회전한다.

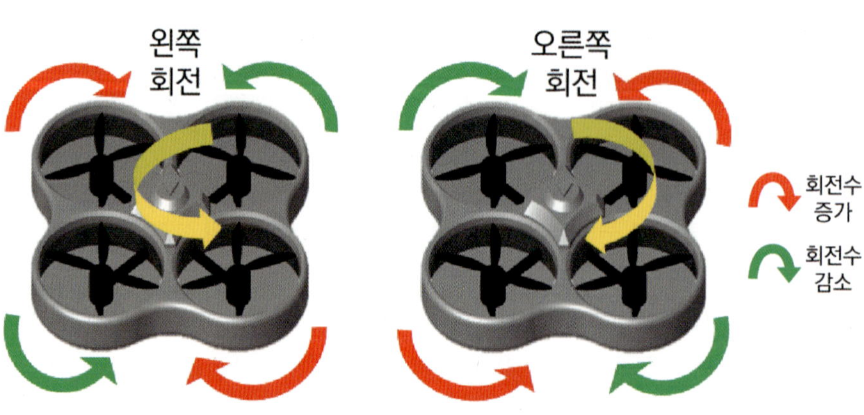

그림 1.13 쿼드콥터의 제자리 회전 원리 설명도

4 로봇의 역사

드론봇을 이해하기 위해서는 로봇에 대한 이해도 필요하다. 로봇은 드론과 드론봇을 아우르는 광의의 개념이나, 드론봇은 드론의 측면에서 보면 '작업하는 드론'이며, 로봇의 측면에서 보면 '날 수 있는 작업 로봇'이다.

이 책에서는 드론봇을 드론과 로봇 개념이 합성된 것으로 정의하였으므로, 이러한 정의에 맞게 로봇에 대한 이해를 일부 포함하였다.

가. 로봇의 유래와 발전

'로봇'이란 용어는 체코슬로바키아의 극작가 카렐 차페크(Carel Čapek)가 1921년에 발표한 희곡 〈R.U.R(Rossum's Universal Robots)〉에서 '강제 노동'을 의미하는 슬라브어 로보타(Robota)에서 유래되었다.

로봇이 소설, 희곡, 영화 등 우리의 상상이나 이미지로부터 현실 세계에 등장하게 된 것은 1959년이며, 최초의 로봇은 유니메이트(Unimate)라는 유압식 산업용 로봇이다.

당시 사용한 유압장치들은 부피가 크고 정밀 위치제어의 한계, 소음 때문에 사용하기 불편하였다. 이에 전기모터 제작 기술이 발달하면서부터 정밀한 작업을 할 수 있는 전기모터 제어 방식의 로봇 암이 1969년에 등장했다. 스탠퍼드 대학의 빅터 셰인만(Victor Scheinman) 교수는 전기를 사용하며 모든 방향으로 자유롭게 움직일 수 있도록 자유도(degree of freedom)*를 갖는 스탠퍼드 암(Stanford Arm)을 개발했다.

그림 1.14 카렐 차페크의 희곡에 등장한 로보타(1921년)

* 기계공학에서 자유도는 형태를 결정하는 최소한의 변수의 수라고 정의하는데, 이는 자유도를 구속된 위치와 방향을 제외한 자유로운 위치와 방향을 아는 데 필요한 최소한의 변수의 수로 정의할 수 있다. 로봇에서는 로봇 손끝에서 느끼는 자유도 또는 작업과 상대적 의미의 자유도, 기계적/제어적/SW적인 자유도로 구분하여 정의할 수 있다.

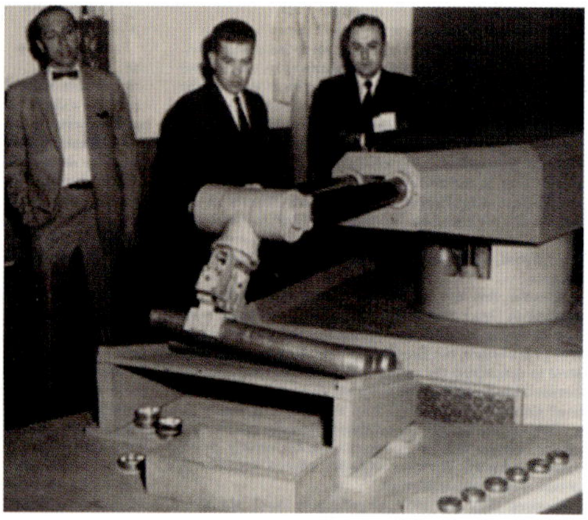

(a) 유니메이트

(b) 스탠퍼드암

그림 1.15 1960~70년대 초기 로봇

1979년 미국 스리마일섬(Three Mile Island)의 원자력 발전소에서 노심 운용(Meltdown) 사고가 발생했을 때 사람 대신 원자로의 상태를 조사한 '원격감시 로봇'과 1994년에 알래스카의 슈퍼마운틴 활화산의 분화구 속을 약 180m까지 내려가서 각종 자료를 수집하는 데 성공한 '단테-II' 등 점차 기술 발전에 따라 로봇은 인간이 접근하기 어려운 장소에서 인간을 도와주는 작업을 수행하기 시작하였다.

당시 로봇은 이동기술과 통신기술의 제한으로 거중기와 케이블의 도움을 받아 원자로와 활화산으로 하강하였다.

(a) 원자로 원격감시 로봇

(b) 활화산 자료수집 로봇 - 단테 II

그림 1.16 재난재해 극복을 위한 로봇

나. 로봇의 정의

로봇에 관한 정의는 다양하나 대표적으로 미 로봇협회(RIA: Robot Institute of America)는 "로봇은 여러 종류의 일들을 수행하기 위하여 부품이나 장치, 도구 등을 움직일 수 있는 다기능의 프로그램화 된 동작 수행이 가능한 기계장치"로 정의하고 있다.

그러나 최초로 산업용 로봇을 개발한 조셉 엥겔버거(Joseph Engelberger)는 로봇을 무엇이라 정의할 수는 없지만, 그것을 보면 로봇인지 아닌지 알 수 있다.("I can't define a robot, but I know one when I see one.)"라고 하였다. 이는 하나의 정의로는 로봇인지 아닌지를 구별하기가 쉽지 않음을 단적으로 표현한 것이다. 수없이 많고 다양하며 끊임없이 개발되고 있는 기술요소로 만들어지고 있는 로봇에 대한 범주를 하나로만 정의하기는 어렵다. 때문에 이 책에서도 드론봇 또한 로봇이나 드론 하나로 정의하기 어렵기에 드론과 로봇의 융합된 새로운 개념으로 정의하였다.

그림 1.17 로봇을 무엇이라 정의할 수 있는가?

다. 로봇의 구조 및 기능

(1) 로봇의 구조

로봇의 구조는 크게 세 가지로 분류된다. 하나는 팔에 해당하는 매니퓰레이터(Manipulator) 로봇이고, 또 하나는 다리에 해당하는 모바일 로봇(Mobile Robot)이다. 마지막으로 사람처럼 둘 다 가지고 있는 모바일 매니퓰레이터(Mobile Manipulator) 로봇이 있다(그림 1.20).

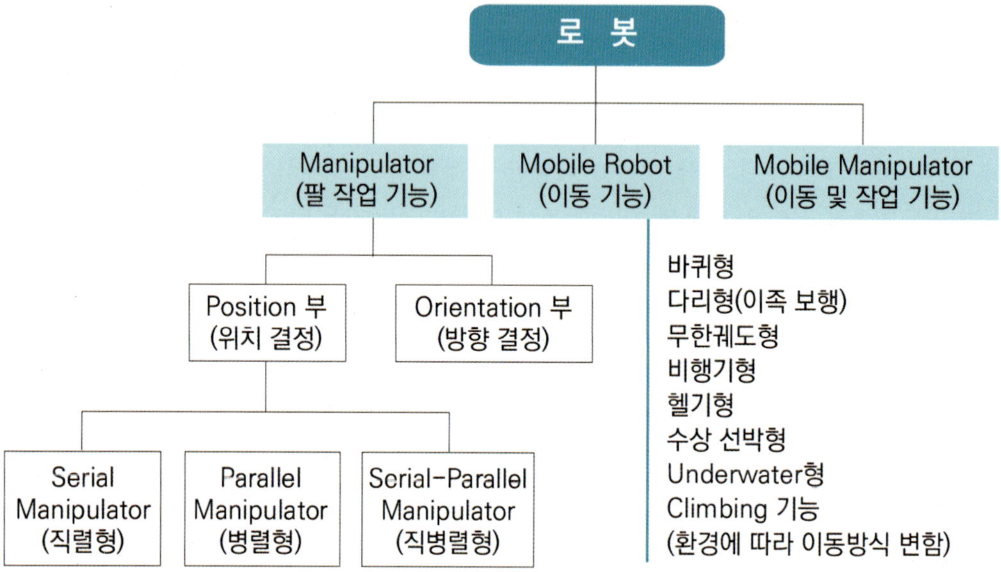

그림 1.18 로봇의 구조에 따른 분류

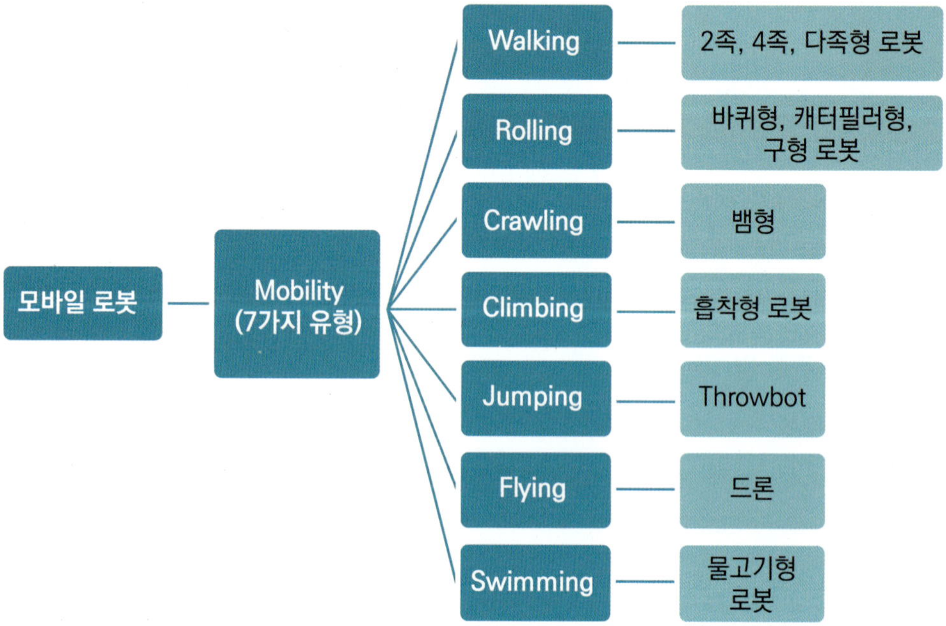

그림 1.19 이동방법에 따른 로봇의 형태

(a) 매니퓰레이터 로봇　　(b) 모바일 로봇　　(c) 모바일 매니퓰레이터 로봇

그림 1.20 매니퓰레이터 로봇, 모바일 로봇, 모바일 매니퓰레이터 로봇의 구분

매니퓰레이터 로봇은 사람의 어깨에서부터 손목까지 부분을 포함한 팔의 기능을 수행하는 로봇 형태로 여기에는 위치, 방향에 따라 위아래로 움직이는 수직다관절 로봇, 좌우로 움직이는 수평다관절 로봇, 위아래 또는 좌우로 움직이는 직교 로봇 등이 있다.

모바일 로봇은 이동 기능만을 가진 로봇으로서 걷기, 구르기 등 이동방법에 따라 다리형, 바퀴형, 뱀형, 비행기형, 수상·수중형 등 다양한 형태가 존재하며, 환경에 따라 이동 형태가 결정된다.

모바일 매니퓰레이터 로봇은 이동 기능과 작업 기능이 합쳐진 형태의 로봇을 말하며, 폭발물 제거 탐지 및 제거 로봇인 '팩봇(Packbot)'이 대표적인 모바일 매니퓰레이터 로봇이다. 모바일 매니퓰레이터 로봇은 작업 용도에 따라 다양한 매니퓰레이터와 모빌리티를 가질 수 있다.

(2) 로봇의 기능

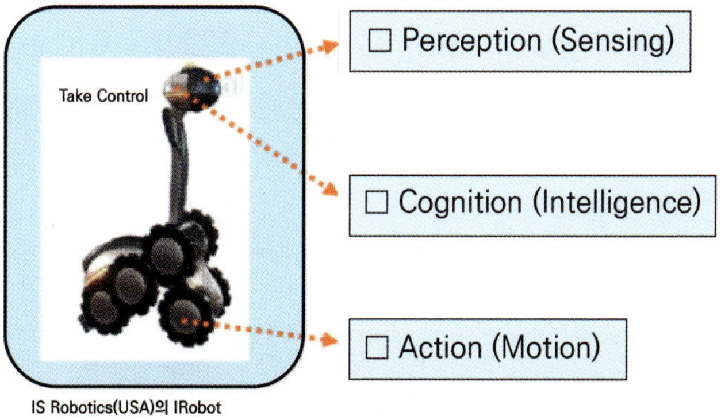

그림 1.21 로봇의 기능 분야

기능적으로 볼 때, 로봇은 간단히 인간의 감각(Sense), 지능(Intelligence), 움직임(Motion)에 해당하는 기능으로 구성되어 있으며, 각 기능은 핵심적인 기술 요소를 가지고 있다. 감각에 해당하는 기술 요소는 감지(Perception), 지능에 해당하는 기술 요소는 인지(Cognition), 움직임에 해당하는 기술 요소는 행동(Action, 이하 A)으로 정리할 수 있다(그림 1.21).

다. 로봇의 기술

(1) 로봇의 감지 기술

센서 기술을 활용하는 로봇의 감지 기술은 변화하는 작업 내용과 환경에 로봇이 적극적으로 대응할 수 있도록 도와준다. 특히 눈에 해당하는 카메라를 이용한 시각 감지 기능은 현대 로봇에서 가장 중요한 요소로 발전하고 있다.

로봇에 필요한 감지 기술은 로봇 내부를 모니터링하기 위한 내부 센서와 로봇 주변의 물리적, 화학적 요소들을 센싱하기 위한 외부 센서를 포함하고 있다. 이 감지 기술은 로봇이 지능을 가질 수 있도록 하기 위한 필수 조건이며, 감지되는 정보에 해당하는 만큼의 지능을 가질 수 있다.

(2) 로봇의 인지 기술

로봇의 인지 기술은 지능(Intelligence)이라고 표현하기도 하는데, 로봇 관련 지능은 크게 3가지로 구분할 수 있다. 작업 수행을 위한 동작 관련 지능(Task performance dexterity Intelligence), 환경 탐색 또는 대응 관련 지능(Environment exploration Intelligence), 사용자인 인간과 상호 작용 지능(Human robot interaction Intelligence)이다.

또한, 지능 수준에 따라 감지 기술이 구현되어야 한다. 요구되는 지능 수준이 높을수록 많은 센싱과 데이터가 필요하며, 요구되는 지능 수준이 낮으면 적은 수의 센싱이나 입력된 데이터 값이 필요하다.

(3) 로봇의 행동 기술

로봇의 행동은 크게 모빌리티와 매니퓰레이션으로 나누는데 이들은 에너지를 기반으로 한 힘(Force)과 속도 또는 회전력(토크, Torque)과 가속도는 적절한 동력전달장치(Mechanism)를 통해서 로봇의 힘과 운동으로 만들어진다. 로봇의 움직임(모션, Motion)인 이동과 조작은 복수의 모터와 동력전달장치를 통해서 만들어지는 힘과 운동을 사용한다.

라. 로봇의 구성요소

로봇 기술이 구현되는 로봇의 구성 요소는 3개의 외부적 요소(인간, 동작, 환경)와 5개의 내부적 요소(인터페이스, 컨트롤, 메커니즘, 센싱, 에너지)로 구성된다. 로봇 기술은 로봇 요소와 유기적으로 결합할 때 최적의 작업성과를 발휘한다.

(1) 로봇 외부의 3요소

• **인간**: 로봇을 운용하는 주체로서 전문가(Professional)와 일반인(Ordinary)으로 구분된다. 여기서 전문가는 로봇을 사용하기 위해서 일정 수준 이상의 교육을 받은 사람들을

의미한다. 일반인은 보통 사람들, 즉 로봇 사용 교육을 받지 않은 사람들이다.

- **환경**: 로봇이 작업을 수행하는 주변 요소로서, 인간이 로봇을 위해 만들어준 구조적(Structured) 환경과 있는 그대로의 환경인 비구조적(Unstructured) 환경이 있다. 제조업 공장들은 대부분 로봇에 적합한 환경으로 만들어진 구조적 환경이다. 산림 지역, 해안 지역, 화재 현장, 전투가 이루어지는 전장 등 외부요인에 의해 변화되는 것은 모두 비구조적 환경이다. 비구조적 환경에서 로봇이 구동하기 위해서는 어렵고 복잡한 기술이 필요하다.
- **동작**: 동작은 이동(Mobility)과 조작(Manipulation)을 포함한다. 이동은 A에서 B로 로봇 몸체 전체가 움직이는 것이다. 주어진 임무 수행을 위해 이동을 하는 로봇을 모바일 로봇(Mobile Robot)이라고 한다. 또한, 로봇에게 임무가 주어지면 조작이 필요한 작업이 있다. 조작은 로봇이 외부의 대상물을 A에서 B로 옮기는 것이다. 이를 위한 장치를 매니퓰레이터 로봇이라고 한다.

(2) 로봇 내부의 5요소

- **사용자 인터페이스**(User Interface): 로봇이 인간과 상호 작용을 할 수 있도록 하는 물리적·가상적 매개체로서 입력 디바이스(Input device)와 출력 디바이스(Output device)가 있다. 컴퓨터의 입·출력장치와 유사하지만, 로봇의 동작에 더 중점을 두는 인터페이스라는 점에서 차이가 있다. 물론 작업을 위한 인터페이스도 추가된다. 즉 인터페이스는 로봇과 인간 또는 로봇시스템과 인간 사이의 모든 상호 작용을 의미한다.
- **제어**(Control): 로봇의 핵심 요소로서 PCA와 인터페이스, 그리고 에너지를 모두 관리하고 운영하는 것으로, 사람의 뇌에 해당한다. 하위 시스템으로 모터의 제어, 센서 정보의 수집이 여기에 해당되고, 상위 시스템으로는 로봇과 로봇시스템의 전반적인 제어를 포함하고 있다. 즉 제어는 인지된 환경을 제대로 인식시키고(P: 지각), 인간의 인식과 판단을 로봇의 인식과 판단으로 전환시키며(C: 인지), 사용자가 원하는 힘과 운동을 메

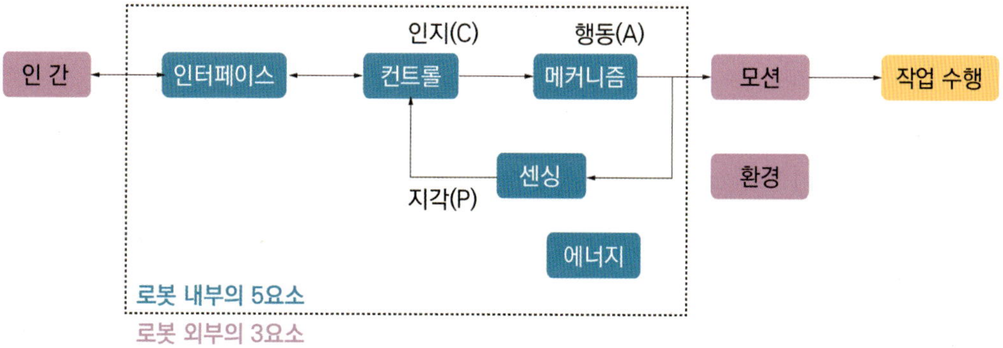

그림 1.22 로봇의 구성요소

커니즘의 힘과 운동(A: 행동)으로 일치시키는 것이다.

- **메커니즘**(Mechanism): 전기를 받아 돌아가는 모터는 전기에너지를 운동에너지로 변환한다. 모터의 운동에너지를 받아서 원하는 운동과 힘을 만들어내는 역할을 메커니즘이 담당한다. 일반적으로 로봇에는 여러 개의 모터가 사용되는데, 이들은 기계적 요소(기어를 포함하는 감속기, 폴리와 벨트, 링크 기구 등)에 의해 기구학적 또는 동력학적으로 연결되어 있다. 로봇을 구성하는 작동기(Actuator)는 모터가 가장 보편적이나 공압과 유압도 각각 다른 장점을 갖고 활용되고 있다.
- **센싱**(Sensing): 로봇의 센싱은 로봇 내부에 내장된 센싱과 외부의 센싱으로 구분된다. 모터의 회전각을 읽기 위한 인코더와 로봇 운동의 한계를 설정하기 위한 리밋 센서 등이 내부 센싱이고, 환경을 인식하기 위한 로봇의 주변 장치를 외부 센싱으로 볼 수 있다. 최근의 서비스 로봇에서는 환경 인식 센서가 내부 센서화되고 있는 추세이므로 이러한 구분이 무의미하다. 앞으로는 환경 인식을 위한 센서인지, 로봇 자신의 운동을 위한 센서인지, 작업과 관련된 센서인지 등으로 구분될 것이다.
- **에너지**(Energy): 고정된 장소에서 운용되는 매니퓰레이터는 대부분 콘센트에서 나오는 전기를 사용하지만, 모바일 로봇의 경우는 대부분 충전 가능한 배터리를 가지고 있다. 모바일 로봇에 필요한 배터리는 급가속이 가능하고, 오랜 시간 동안 작동 가능한 고출력, 고용량이어야 하나 현재 사용하는 리튬 계열 전지는 장기간 사용이 어려운 단점이 있다. 그러므로 대형 모바일 로봇에서는 자동차와 같이 연료전지(Fuel Cell)나 스스로 에너지를 수집하면서 이동하는 태양열 발전 로봇의 에너지 개발이 필요하다.

(3) 드론봇, 드론, 로봇의 구조

드론봇, 드론, 로봇은 감지기능, 지능기능, 행동기능의 구조는 동일하나, 행동 기능에서 구조적인 차이가 있다.

로봇은 감지기능(P: Perception)과 지능기능(C: Cognition)을 기반으로 행동기능(A: Action)을 표현하거나 만들어낸다. 이때 사용되는 로봇의 지능은 인공지능 수준의 높은 지능부터 단순 이동이나 반복을 수행하는 수준의 낮은 지능을 모두 포함한다. 또한 지능의 수준에 따라 감지기능(P)의 수준도 정해진다. 지능이 높을수록 다양한 여러 가지 센서 등을 활용한 감지기능(P) 구현이 가능하지만, 지능이 낮으면 감지기능(P) 구현에 한계가 따른다.

로봇의 행동기능(A)은 이동기능과 조작기능으로 나뉘며, 이동기능은 모바일로, 조작기능은 매니퓰레이션으로 2가지 구조로 구현되며, 로봇은 이 2가지 행동기능(A) 중 1가지 구조만으로도 구현이 가능하다. 그림 1.23과 같이 이동기능 1가지 또는 조작기능 1가지만으로도 로봇은 구현이 가능하며, 이동기능과 조작기능 2가지가 모두 구현되기도 한다.

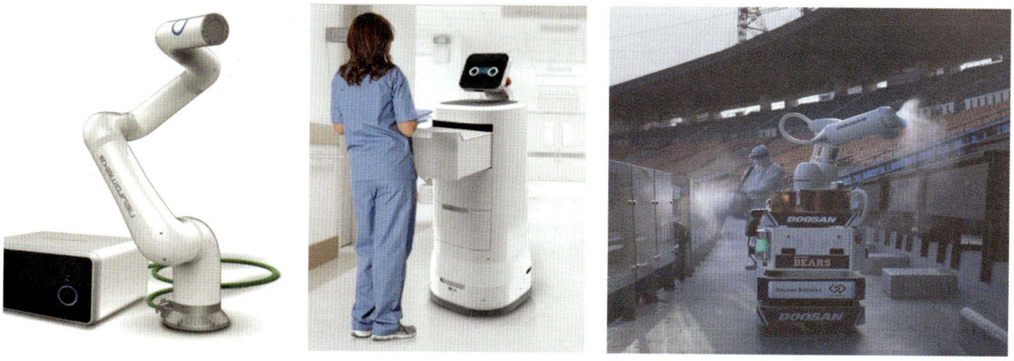

(a) 조작기능만 구현된 로봇　(b) 이동기능만 구현된 로봇　(c) 이동기능과 조작기능이 모두 구현된 로봇

그림 1.23 이동기능 및 조작기능

드론의 행동기능(A)은 이동기능 중 날기(Flying)만으로 이루어진다. 반면 드론봇의 행동기능(A)은 이동기능 중에서 날기(Flying)가 기본 기능이 되며 조작기능도 같이 사용되어야 한다. 따라서 드론봇은 이동기능과 조작기능 2가지가 모두 사용되어야 한다. 이동기능이나 조작기능의 1가지 기능만으로도 행동기능(A)이 구현되나 드론봇은 2가지 기능이 모두 사용되어야 한다.

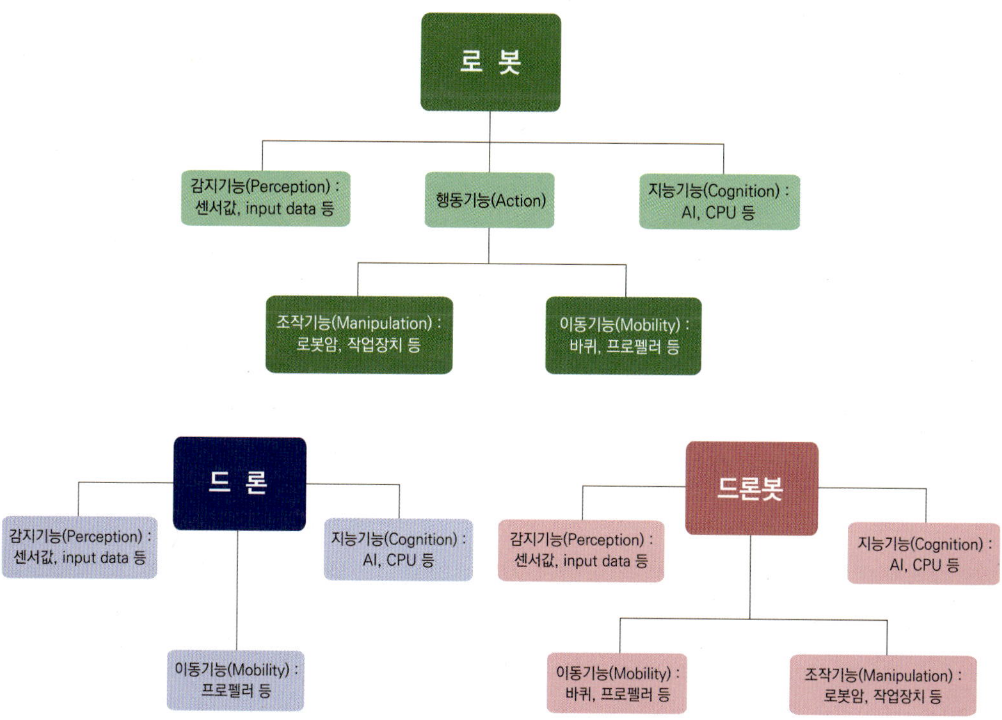

그림 1.24 로봇 · 드론 · 드론봇의 구조

제2절 | 멀티콥터 드론, 대중을 사로잡다

21세기에 들어서며 기체에 로터가 4개 이상 부착된 소형 멀티콥터 드론이 폭발적으로 대중에게 보급되면서 영상촬영용과 레이싱용 등 다양하게 드론이 활용되고 있다.

일반인도 쉽게 조종하며 날릴 수 있는 소형 멀티콥터가 갑자기 대량 보급된 이유는 무엇일까? 그 이유로는 다수의 로터를 연동 제어할 수 있는 초소형/초경량 비행 제어 컴퓨터와 MEMS(Micro Electro Mechanical Systems) 자이로스코프/가속도 센서, 리튬폴리머 배터리, 고효율 BLDC(Brush-Less DC) 모터가 멀티콥터형 드론 실용화에 크게 기여하였다. 이러한 혁신적 기능의 핵심 부품들이 저가로 대량 생산되어 멀티콥터 드론에 활용됨으로써 드론 제품의 단가도 예상보다 훨씬 저렴해져 일반 대중이 경제적 부담 없이 구입하여 활용하고 있다는 점 또한 폭발적으로 드론 시장이 확대된 이유이다.

1 기술적 요인

쿼드콥터 드론 중 민간용으로 실용성을 보여준 제품이 프랑스 패롯(Parrot)의 AR 드론이다. 간단한 조종기나 스마트폰으로 기본 드론 조종법을 익히고 비행할 수 있는 드론이 AR 드론이다. AR 드론은 2010년 미국 CES(Consumer Electronics Show)에서 첫선을 보인 뒤 대량 판매되었다. 오픈 API(Open Application Programming)를 통해 개발 플랫폼을 공개하여 다양한 소프트웨어의 개발을 활성화하며 후속 응용프로그램 개발이 가능하게 한 것도 대중화에 크게 기여하였다.

2 시장 경제적 요인

국제적으로 대중에게 인상적으로 알려진 시기는 2011년 동일본 대지진 이후다. 쓰나미로 파괴된 후쿠시마 원자력 발전소에 사람이 접근할 수 없는 상황에서 유일하게 상황을 볼 수 있는 장비는 무인이동 로봇뿐이었다. 여러 종류의 무인이동체 장비 시스템이 도입되었지만, 지금까지 계속 활용되는 장비 중 하나가 방사성 측정 드론이다. 방사능이 강력할 뿐만 아니라 여러 가지 장애물과 쓰레기들이 다른 장비들의 접근을 어렵게 하는 환경에서 3차원 이동이 자유로운 드론은 하늘에서 방사능 위험 수치 등을 수집하여 전송하였다. 몇 년 뒤에 미국 최대 인터넷 쇼핑몰 업체인 아마존닷컴이 드론으로 택배 사업을 하겠다는 계획을 내놓고 그 뒤로 중국 최대이자 세계 1위의 거래량을 자랑하는 알리바바 그룹에서도 드론으로 택배 사업을 하겠다고 발표하였다. 그리고 2015년도에 들어서면서 10만 원 이내의 초저가 드론이 시장에서 판매되며 전 세계적으로 민간 드론 시장 규모가 폭발적으로 증대되었다.

경찰이 실종자 수색 업무를 수행하는 과정에 헬기의 기능과 사람의 기능을 드론으로 대체했을 경우 드론을 활용했을 때가 경제성과 효과성 측면에서 훨씬 더 높게 나타난다는 것을 표 1.1에서 보면 알 수 있다. 이와 같은 분석 결과를 통해 드론의 용도와 사용처가 더욱 확대될 것이다.

표 1.1 드론과 헬리콥터의 비용 및 특징 비교

구분	드론 투입	헬기 투입
장비 가격	2,000만 원~1억 원(임무 장비에 따라)	160억 원~210억 원(2011년 이후)
운용 인력	2명(조종, 관제)	조종사 2명, 정비사 1명
조종 교육	20시간(1주일)	1,500시간 이상
1회 운영 경비	배터리 충전 비용: 1,000원	항공유 1드럼(50갤런): 500만 원
정비 비용	약 10만 원(월) 부품비 별도	정비사 급여만 약 500만 원(월), 수리비 별도
추락 시 손해비용	500만 원 내외, 인명피해 없음	폐기처분(재활용 불가), 인사사고 20억 원
보험료(대당 평균)	100만 원 내외	1억2천만 원
야간수색	가능(항공법 개정)	일부 가능(기종에 따라 다름)
비가시권 비행	가능	불가능
안개 속 비행	가능	불가능
현장 투입시간	1시간 이내	최소 2시간 전(정비 및 기상조건에 따라)
운용 가능 시간	약 30분, 배터리 교체 시 10시간 이상	약 2~3시간 (급유 후 가능)
월평균 운행 시간	필요에 따라 언제든 가능	정비 일정에 따라 월 20시간, 연평균 250시간
기체 평균 수명	수명 없음(부품만 교체하면 됨)	약 30~40년
수색화면 공유	실시간 화면 공유	화면 공유 상황에 따라 별도 장비 필요
근접 촬영	초근접 촬영까지 가능	상황에 따라 일부 가능
보관료	보관료 및 보관장소 제한 없음	격납고 사용료 및 별도 보관장소 필요
특징	저고도 수색 가능	고고도에서 최신장비탑재, 인력수송 가능

〈출처: 《드론, 생명을 살리다》(이병석 · 권희춘)〉

제3절 | 드론봇 사업에 뛰어든 글로벌 기업

1 인텔, 드론으로 기업을 홍보하다

인텔(Intel)은 2018 평창 동계올림픽에서 1218대의 드론을 한 대의 컴퓨터(제온 프로세서가 들어간 워크스테이션)로 운영하는 드론쇼를 선보였다. LED(발광다이오드) 조명을 장착한 '슈팅 스타' 드론에는 안정적 비행을 위하여 리얼센스(Realsense) 시스템과 RTK GPS 기술을 활용하였다. 인텔의 리얼센스 기술은 카메라 영상과 관성항법 센서 정보를 컴퓨터로 분석하여 주변의 사물의 3차원 위치정보를 파악하는 기술이다. 군집 드론이 각각 네트워크로 지상 통제 컴퓨터와 통신하며 리얼센스를 활용하여 충돌을 회피하며 지정된 경로를 따라 비행하도록 구성되었다. 2016년 5월 '비비드 시드니' 축제에서 100대의 드론이 시드니 오페라하우스를 배경으로 군무를 추었고, 2017년에는 300대의 슈팅 스타 드론이 미식축구 슈퍼볼 경기장에서 비행하였으며, 2018년 1월 라스베이거스 CES에서는 100대의 드론이 GPS 위치정보 없이 실내에서 군무 비행을 하였다.

인텔은 드론 관련 역량을 강화하기 위해 상당한 규모의 투자를 진행해왔고, 일반 소비자용 드론 타이푼 H(Typhoon H)에 리얼센스 컴퓨터 비전 기법을 적용해 장애물을 회피하며 비행할 수 있도록 하였다. 또한, 인텔 에어로 플랫폼(Aero platform)을 공개해 개발자들이

인텔 드론 '슈팅스타'

제품명 슈팅스타(Shooting Star)

크기 38.4×38.4×9.3㎝(가로×세로×높이)

무게 330g **회전 직경** 15㎝ **비행시간** 5~8분

최대 속도 10m/s **최대 비행 거리** 1.5㎞

최대 내구 풍속 10 m/s **구현 색상** 40억가지 이상

그림 1.25 평창 동계올림픽에서 드론 군집 비행 장면과 인텔 드론 슈팅 스타 제원

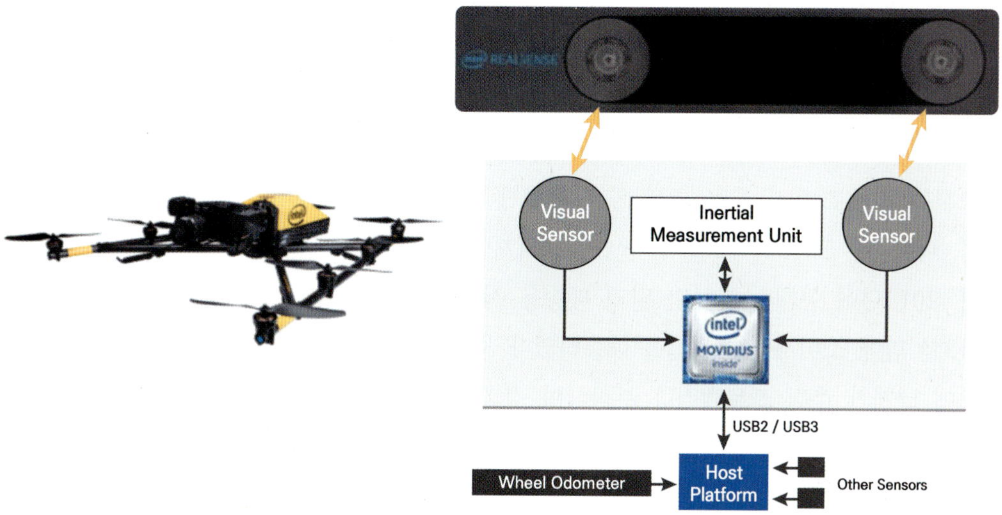

그림 1.26 인텔 팔콘 8+ 드론과 인텔 T265 리얼센스 시스템 구성도
〈출처: www.intel.co.kr›drones›drone-applications〉

직접 리얼센스를 활용한 충돌 회피 드론을 만들 수 있도록 하였다. 인텔은 2016년 독일의 드론 벤처 기업 어센딩테크놀로지(Ascending technologies)를 인수하여 인텔의 상표를 단 첫 번째 상용 드론인 인텔 팔콘 8+를 선보였다. 이 드론은 여러 분야 산업에서 전문적인 용도로 사용할 수 있도록 설계된 고급 상업용 옥토콥터 드론봇이다. LED 조명을 내부에 장착하고, 밀리미터 단위의 위치 조정 정확성으로 3차원 형상 재구성을 위한 정밀 항공 데이터를 캡처할 수 있다. 자동으로 미리 입력된 경로를 비행하면서 지정된 위치에서 사진을 촬영할 수 있다. 3중화 안전 자동조종 컴퓨터의 탁월한 안정성으로 강한 바람이나 전자기장과 같은 외부 요인에 영향을 최소화하며 비행할 수 있어 중요 토목/건축 시설 점검을 위한 전문적인 작업 수행 가능 드론이라 할 수 있다.

인텔은 군집 드론쇼 사업에 적극적인 데 반해 드론 제품 판매 사업에는 적극적이지 않다. 드론쇼를 통하여 인텔의 미래 신기술에 대한 홍보가 우선인 것 같다. 펜티엄 반도체 칩으로 PC 시장 CPU 시스템을 석권하였으나, 퀄컴(Qualcomm)에게 스마트폰 CPU 반도체 칩 제품의 주도권을 빼앗기고 있음을 직시하고, 드론/로봇과 자율주행 자동차에 중요하게 활용될 수 있는 센서와 시스템 칩과 관련한 새로운 시장을 개척하려는 노력으로 판단된다.

2 드론봇 배송 시장의 패권 전쟁

가. 아마존

드론봇 택배로 회사 홍보 효과를 가장 크게 보고 있는 글로벌 기업은 아마존이라 할 수 있다. 아마존은 2016년 12월 영국 케임브리지에서 첫 번째 드론봇 택배 서비스 비행을 하였다. 2013년에 공개한 드론과 달리 배송용 작업장치를 부착한 형태의 쿼드콥터 드론봇으로 13분 만에 소비자에게 물건을 배송하였다. 아마존은 후속 모델로 전통적인 쿼드콥터 드론봇에 날개와 추진 프로펠러를 부착하여 강풍 환경에서도 더 빠르게 배송을 할 수 있는 드론봇 개발을 적극적으로 진행하였다.

아마존의 소비자 담당 CEO 제프 윌케(Jeff Wilke)는 2019년 6월 라스베이거스에서 열린 re:MARS 콘퍼런스에서 새로운 하이브리드 형상의 택배 드론봇을 발표했다. 육각 프레임 날개가 부착된 드론봇은 최대 24km까지 비행할 수 있으며 30분 이내에 고객에게 최대 무게 2.3kg의 택배 물건을 배달할 수 있다. 제프 윌케는 향후 아마존 택배 물건의 75~90%가 드론봇으로 배달할 수 있다고 말했다. 드론봇 배송은 북미의 아마존 프라임 회원에게 배송 시간을 단축하려는 아마존의 지속적인 노력의 일환이며 하이브리드 디자인은 수직으로 이륙하고 수평으로 날아갈 수 있음을 의미한다.

아마존은 2013년 프라임 에어(Prime Air) 배송 서비스에 대한 계획을 처음 발표한 이후, 다양한 형상의 드론봇으로 비행 시험을 하였다. 기존 모델들의 경우 소음 저감과 장애물 충돌 회피에 어려움이 많았으나 새로 발표한 모델은 이러한 문제들을 어느 정도 해결하였다.

그림 1.27 아마존의 첫 번째 드론봇 택배 비행(좌), 육각 프레임 날개가 부착된 드론봇(우)
〈출처: https://www.forbes.com/sites/jilliandonfro〉

나. DHL

독일의 글로벌 물류 기업 DHL은 2013년부터 택배 드론봇 연구를 시작하여 도서 지역에 의약품 배달을 성공시키면서 주목을 받았다. 강풍 환경에서 택배 서비스를 할 수 있는 쿼드

그림 1.28 DHL의 배송용 드론봇 종류

콥터를 개발하여 시속 68km의 최대 속도 성능을 보여주었다. 악천후 환경에서도 안정적으로 비행하며 먼 거리를 장시간 비행하기 위해 수직이착륙과 고속이동 기능이 가능한 틸트윙과 의약품 배송용 작업 상자를 부착한 드론봇을 후속 모델로 개발하고 있다. DHL 드론봇 Parcelcopter 4.0은 2018년에 탄자니아에서 의약품 및 혈액 샘플을 수송하는 드론봇 택배 프로젝트를 진행하였다. 독일의 윙콥터(Wingcopter)가 개발한 Parcelcopter 4.0은 틸트로터 방식의 드론봇으로 최대 6kg의 화물을 실을 수 있다. 최고 속도는 150km/h이며 최대 항속 거리는 100km이다. 탄자니아 므완자(Mwanza)와 빅토리아 호수의 우케레웨 섬(Ukerewe Island)의 병원 사이를 오가며 의약품 및 검사물을 운반했다. 열악한 도로 사정 때문에 트럭으로 6시간, 선박으로 4시간 걸리는 거리를 드론봇 비행으로 40분 만에 운반하였다.

DHL은 드론봇 생산기업인 중국의 이항(EHang)과 협력하여, 지난 2019년 6월 광저우 지역에서 드론봇 활용 배송업무를 시작했다. 배송하고자 하는 수하물을 DHL의 지능형 캐비닛에 넣으면 이 수하물을 드론을 통해 가까운 DHL 센터로 이동시키는 방식으로 배달 업무를 진행하고 있다. DHL에 따르면 드론봇을 활용한 배송 수단으로 기존에 약 40분가량 걸리던 배송 시간을 8분으로 단축할 수 있고, 온실가스 배출도 80% 이상 감소시킬 수 있다고 한다. 이 배송업무를 위해 이항이 특별 제작한 드론봇의 자중은 약 9.5kg으로 최대 5kg의 물건까지 배송이 가능하며, 최대 배송 거리는 8km이다.

다. 구글

2014년에 선보인 구글(google)의 배송용 드론봇 Project Wing은 윙바디 테일 시터(wing body tail sitter)형으로 수직이착륙 고속이동이 가능하여 멀리 떨어진 오지라도 쉽고 빠르게 택배를 보낼 수 있으며, 착륙이 쉽지 않기 때문에 배달 장소에서 와이어 하강 작업 장치로 물건을 하강시켜 배달하는 방식이다.

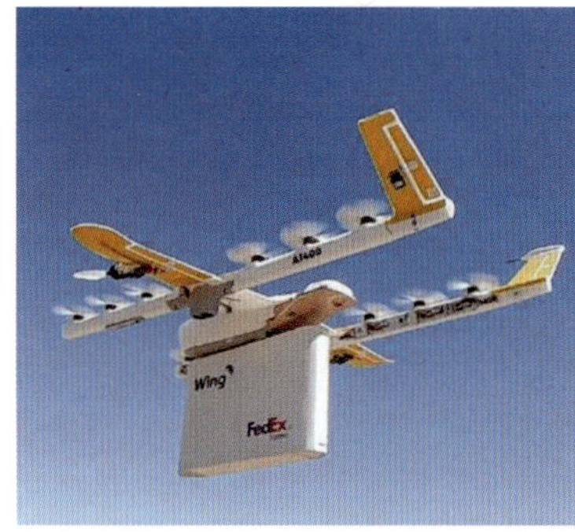

그림 1.29 구글이 2019년에 선보인의 배송용 드론봇 '윙(Wing)' 모델

구글 자회사인 윙(Wing)은 2019년 4월 미국 연방항공청(FAA)으로부터 드론봇 배달사업을 허가받아 호주·핀란드에 이어 미국에서도 드론봇 배송 사업을 일찍 시작하였다. FAA는 윙은 배송용 드론봇을 호주에서 진행한 수천 번의 안전비행 사례 등을 점검한 뒤 버지니아주 지역에서 드론봇을 이용해 가정과 사무실로 직접 주문 상품을 배송하는 상업 서비스를 허용했다. 안전 관리를 위하여 드론봇 배송은 낮 시간대에만 허용되었고 한 조종사가 동시에 조종할 수 있는 드론봇 수를 최대 5대로 제한시켰다.

윙은 페덱스(FedEx) 및 약국 체인 월그린(Walgreens)과 파트너십을 맺고 2019년 10월에 드론봇 배송 파일럿 서비스를 할 것이라고 발표했다. 이 프로그램은 윙이 수년간 드론봇 비행 기술을 시험한 버지니아주 크리스찬버그(Christiansburg)에서 수행하였다.

라. DJI

2006년에 홍콩과학기술대학 기숙사 사무실에서 벤처 기업으로 시작한 DJI는 2008년 홍콩과학기술대학으로부터 200만 위안을 투자받았고, 2013년에는 가격과 비교해 성능이 뛰어난 '팬텀'을 출시해 국제적으로 대대적인 인기를 얻으며 판매되었다. 팬텀 모델을 진화시킨 2018년까지 4종류가 출시되었고, 인스파이어 드론도 3종류가 2014년부터 2016년까지 성능을 개선하며 출시되었다. 로터 부착 암(arm) 구조물을 접을 수 있는 매빅 드론 모델도 2016년부터 2018년까지 5종류가 새로운 옵션을 추가하며 판매되었다. DJI는 항공촬영용 드론 비즈니스 모델을 잘 발굴하여 2010년경 중국 정부 관련 기관으로부터 900억 원 정도와 2015년 미국 벤처캐피털 업체 액셀파트너스에게서 810억 원 규모의 투자를 유치하였다. 홍콩과학기술대학과 활발한 산학 연구개발을 통하여 중국의 드론산업 활성화에 크게 기여하고 있다. 현재 전 세계 민간 드론 시장의 70%를 점유하며 글로벌 드론 기업으로 인정받고 있다. 2016년 9월 DJI는 접이식에 4K 영상을 제공할 수 있는 카메라 드론 Mavic

Phantom 1, 2013

Inspire 1, 2014

Mavic Pro, 2016

Spark, 2017

그림 1.30 DJI의 다양한 촬영용 드론 제품
〈출처: www.dji.com/kr/products〉

Pro(그림 1.30)를 100만 원대 제품으로 선보이며 3kg 이상의 기존의 중형 멀티콥터 카메라 드론 제품을 빠르게 대체하였다. DJI는 2016년에만 항공 사진 촬영용으로만 1.6조 원 매출을 기록하였으며 현재 6,000명 이상의 직원이 근무하는 글로벌 기업으로 성장하여 중국에서 처음으로 기술 혁신을 이끄는 유니콘 기업으로 인정받고 있다. DJI는 현재 미국, 독일, 네덜란드, 한국, 일본, 중국, 홍콩에 지사가 있다. 지금도 수많은 인재가 창의적, 상업적, 비영리적 응용제품 개발을 위해 매진하고 있다. DJI의 제품은 현재 다양한 산업에서 혁신적 서비스를 하고 있다. 영화 산업, 농업, 환경 보호, 수색 구조, 에너지 산업을 포함한 많은 산업군의 전문가들이 DJI의 제품을 대부분 사용하고 있다.

3 Skydio 2: 중국에 뺏긴 민간 드론 주도권을 탈환하려는 미국

미국의 드론 벤처 기업 스카이디오(Skydio)가 Skydio R1 드론 후속 모델로 2019년에 인공지능 기반 새로운 자율비행 드론봇 Skydio 2 제품을 개발하여 판매하고 있다.

Skydio 2는 인공지능, 컴퓨터 비전 및 고급 로봇 기술을 결합한 새로운 자율비행 으로 평가되고 있다. 주변을 3차원으로 감지할 수 있는 6개의 내비게이션 카메라와 엔비디아

(Nvidia)의 Jetson TX2가 제공하는 시각 정보를 기반으로 고성능 자율비행을 위한 시스템을 갖추고 있다. 지능적으로 목표 피사체를 추적하면서 비행할 수 있는 기능이 우수하다. 퀄컴의 QCS605 이미지 시그널 프로세서와 소니 IMX577 카메라를 활용해 4K 비디오 영상과 1,200만 화소 사진 영상정보를 초당 최대 60프레임으로 제공한다.

Skydio 2는 시각적으로 사람과 동일한 방식으로 환경을 감지하고 충돌 회피 자율비행을 할 수 있게 설계되었는데, Skydio 자율엔진 시스템을 사용한다. Skydio 자율엔진은 Skydio 2 주변의 장애물과 바람 조건 등을 파악하고, 어떤 일이 일어날지를 예측하며 인공지능 기술을 적용하여 초당 여러 번 비행 진로를 결정한다. 6개의 4K 카메라를 사용하여 나무, 사람, 건물 등을 포함한 주변 환경의 3D 맵을 구축하고, 수행 중인 작업, 피해야 할 장애물 및 다음에 발생할 상황을 인지하여 Skydio 2의 자율비행 기능을 높였다.

그림 1.31 인공지능 기반 자율비행 드론 Skydio 2
〈출처: www.skydio.com〉

그림 1.32 Skydio 2로 자율비행을 위하여 구성한 3D 맵
〈출처: www.skydio.com〉

그림 1.33 미국군과 경찰을 위하여 2020년에 출시한 Skydio X2D
〈출처: www.skydio.com〉

2020년 6월 스카이디오는 미국군을 위하여 Skydio X2D와 응급구조대 및 민간기관 전문가를 위하여 Skydio X2D를 출시하였다. 강력한 영상처리 인공지능 칩을 내장하고 구조 4K 내비게이션 카메라로 360도 서라운딩 뷰를 실시간으로 확보하여 장애물 회피를 능동적으로 신속하게 할 수 있다. 12메가픽셀 장파장적외선(LWIR) 센서로 근거리 정찰이 가능하다. 4개의 프로펠러 고정 구조물을 쉽게 접어 배낭에 넣을 수 있는 'pack and go' 경량 구조로 드론봇 무게는 1.35kg이다. 복잡한 조종기가 필요 없을 정도로 자율비행능력은 뛰어나서 10km 반경 영역 내에서 35분 동안 비가시권에서 3차원 매핑, 장애물을 인식하여 회피하는 인공지능 비행이 가능하다. 미국표준기술연구소의 암호화 모듈 요구 사항 FIPS 140-2 인증도 획득하였다.

스카이디오는 미국에서 2021년 3월까지 1900억원 규모의 D시리즈 투자를 유치하며 누적 투자금 3800억원 정도를 받았다. 미국 드론업체로서 최초로 1조원 이상의 가치를 유니콘 업체가 되었다. 2010년대에 중국 정부 관련 투자 기관과 미국 벤처캐피털업체 액셀파트너스로부터 1700억원 규모의 투자를 유치한 중국 DJI와 2020년대에 미국 드론 벤처 기업 스카이디오의 투자 유치 성공 전략을 우리도 잘 분석하여 미래 드론봇 산업에 대비하지 않으면 국제 드론봇 시장에서 상당히 뒤처질 가능성이 높다.

02

드론봇,
세상을 바꾸다

제1절 | 드론봇 개발, 어디까지 왔을까?

1 멀티콥터형 드론봇

인간은 자신의 역할을 대신할 수 있는 다양한 드론과 로봇을 꿈꿔왔다. 곧 이루어질 것만 같던 인간의 꿈은 기술적 난관에 부딪혀 좌절하였다가도 새로운 기술을 통해 가능성을 발견하고 다시 일어서는 과정을 수 세기 동안 반복해왔다.

2000년대의 멀티콥터 드론의 등장은 인간의 꿈을 실현하기 위한 새로운 방향을 모색하게 했다. 드론의 출현으로 일반 개인도 하늘에서 지상 전체를 조망하는 새의 시선으로 이제까지 볼 수 없던 확장된 시야를 확보하게 되었고, 넓어진 시야 만큼이나 이동 공간도 넓어졌다. 특히 비행을 통해 이동의 구애 없이 작업할 수 있는 가능성이 열렸다.

드디어 드론봇의 실현이 가능해진 것이다. 멀티콥터 드론이 출현하기 이전에는 공중에서 비행하며 작업하는 드론봇에 대한 연구는 미비하였으나 최근 10년간 멀티콥터형 드론의 활용성이 증대됨에 따라 공중에서 드론과 로봇의 작업을 구현하기 위한 다양한 연구가 시작되었다.

이제부터 드론봇으로 분류할 수 있는 드론 및 로봇 분야의 연구 사례와 연구 진행 프로젝트를 소개하여 드론봇에 대한 이해를 돕고자 한다. 또한, 최근 드론을 중심으로 활발하게 형성되고 있는 특허 현황과 시장 형성에 대해 살펴보고 이에 대한 예측을 하고자 한다. 더불어 기술 개발의 선도주자인 국방 분야의 드론봇 소개를 통해 향후의 추세를 살펴보고자 한다.

가. 드론봇 개발사례

(1) 로봇드론맨: 드론 + 로봇팔 + 로봇손 + 이동바퀴 + 모니터 + 센서 결합체

KAIST에서 개발한 로봇드론맨은 원격조종 로봇에 드론의 비행 기능을 결합한 새로운 개념의 드론봇으로 휴머로이드 로봇의 상체를 드론에 결합한 드론봇이다.

로봇이 특정 공간에서만 작업이 가능했다면, 로봇드론맨은 드론의 비행 기능과 지상 주행 기능을 발휘해 원거리에서도 작업할 수 있는 새로운 개념의 로봇이라 할 수 있다. 로봇드론맨은 장애물이 있거나 먼 거리를 이동할 때 목적지 근처까지 날아서 도착한 다음 바퀴로 이동해 건물 안으로 진입해 원격기능을 통해 사람을 찾아갈 수 있으며, 목적지에 도착하

그림 2.1 로봇드론맨
〈출처: https://youtu.be/GW7D3CjQd-g〉

면 원격조종자는 로봇의 영상통화 기능과 로봇 팔을 조종해 마치 조종자가 현장에 있는 것처럼 말하고 행동할 수 있다.

로봇드론맨은 높이 0.9m, 무게 11kg로 지상에서 3.5km/h 속도로 이동할 수 있다. 거동이 불편한 환자나 노인들을 대신해서 병원의 약 처방이나 간단한 심부름 등 원격으로 사회 활동을 도와줄 수도 있을 것이고, 바쁜 일정으로 인해 다양한 일을 동시에 처리해야 할 사람의 일을 대신 수행할 수 있을 것으로 기대된다.

(2) PD6B-AW-ARM: 드론 + 로봇팔 + 로봇손 + 카메라

로봇의 양팔과 드론이 결합된 콘셉트의 드론봇으로 현재 일본의 드론업체인 PRODRONE에서 개발 중이다. 기존의 드론이 수행해오던 촬영, 농약 살포 등의 활용 범위 내에서 좀 더 구체화된 작업을 할 수 있도록 로봇팔과 로봇손을 부착하였다.

작업물을 들고 이동이 가능하고 로봇손을 이용하여 해당 작업물을 결합하거나 분리할 수 있으므로 사람이 접근하지 못하는 지역이나 유해한 물질 등을 회수하는 데 활용이 가능하다.

그림 2.2 PRODRONE(PD6B-AW-ARM)
〈출처: https://youtu.be/T6kaU2sgPqo〉

(3) 가제트 로봇팔: 드론 + 로봇팔 + 카메라

서울대학교에서 개발한 가제트 로봇팔은 종이접기 기술을 활용한 것으로, 줄 하나로 쉽게 로봇 팔을 접고 펼 수 있으며, 최대 17.5배까지 늘어난다. 로봇 팔은 자기 무게의 400배가 넘는 12kg의 힘으로 지탱할 수 있다. 드론에 탑재된 가제트 로봇팔은 팔 끝단에 카메라, 센서, 엔드이펙터(End-effector) 등을 부착하고 극지, 사막, 바닷속이나 우주처럼 사람이 접근하기 어려운 환경에서 촬영을 하거나 바닥에 착지하지 않고도 작업 수행이 가능하다.

그림 2.3 가제트 로봇팔

〈출처: https://youtu.be/GW7D3CjQd-g〉

(4) Booster: 드론 + 바퀴형 로봇

이스라엘 국방 로봇업체인 Roboteam은 소형 정찰 로봇과 드론이 협업하는 드론봇인 부스터(Booster)를 개발하였다. 기존의 소형 정찰 로봇의 문제점을 드론과 결합함으로써 해결한 경우이다. 소형 정찰 로봇은 정찰 시 높은 턱을 넘지 못하고, 장애물이 나타나면 우회하여 목적지에 도착한다. 이에 드론을 활용하여 높은 턱을 넘지 못하는 한계를 극복할 수 있고, 장애물을 우회하지 않고 날아 목적지에 도착함으로써 시간을 절감할 수 있게 되었다.

그림 2.4 Booster

〈출처: https://youtu.be/xB_ydj6Lgqo〉

Booster는 페이로드가 4.5kg까지 가능한 접이식 육각형 로터형의 드론에 1.65kg 무게의 소형 정찰 로봇을 결합한 것이다.

소형 정찰 로봇은 최대 210m 거리 원격 제어 카메라, LED 조명 및 마이크가 장착돼 있으며 기계식 도킹 시스템을 갖추고 있어 드론과 결합 분리가 자유롭다. 부스터의 드론과 로봇은 하나의 휴대형 컨트롤러로 제어되며 운영자의 지시에 따라 자동 결합 및 분리가 가능하다.

또한, 평지에서는 소형 정찰 로봇의 바퀴를 활용하여 이동이 가능하기 때문에 로봇의 자율주행 기능을 통한 이동도 가능하다.

(5) 스네이크 드론봇: 드론 + 뱀 로봇

펜실베이니아 대학에서는 두 마리의 뱀 로봇과 드론이 결합된 것으로 지상이나 좁은 관을 탐색하는 뱀 로봇과 공중을 빠르게 이동하는 드론의 특성을 결합하였다. 뱀 로봇은 장애물 사이를 기어가며 속도감 있게 진입할 수 있으나, 장애물이 두껍게 쌓여 있는 곳에서는 이동하기 어렵다.

뱀 로봇은 드론과 합체하여 공중 비행을 통하여 장애물을 넘은 후에 임무 지역에서 분리된다. 임무 완수 후 이륙할 때는 뱀 로봇에 장착된 자석을 이용해서 드론에 달라붙어 이동하는 방식이다.

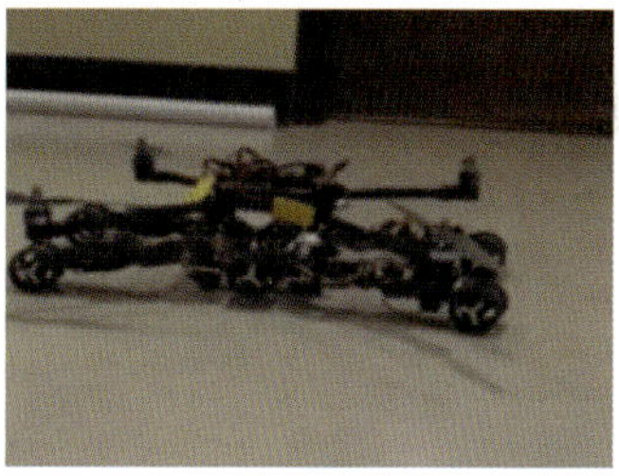

그림 2.5 스네이크 로봇과 드론의 결합
〈출처: https://youtu.be/qxaG_KxTauY〉

(6) Flying Dragon Robot: 드론 ↔ 뱀 로봇 변환

도쿄대학교에서 개발하는 Flying Dragon Robot은 뱀 로봇에 덕트 팬을 장착하여 공중에서 구동이 가능한 로봇으로 변환이 가능하다. 공중에서 비행하다가 좁은 공간을 통과하기 위해 몸을 뱀의 형태로 변형하는 드론봇을 개발하고 있다.

듀얼 로터로 다자유도 공중 변화 능력을 갖췄으며, 12개의 모듈로 구성되어 있다. 각 모듈은 필요한 방향으로 롤링 및 추력으로 작동할 수 있는 덕트 팬으로 구성되어 있으며, 로봇의 척추는 4개의 모듈로 구성되어 있어 기술적으로는 옥토로터이나 쿼드로터처럼 작동할 수 있다.

L자 모양으로 직선으로도 날 수 있으며, 지그재그나 나선과 같은 더 복잡한 3D 모양도 전환할 수 있다.

최대 12개의 상호 연결된 모듈로 공기를 흔들며 양 끝을 사용하여 두 손가락 그리퍼로 물체를 집어 올릴 수 있는 기술도 개발하고 있다.

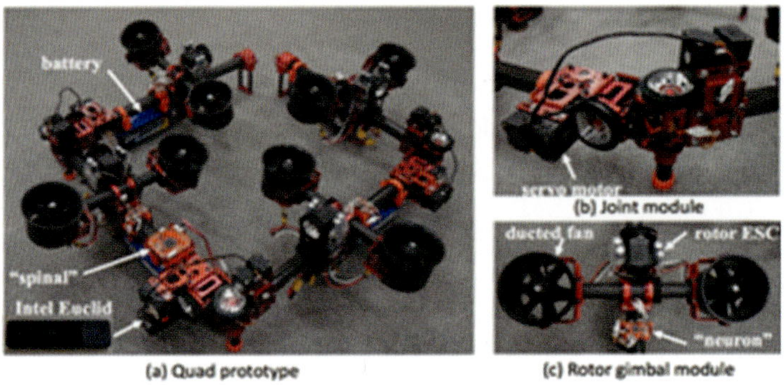

그림 2.6 Flying Dragon Robot
〈출처: Https://youtu.be/zMi5v2KznU4〉

나. 드론봇 연구 프로젝트

(1) Aeriai Robot Cooperative Assembly System 프로젝트 - EU*

조립 및 구조물 건설을 위한 드론봇 시스템의 개발 및 실험 검증을 위해서 유럽연합(EU)의 펀딩으로 실시한 프로젝트로 2012년~2015년까지 실시되었다.

매니퓰레이터가 장착된 드론봇의 모션 제어 및 조정 등 4가지 주제를 수행하는 것으로 과제 수행 이후 연구 기술 및 방법 등을 바탕으로 업체, 학계 등 실용화를 위한 파생 연구를 수행중이다(그림 2.7~2.8 참고).

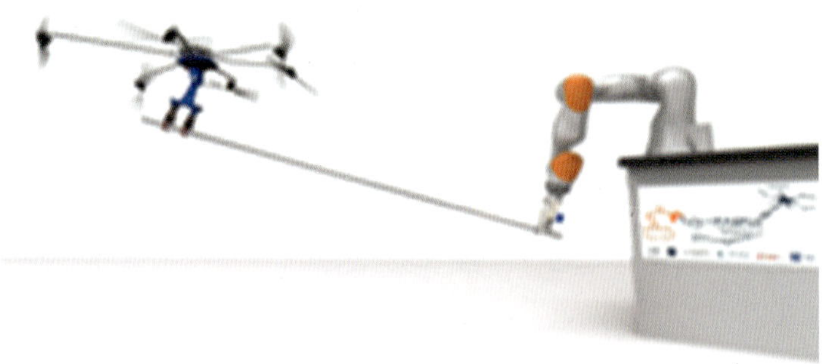

그림 2.7 드론과 협동로봇의 협업
〈출처: https://youtu.be/pzuNITD5nok〉

* http://www.arcas-project.eu/publishable-resources

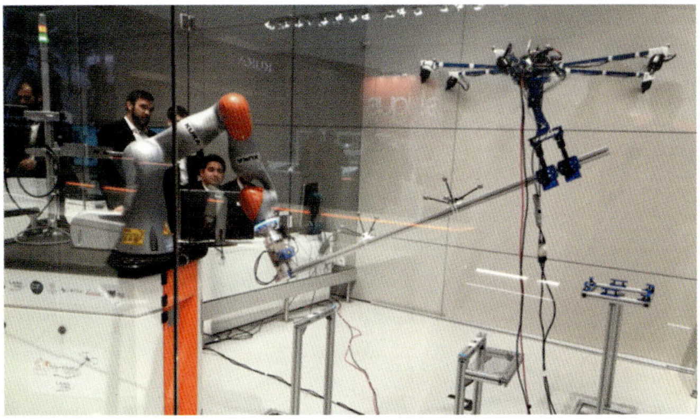

그림 2.8 로봇과 드론의 협업

〈출처: https://www.researchgate.net/figure/A-snapshot-of-the-cooperative-manipulation-state-of-TeleMAGMaS-using-bilateral_fig7_328545330〉

(2) Aerial Manipulation 연구

드론에 로봇팔을 달고 작업을 하려면 드론의 제어 오차가 cm 단위 이하로 정확하게 유지되어야 하며, 로봇팔의 움직임이 공중에 떠 있는 드론에 큰 영향을 미치기 때문에 드론과 로봇의 기계적인 특성을 잘 이해하고 전체 시스템의 안정성을 해치지 않는 범위에서 작업을 설계하는 것이 중요하다.

또한, 드론의 제한된 구동 능력과 짧은 비행시간으로 인해 지상에서 고정된 상태의 로봇팔로 작업하는 경우에 비해 아직까지는 많은 연구가 필요하며, 현재의 기술로는 장시간 수행하는 작업이나 무거운 물건을 다루는 작업의 경우 당장은 효율적이지 못할 수 있다.

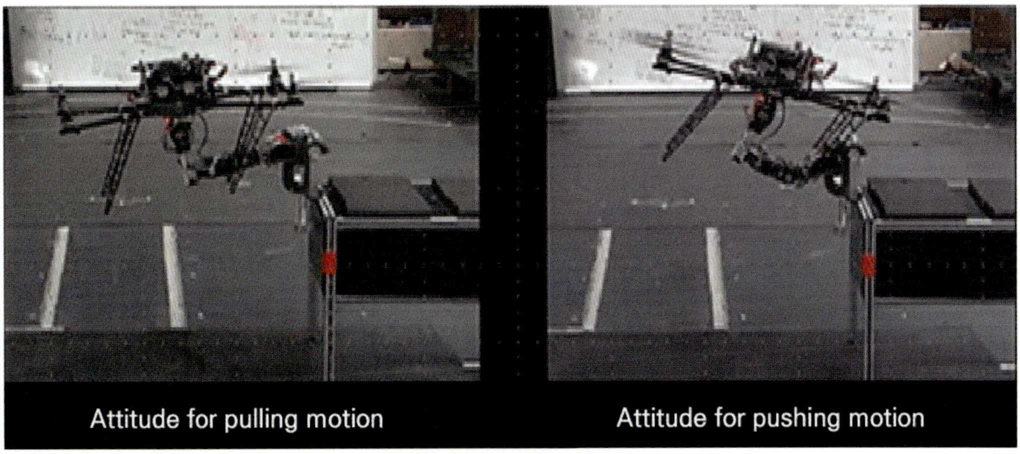

그림 2.9 드론과 로봇의 협업 연구

〈출처: http://larr.snu.ac.kr/wp-content/uploads/2015/08/ICSL-SNU-ESEARCH-4〉

하지만 기술이 빠른 속도로 발전하고 있고, 이에 대한 연구를 지속하고 있으므로 머지않아 드론봇의 활용성이 높아질 것이다.

공중에서 작업하는 드론봇 연구는 아직 초기 단계이며, 우리나라에서도 관련 연구가 추진되고 있다. 서울대학교에서 영상카메라로 작업 대상을 인지하고 존재하는 구조물과 충돌하지 않으면서 작업 반경의 제약과 드론의 한계 등을 고려하여 효율적으로 작업을 수행하는 연구를 진행하고 있다.

(3) Flying Machine Arena

드론과 로봇 등에 대한 연구 프로젝트를 규제 없이 수행할 수 있도록 기술지원, 시험환경 등의 시연장을 제공하는 스위스 연방 기술 연구소의 주관 사업 중 로프 다리 드론봇 프로젝트는 로프 장치를 부착한 드론이 사람의 개입 없이 로프를 감아 다리를 만들고 사람이 그 다리 위를 걸어 사람의 무게를 지탱할 수 있음을 시연하였다.

이 프로젝트에서는 기존에 사용되고 있는 드론과 기계장치를 사용했으나, 그 외의 작업을 위한 작업 방법, 로프, 알고리즘 등은 새롭게 접근하여 개발하였다.

기존의 로프 다리 매듭 작업 양식을 드론봇이 수행하기 위해 건축학 전공자와 로프 다리의 새로운 전개 메커니즘을 구상하였으며, 로프 개발자 등과 매듭을 묶어야 하는 지점, 어떤 종류의 매듭을 사용할 것인지 등 로프 다리를 만들기 위한 모든 사항을 검토하고 사람이 만드는 이전 방식과 다른 새로운 접근방식으로 드론봇을 구현함으로써 문제를 해결하였다.

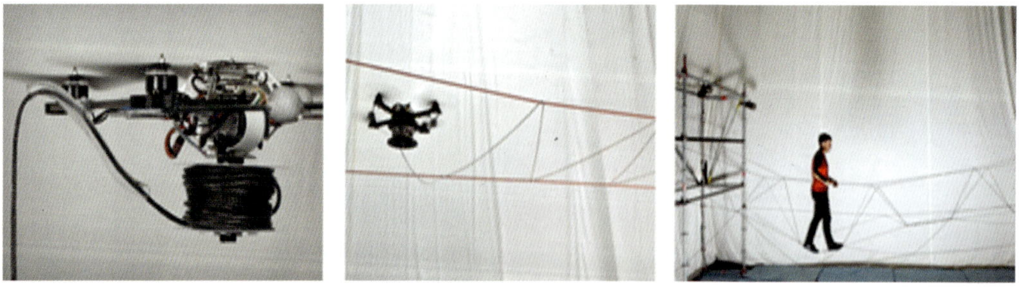

그림 2.10 로프 다리 제작 드론봇

〈출처: https://youtu.be/CCDIuZUfETc / https://www.flyingmachinearena.ethz.ch/〉

(4) ICT 연계 드론봇 기술

드론봇에 사용되는 센서는 카메라 센서가 주를 이루었으나, 5G의 통신기술과 센서의 발달로 인해 머지않아 다양한 센서와 빠른 통신을 활용한 드론봇이 개발될 것이다.

4차 산업혁명 시대로 접어들면서 스마트공장, 국방, 항공 등 다양한 분야에서 네트워크 기반의 드론봇 서비스를 필요로 하고 있으며, 정보통신기술(ICT: Information and Communications Technology)이 급속하게 발전됨에 따라 ICT가 큰 비중을 차지하는 드론봇의 시장도 확대될 것이며, 그 활용성은 무궁무진할 것이다.

현재 전 세계적으로 드론 시장이 폭발적으로 성장 중이므로, 세계 최고 수준의 ICT 수준을 확보한 우리나라가 드론봇 연구개발에 유리하지만 드론봇 정밀 비행 제어, 장시간 비행 기술 등의 드론봇으로써 작업을 가능하게 하는 하드웨어적인 기술 개발도 필요하다.

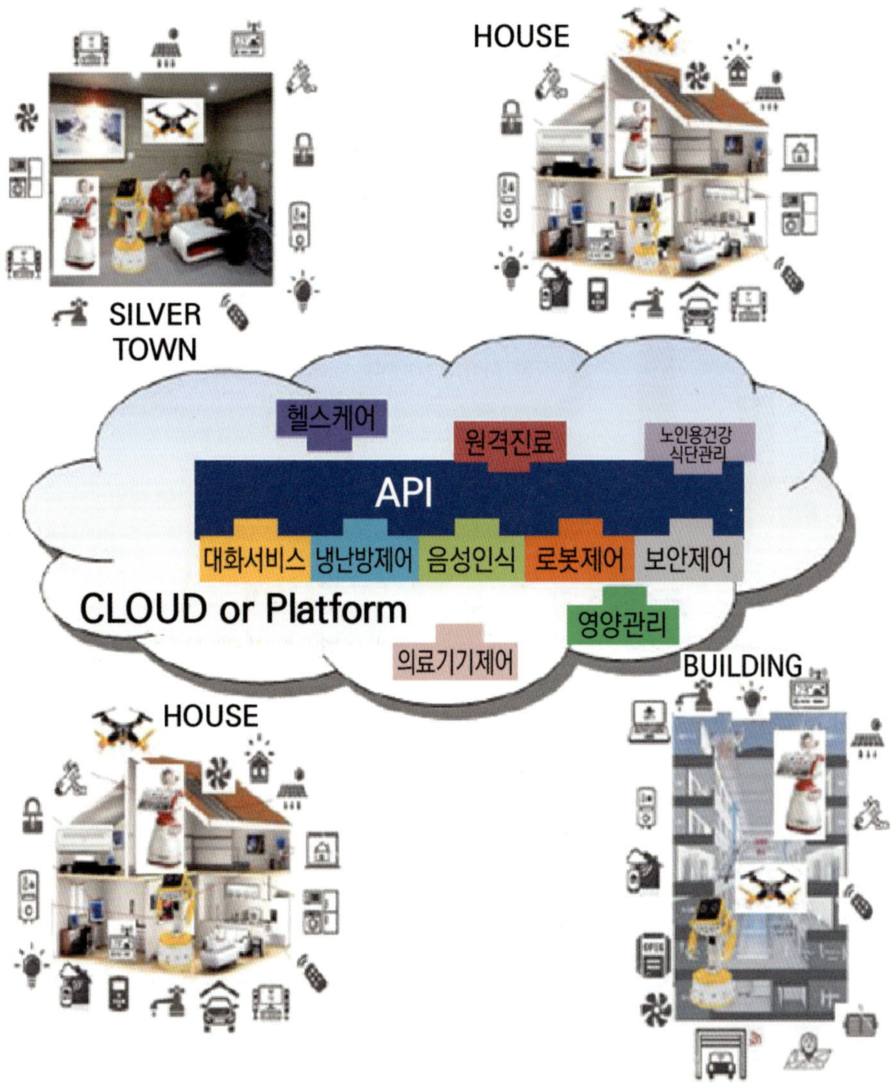

그림 2.11 ICT 연계 로봇 기술
〈출처: KATS 기술보고서 95호, KATS, 2017년〉

다. 드론 시장 분석

드론봇은 연구개발 중인 경우가 많아 시장이 활발히 형성되어 있지 않으며, 드론과 드론봇의 시장 구분이 모호하기 때문에 드론 시장에서 전망하고 있는 많은 부분은 미래에 드론봇이 수행할 것으로 예상되는 부분을 담아 예측하고 있다. 그러므로 이 절에서는 드론을 중심으로 한 시장을 분석하였다.

4차 산업혁명의 핵심기술인 드론에 대한 세계적인 관심이 커지고 있고 또한 관련 산업과 시장이 폭발적으로 성장하고 있다. 세계 시장 규모는 2016년 7.2조 원에서 2026년 90.3조 원, 국내 시장 규모는 2016년 702억 원에서 2026년 4.4조 원 규모로 증대될 전망이다.

미국 · 중국 · 유럽 등 드론 선진국은 드론산업 육성과 정책추진 및 시장 선점 경쟁을 하고 있고 드론 관련 부품(모터, 기체, 센서 등), 소재(카메라 등), 소프트웨어(항법, 제어 등) 등이 미래 첨단산업에 큰 영향을 미치고 있다.

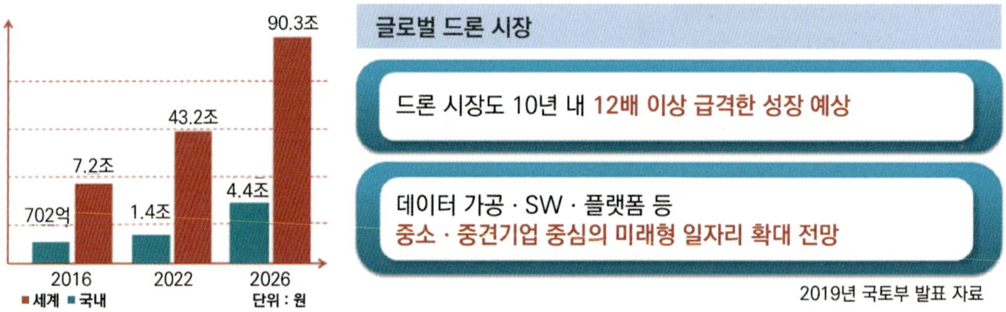

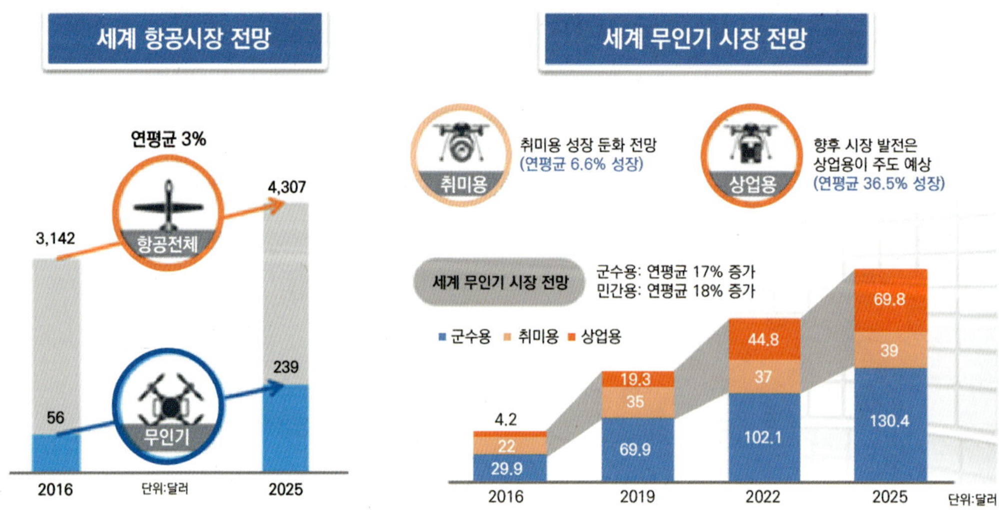

그림 2.12 세계 항공 전체 시장 전망 및 세계 드론 시장 전망

〈출처: (군용 시장) 드론 시장 전망 "World Unmanned Aerial Vehicle Systems, Market Profile and Forecast 2015", Teal Group, 2015〉

해외의 경우, 2019년 이후 7년간 군용 드론 시장 성장률을 17%로 전망한 반면, 민간 드론 시장 성장률은 18% 수준으로 전망하고 있어 그간 군사용 중심의 드론 시장이 민간용 중심의 드론시장으로 주도권이 점차 옮겨갈 것으로 예측하고 있다. 틸(Teal)과 프로스트 앤드 설리번(Frost & Sullivan)은 민간용 드론 시장의 경우, 2016~2025년간의 총 전망치를 643억 달러로 예상하고 있다.

드론이 성공적으로 개발되고 양산이 되면, 각국이 재해·재난 상황에서 대처 수단을 찾고 있기 때문에 드론 시장에서 이 분야는 상당한 규모의 시장 점유율을 차지할 것으로 보고 있다. 드론산업을 항공, 자동차, 로봇 산업의 일부로 본다면, 항공기 후발국인 우리나라가 경쟁국가들의 틈새시장을 공략함으로써 국내 산업을 성장시킬 수 있는 분야가 될 수 있다. 우리나라가 세계적으로 경쟁력을 가지고 있는 전자, 스마트폰 분야의 ICT 기술활용과 가장 근접 기술의 하나인 자동차와 로봇 생산기술의 응용, 그리고 핵심 스마트 기술을 접목한 지능형 드론 기술을 활용하면 국내 시장에서 새로운 드론봇 산업 분야를 창출할 수 있을 것으로 예상된다.

국내의 드론 시장 규모도 지난 몇 년 동안 6배 이상 증가했다. 2020년 11월 국토교통부 드론산업육성정책 자료에 의하면 연간 시장 규모는 2016년 704억 원에서 2020년 4595억 원으로 늘어났다. 동 기간 기체신고 규모는 6배, 활용업체 수는 3배, 조종자격 취득자는 25배로 증가하였다. 그러나 국내 드론산업을 선도할 돋보이는 국가 대표기업이 아직 없고, 일부 공공기관의 중국산 드론 선호와 저조한 드론 활용실적 등이 향후 해결해야 할 과제로 지적되고 있다. 이에 정부에서는 드론 산업을 위한 기반마련 및 재원 투자를 적극적으로 하고 있으며, 2017년부터 관계부처 합동으로 드론 산업 발전 기본계획(2017~2026)을 수립하여 활발하게 진행하고 있으며, 2019년 국토교통부 '드론 활용의 촉진 및 기반조성에 관한 법률'을 제정하였다.

국내에 드론이 소개된 지 지난 20여 년간 군사용 중심의 드론 연구개발 및 획득 시장이 주류를 이루어 왔으며, 향후 5년 동안도 여전히 군사용 드론 수요가 국내 시장의 중심이 될 것이다. 국내 드론시장은 육군 대대급, 사단급, 차기 군단급 및 공군의 중고도 드론 양산과 글로벌호크의 순차적 도입 영향으로 인하여 향후 수년 동안도 군용 드론의 영향력이 클 것이다.

또한 미래 전장 발전 추세와 세계 군사용 드론 시장 전망에 부합하는 정찰-공격 기능이 통합된 무장정찰용과 무인전투기 개발의 본격화는 국내 군사용 드론 시장의 대형화와 함께 변화의 새바람을 몰고 올 것이다. 따라서 국내 군사용 드론은 지속적인 소요 증가와 활용 증가 추세에 따라 향후 수요도 증가할 것으로 예상되며, 군사용뿐 아니라 산업 전 분야에서 국내개발 제품으로의 수요 요청이 지속될 것이다.

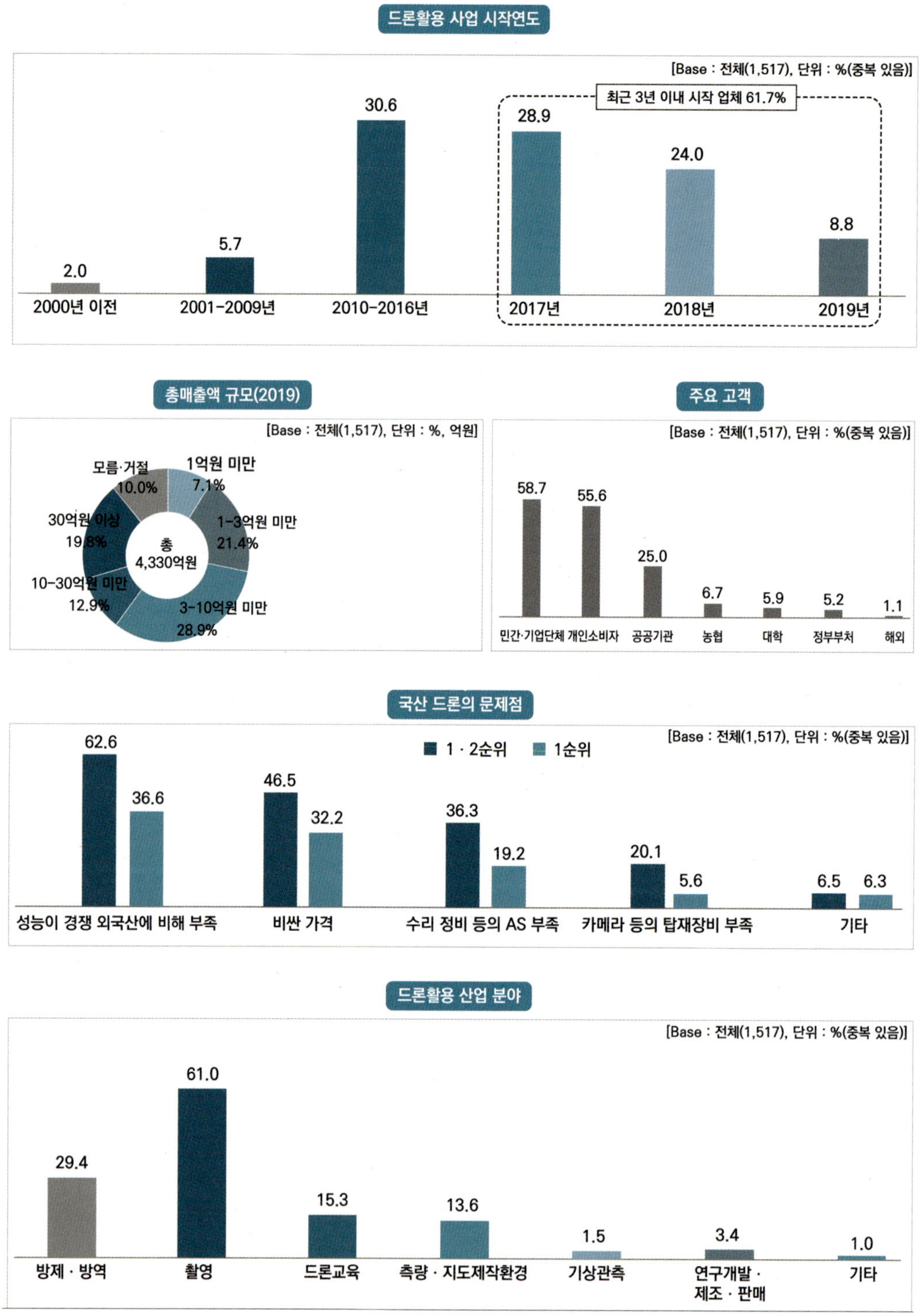

그림 2.13 그림으로 본 국내 드론산업 현황

〈출처: 2019 무인이동체 산업 및 드론 활용 실태조사〉

2019년 드론 활용 실태 조사보고서에 따르면, 2019년 기준 드론 활용업체는 1,517개 중 61.7%인 936개 업체가 2017년 이후부터 드론을 활용하기 시작하여 2017년을 기점으로 드론 사용이 급격히 증가하였음을 알 수 있다.

드론을 활용하는 산업의 매출액은 2019년 4,330억 규모로, 주요 구매 고객은 민간 및 기업 단체 58.7%, 개인소비자 55.6%, 공공기관 25.0%이다. 최근 민간 드론 시장이 소비자 개인용 중심으로 급성장을 보이나, 드론매출액이 10억 이상인 드론 고객의 40%가 공공기관인 점을 보았을 때, 공공수요 기반의 상업용 드론 시장이 활성화되면 시장 규모의 대폭 증가와 함께 국내산 드론 시장에 대한 지배력도 커질 것으로 전망된다.

2019년 조사 결과, 드론을 활용하는 국내 기업 중 99%는 중국의 DJI 사 제품을 이용 중이며, 국산 드론은 해외 경쟁사에 비해 성능이 부족하다는 응답이 62.6%, 가격이 비싸다는 응답이 46.5%으로 구매경쟁력이 저하되어 있어 해외 제품에 밀리는 상황이다.

그러나 세계 두 번째로 개발한 고속-수직이착륙형 틸트로터형 드론 기술처럼 드론의 핵심기술을 중심으로 하고 관련 기술 등을 결합한 드론봇 개발과 실용화가 진행된다면 고부가가치를 실현할 수 있는 드론봇의 세계 시장 창출도 가능할 것이다.

드론을 구매하여 활용한 분야는 방제 · 방역, 촬영, 드론교육, 측량 및 지도 제작, 환경 기상관측, 연구개발, 기타 등으로 나뉜다. 드론을 구매한 업체의 61%가 카메라를 부착한 '촬영'에 드론을 활용하고 있으며, 29.4%는 방제 · 방역에 활용하고 있다. 방제 · 방역에 활용되는 경우 정밀 스프레이 등의 작업장치를 부착하고 임무를 수행하고 있어 드론봇이라 할 수 있으며, 앞으로는 작업장치가 부착된 드론인 드론봇의 활용이 더 확대될 것이다.

특히 드론의 공공 활용은 준군사적 성격을 지닌 해안감시, 탐색구조, 재해 · 재난 모니터링 등을 중심으로 시작하여 국토조사, 교통통제, 산불감시통제, 농업용 등 다양한 분야로 확대 활용될 것이다. 이에 국내 드론 시장은 정부 주도의 공공시장 활용 확대와 다중화를 통해 국내 기업들의 시장 참여를 증가시키면서 공공수요를 바탕으로 민간산업 분야로 점진적 확장이 예상된다.

라. 국방 분야의 드론봇

1930년 영국에서 'QueenBee'라는 무인표적기를 개발하여 400기 이상을 양산하였으며, 'QueenBee'는 오늘날 'Drone'이라는 용어로 널리 불리는 무인표적기의 원조라 할 수 있다.

1939년부터 2차 세계대전이 끝날 때까지 미국은 'Dennydrones'을 15,000여 대를 생산하여 표적용 드론으로 활용하였다(그림 2.14).

1950~1960년대 미국은 'Firebee'라는 제트 추진 무인기를 개발하여 베트남에서 적진 감

시 목적으로 운용하였다. 'Firebee'는 감시 무인기의 효시이며, 운용기간 동안 총 3,400여 회를 출격하였다.

미국은 드론을 전장에서 활용하기 위해 1950년대부터 VTOL 연구를 시작하였고, 크라이슬러사 등이 지금의 멀티콥터 드론과 형태가 유사한 유인 탑승 차량인 그림 2.14의 VZ-7을 개발하였으나 무거운 기체로 인한 안정성 등이 문제가 되어 미군에 최종 납품되지 않았다. 하지만 멀티콥터와 관련된 많은 기술이 군의 주도로 1960년대 중반까지 연구되었다.

1960년대 미국은 마하 3으로 90,000ft 고도를 비행할 수 있는 D-21라는 극초음속 드론을 극비 프로젝트로 개발하여 배치한 적이 있으나, 베트남전 이후 UAV 개발 투자가 약해지면서 드론 개발 경쟁의 주도권을 이스라엘에 내주게 되었다.

1970년대 이스라엘은 중형급 드론을 지속적으로 개발하였다. 1981년 '스카우트(Scout)'는 레바논전에서 정보수집 임무를 통해 조종사의 피해가 발생하지 않도록 활약하였으며, 1985년 미 해군과 '파이오니어(Pioneer)'를 제작하여 걸프전에서 해상 감시 작전용으로 사용하였다. 1980년대 전장에서 이스라엘제 드론이 승전을 거두게 됨으로써 그 효과성에 대해 세계 각국에서 인지였으며, 1990년대부터는 중대형급 드론이 전장에서 필수 무기체계로써 사용되기 시작하였다. 1995년 보스니아 내전 등에서 미국의 드론 '프레데터'는 각 분쟁지역의 고해상도 지상사진을 전송하는 등 감시정찰 임무를 수행하였으며, 2001년 '프레데터(Predator)'는 아프간전에 투입돼 고공에서 장시간 머물며 정찰, 미사일 유도 등의 임무를 수행하였다.

이스라엘은 드론을 적의 기만기로 운용하기 시작하면서 군사용 중형드론의 강국이 되었고, 미국은 걸프전·이라크전 등 전장에서의 드론 활용성과와 과학기술의 토대로 군사형 대형드론의 강국이 되었다.

세계 각국에서는 드론을 전장에서 활용할 수 있도록 개발을 촉진시키고 있다. 드론의 정

그림 2.14 VZ-7 (Curtiss-Wright VZ-7)

보수집 등을 통해 병력의 손실을 줄일 수 있으며, 전장에서 우위를 점할 수 있음을 인지하고, 드론에 수송·공격 등의 다양한 임무를 부여하여 전장에서의 활용을 확장할 수 있는 드론봇에 대한 연구를 하고 있다.

2010년대에 들어 멀티콥터 드론의 제작과 운용, 카메라 소형화 등의 기술발전이 급진전되면서 카메라가 부착된 드론이 대중화된 제품이 되었으며, 민간의 소형 드론 제작 기술도 성숙기에 다다르면서, 민간의 기술을 활용한 국방 분야의 활용 범위가 점점 넓어지고 있다.

특히 국방 분야는 드론봇에 대한 연구와 개발이 가장 앞서 나가고 있는 분야이며 정보수집, 감시, 운반, 공격 등의 임무와 작업을 수행할 수 있는 드론봇 개발을 위해 많은 예산을 투입하고 있다.

2018년 우리나라는 드론봇을 운용하기 위해 육군 드론봇전투단을 창설하였다. 향후 육군은 예하 군단·사단·연대·대대급 부대에 드론봇 부대를 편성할 예정이며, 드론봇 부대는 감시정찰, 공격, 군수품 수송 등을 담당하는 드론과 로봇을 운용하게 된다.

군에서의 드론봇은 '드론'과 '로봇'을 같이 활용한다는 것을 의미하고 있어 이 책의 드론봇 정의와 조금은 다를 수 있으나, 아래의 그림처럼 수송드론 등은 작업장치 등을 장착하여 수송 작업을 수행하게 되므로 작업을 위한 드론, 즉 드론봇을 활용하여 운용 개념을 설정하였다. 이 책을 통해 국방에 활용되는 드론봇에 대한 개념이 명확해지기를 기대한다.

그림 2.15 드론봇전투단 드론봇 운영개념 (개인 소장)

표 2.1 미국의 드론봇 운용 현황 및 개발 계획도

공군	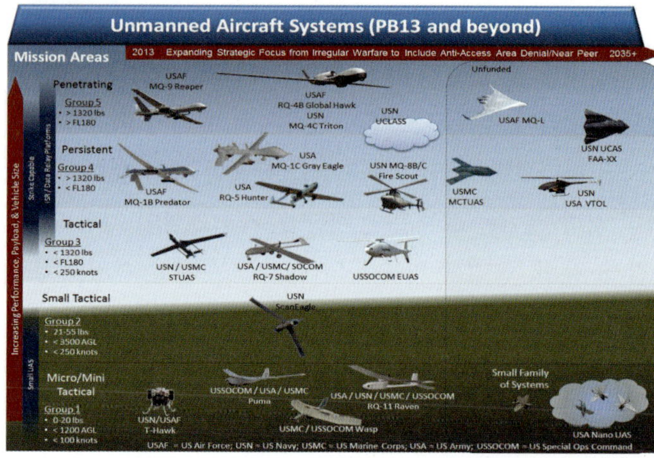
육군	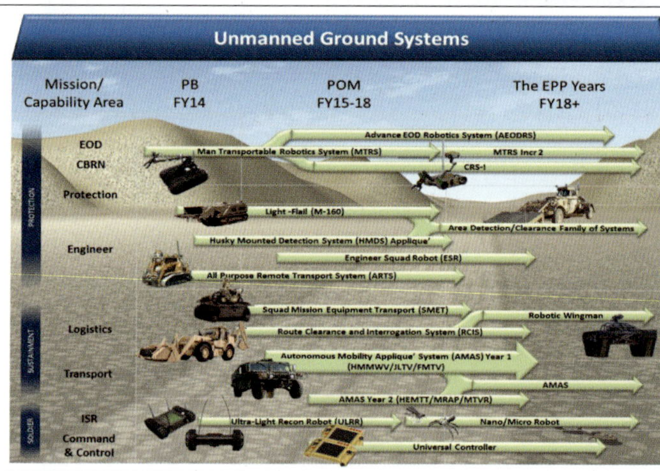
해군	

〈출처: DOD, "Unmanned Systems Integrated Roadmap FY2013-2038"〉

해병대(실시간영상전송 정찰) 공군(AI연동 정보수집) 육군(병사인식 감시)

그림 2.16 미군의 드론봇 활용 현황

〈출처: 미 국방부 홈페이지〉

미국은 드론봇 개발에 있어 선두주자로서, 미 국방부는 유인전투기나 병사의 임무를 대체할 수 있는 전투용 드론봇 등 군사용 드론봇의 기술적 우위를 선점하기 위해 연구 개발에 대폭적인 투자를 추진하고 있다.

미국은 현재 육군 · 해군 · 공군 모두 지상, 해양, 공중 등 운용공간을 중심으로 다양한 형태의 드론봇을 개발 · 운용하고 있으며, 2019년부터 미국은 개별 무기체계로써 소형 드론봇을 사용하기 위해 각 군에 드론봇을 보급하고 훈련을 통해 다양한 임무수행을 테스트하고 있다.

미국은 기술이 빠른 속도로 향상됨에 따라 단순 정찰임무에서 미사일을 탑재하여 목표를 탐지하고 공격하는 전투형 임무까지 드론봇의 역할을 확대하기 위해 2013년부터 2038년까지의 운용계획을 수립하고 연구하고 있다.

미래의 전쟁은 과학기술의 비약적인 발전으로 인해 전쟁 수행 개념 및 방식에 변화를 가져올 수밖에 없으며, 그 중심에 드론봇은 핵심 전력으로 자리잡을 것이다.

2 중대형 드론봇

탑재 중량(payload) 30kg 이상 수송이 가능한 중대형 드론봇이 개발된다면 도서 및 산간 지역은 물론 도시 주변에서도 물자 수송용 드론봇 사업이 활발해질 것이다. 탑재 중량 80kg 이상의 기종이 개발되면, 우선 긴급 환자 수송용 유인 드론봇으로 사용할 수 있을 것이다. 80kg 이상 화물 수송용 드론봇이 운용되며 장시간 축적된 데이터를 통하여 비행 안전성 및 충돌 방지 기능이 확인되고, 추락 시 승객 인명을 안전하게 보호할 수 있는 안전장치가 실용화된다면, 2~4인용 드론봇 택시 서비스 사업이 예상보다 빠르게 진행될 것이다.

우정사업본부 도서 · 산간 배달용 드론봇

제주도-가파도 간 마스크 배송

그림 2.17 국토교통부 제공 수송드론봇 보도자료 사진(2020. 6. 2)

가. 수송용 드론봇

현재까지 탑재 중량 30kg 이상의 대형 드론에 대한 연구는 수요 부족으로 활발하지 못했으나 최근 한국군의 수송용 드론(탑재 중량 40kg) 조달 및 운용 사업 시작으로 중형 드론봇에 대한 실용화 개발이 활발해지고 있다. 탑재 중량 40kg 이상 수송이 가능한 드론봇이 예상보다 빨리 국내외에서 실용화되어 수송용 드론봇으로 가능성이 입증된다면 드론봇 배송서비스 시장의 빠른 확대가 예상된다. 국토교통부는 2020년 도서 · 산간 등 상대적으로 물품 배송 빈도가 낮은 지역에서 우정사업 분야 드론봇 운송서비스를 시작하여 사업 타당성을 확인하여, 주유소 · 편의점 유통 물류, 유류선 시료 배송, 음식배달, 도심지 서류 송달, 건설현장 소규모 장비 운송 등 민간분야 배송모델까지 확산하려는 계획을 발표하였다.

㈜넥스컴스는 탄소섬유 복합재료 구조물로 제작된 중형 드론봇 시제품을 개발하여 2019 드론쇼코리아에서 전시하였다. 30kg 화물을 20분 동안 수송할 수 있고 시간당 5mm의 강수 환경에서 비행할 수 있는 방수 특성을 가지고 있는 점이 특징이다.

그림 2.18 중형 수송용 드론봇

〈출처: (주)넥스컴스〉

그림 2.19 소형 자(子) 드론과 모(母) 드론 비행 사진
〈출처: KIST〉

㈜한국헬리콥터는 30kg의 농약을 방제 작업할 수 있는 중대형 드론봇을 개발하여 2020년부터 제품으로 판매하고 있는데, 이 기체를 중형 수송용 드론봇으로 개조하여 6대의 소형 자(子) 드론을 탑재할 수 있는 모(母) 드론으로 활용할 수 있는 가능성을 보여주었다.

한국항공우주연구원 스마트 무인기 개발팀은 2012년 틸트로터형 고속 수직이착륙 스마트 무인기 TR-100 개발에 성공하였다. 틸트로터 기술이 적용된 고속 수직이착륙 무인기는 헬리콥터처럼 좁은 공간에서도 뜨고 내릴 수 있으며, 시속 500km까지 속도를 낼 수 있고, 최대 이륙 중량 995kg, 탑재 중량 90kg이다.

한국항공우주연구원의 기술 이전을 받은 ㈜대한항공 무인기 개발팀은 스마트 무인기 TR-100의 60% 축소형 수직이착륙 무인기인 스마트 무인기 TR-60의 개발에 성공하였다. 최대 시속 240km까지 속도를 낼 수 있고, 최대 이륙중량 200kg, 탑재 중량은 20kg이다. 이 기체로 2017년 7월에 함상 자동이착륙에 성공하였다. 스마트 무인기 TR-60은 향후 실용화 노력을 통해 육상뿐만 아니라 어군 탐지, 중국 어선들의 불법 조업 감시, 해양안전 감

그림 2.20 한국항공우주연구원이 개발한 고속 수직이착륙 스마트 무인기 TR-100과 40% 축소형 연구 시스템 전동형 모델 TR-40, 대한항공과 공동 개발한 60% 축소 보급형 TR-60
〈출처: 한국항공우주연구원〉

그림 2.21 틸트로터 스마트 무인기 TR-60이 10노트로 운항하는 해경 함에 자동으로 착륙하는 모습
〈출처: 한국항공우주연구원〉

시 등 해상에서 다양한 용도로 활용될 수 있을 것이다. 두 기종 모두 임무 속도로 순항 비행할 경우 5시간 비행이 가능하여 장거리 수송용 드론봇으로 활용성이 크나 중대형 수송용 멀티콥터형 드론봇에 비하여 가격이 높은 단점이 있다. 틸트로터형 스마트 무인기 기종은 가혹한 대기 환경에서 장거리 수송이나 기타 특수 임무 수행용 드론봇으로 특성화하여 응용 분야를 확대할 필요가 있다.

표 2.2 스마트 무인기 TR-100과 TR-60의 주요 제원

	TR100	TR60
최대중량 (kg)	995	200
임무장비 (kg)	90	20
엔진	550hp Turboshaft	55hp Rotary
동체 길이 (m)	5.0	3.0
날개 길이 (m)	4.0	3.0
날개 시위 (m)	0.8	0.5
Aspect Ratio	5.0	6.0
Wing Loading (kg/m²)	310.9	133.3
로터 반경 (m)	1.4	1.1
Blade Twist (deg)	38.0	29.0
Disk Loading (kg/m²)	154.2	52.6
최대속도 (km/h)	500.0	240.0
임무속도 (km/h)	250.0	160.0
최대 고도 (km)	6.0	4.5
체공시간 (hrs)	5.0	5.0
착륙장치	4 pts, retractable main gear	3 pts, fixed tricycle/skid

소형 멀티콥터 드론의 성능이 입증되어 다양한 용도로 활용되면서, 중대형 멀티콥터 드론봇의 개발이 활발하게 진행되고 있다. 영상 촬영용 및 취미용 소형 드론과 비교하여 수송용 드론은 상대적으로 가격이 높고 고부가가치를 창출할 수 있어 다양한 기술 향상과 시스템에 대한 제품화 개발이 진행 중이다. 중형 멀티콥터 드론봇 기술은 기술확산점(tipping point) 도달 이후 30kg 이상 중량화물 배송이 가능할 것으로 예상된다. 중형 멀티콥터 드론봇의 운용 중 발생하는 사고율을 100만 비행 시간당 2회 이하로 낮출 수 있는 운용기술이 완성되는 시점을 기술확산점이라 보고 있다. 전문가들을 대상으로 중형 멀티콥터 드론 기술의 기술확산점 도달 시기를 델파이로 조사한 결과, 세계 기준으로는 미국에서 2020년에, 국내 기준으로는 2024년에 멀티콥터 드론봇의 기술이 사회적으로 확산될 것으로 예측했다.* 또한, 한국 육군 드론봇 전투단의 정책적 견인으로 수송용 드론봇 제품 상용화 시기는 더 빨라질 것으로 예상된다.

나. 앰뷸런스 드론봇

앰뷸런스 차량이 접근하기 어려운 환경에서 골든타임 안에 인명을 구조하려면 신속한 이동이 가장 먼저 필요하다. 앰뷸런스 드론봇이 개발되어 활용되면 가혹한 인명 구조 환경을 극복하고, 더 많은 긴급 구난자의 생명을 구할 수 있을 것이다. 최근에 도심 건물이 고층화되고, 자연환경이 황폐해지면서 재난·재해 상황이 더 빈번하게 발생하고 있으나, 관련 상황에 최적화된 구조 기술은 충분하지 못한 상황이다. 앰뷸런스 드론봇은 이러한 재난 및 재해 상황에 꼭 필요한 기술로, 해당 상황에서 구조 비용과 함께 구조의 위험성을 크게 감소시킬 수 있다. 또한, 국내뿐만 아니라 세계적으로도 활용 가능성이 매우 크다고 할 수 있다. 특히 우리나라와 같이 차량 접근이 어려운 지역에서는 그 효과가 더 극대화될 것이다. 앰뷸런스 드론봇은 드론택시와 같은 2~4인 정도의 사람이 탑승하기 위한 민간용 대형 드론봇과는 다른 목적과 형태와 특징을 갖는 만큼 그 형상과 크기도 차별화되어야 한다. 앰뷸런스 드론봇은 기존 중형 드론봇과 사람 탑승을 위한 대형 드론봇의 중간 크기 영역을 차지할 것이다.

현재 개발되었거나 진행 중인 유인 드론봇은 공중 택시 서비스에 활용성이 맞추어져 있어 긴급 환자 후송에 최적화되어 있지 않다. 부상자 후송용 앰뷸런스 드론봇은 공간적으로

---

* 기술확산점(tipping point)은 기술이 사회에 급속도로 확산하는 시점을 의미한다. 연구자나 얼리어답터(early adopter)처럼 특정한 사람들만이 기술을 사용하고 향유하는 것이 아니라 일반 사람들에게도 그 기술이 퍼져나가는 시기로 기술이 대중화되면서 사회 변화의 촉매로 작용하는 것을 의미한다.(〈기술이 세상을 바꾸는 순간〉, 미래창조과학부 미래과학기술예측위원회, pp. 36~41)

차량 및 헬리콥터 등의 접근이 어려운 지역에 대한 접근 용이성, 부상자 탑승을 위한 공간 확보, 완전 자율비행 등 다양한 기술이 필요하다. 특히 부상자를 이송할 앰뷸런스 드론봇의 경우, 공간적으로 부상자와 치료자를 제외한 조종사의 탑승이 어려워서 완전 자율비행을 위한 다양한 기술 개발이 필수적이다. 또한, 차량 혹은 헬리콥터의 접근이 쉽지 않은 재난·현장의 경우 GNSS 가용성에 문제가 있고, 통신 상황 문제 등 기존 인프라의 활용이 어려울 가능성이 커, 기존 드론에 비해 매우 높은 가용성, 높은 정확도/정밀도, 높은 강건성을 갖는 기술이 필요하다.

기존의 소형 드론에 적용된 기술들(연료전지, 저출력 모터, 자율비행 소프트웨어 등)은 사람이 탑승하기 위한 대형 드론에 적용하기에는 제한 사항이 많아서, 그대로 활용이 쉽지 않다. 따라서 사람 탑승을 위한 드론택시와 구조자 구출을 위한 앰뷸런스 드론에 최적화된 요소 기술의 개발이 필요하다.

2015년 미국의 아르고디자인(Argodesign)은 미래 응급 차량으로 드론과 응급 차량을 결합한 드론 앰뷸런스(drone ambulance) 콘셉트 디자인을 공개했다. 복잡한 도로 교통사고 현장에 착륙할 수 있고 구급대원 1명과 긴급 환자 1명을 태울 수 있게 설계한 형태이다. 실용화되려면 기체 경량화와 효율적 파워 시스템 등의 혁신기술이 개발되어 적용되어야 한다.

2020년 2월 울산과학기술원 정연우 교수 연구팀은 '911 응급구조 드론 디자인'이 '독일

그림 2.22 아르고디자인의 앰뷸런스 드론 콘셉트 디자인

www.argodesign.com/work/drone-ambulance-argodesign

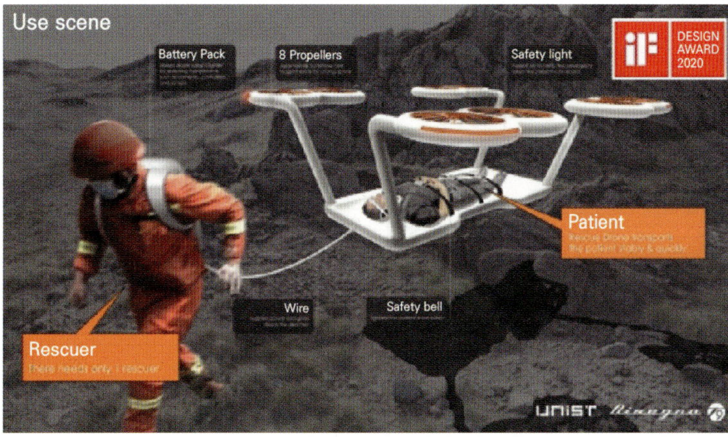

그림 2.23 울산과학기술원 정연우교수의 '911 응급구조 드론 디자인'

iF 디자인 어워드 2020' 프로페셔널 콘셉트 부문에서 디자인 어워드 본상을 받았다. 독일 iF 디자인 어워드는 세계 3대 디자인 어워드 중 하나이다. 2020년에는 56개국에서 7300여 개의 작품이 선보였다. 응급구조 드론봇 개념은 '하늘을 나는 들것'이다. 환자를 드론봇 들것에 8개의 로터와 배터리팩을 연결한 형태로 지상에서 1미터 상공에 들것을 띄워 비행할 수 있는 디자인으로 호평을 받았다. 들것에 설치된 관성 측정 장치를 이용하여 들것의 수평을 유지하고, 구조대원의 등에 멘 배터리팩과 연결된 선을 따라 이동하는 '팔로우 미' 기능을 가지고 있다. 이 드론은 환자 1명을 구조하려고 4명 이상의 구조대원을 투입하는 기존 구조 방법의 비효율성을 개선하고, 평지가 아닌 험지 이동 과정에서 환자 상태를 악화시키는 문제점을 해결할 것으로 기대된다.

2018~2019년 KIST 안보기술개발단은 "민군 공동 활용 대형 인명 구조 드론 체계 연구

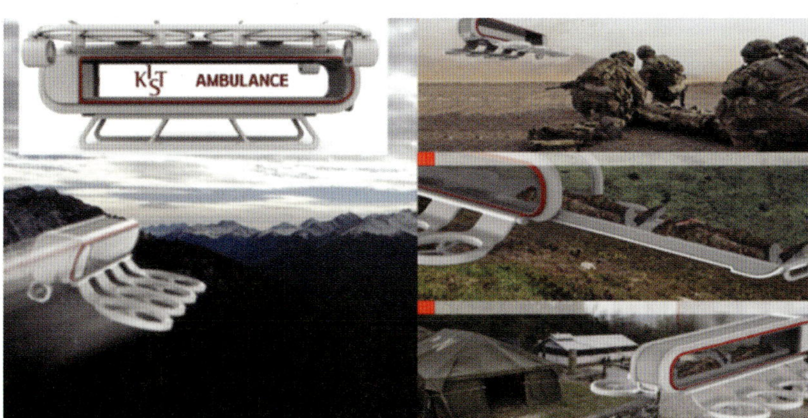

그림 2.24 KIST 앰뷸런스 드론봇의 1차 설계 형상과 운용 개념

파워 효율 좋음	파워 효율 나쁨	파워 효율 나쁨
자동안전장치 기능 취약	자동안전장치 기능 좋음	자동안전장치 기능 좋음
앰뷸런스 기능 좋음	앰뷸런스 기능 좋음	앰뷸런스 기능 나쁨
접안 기능 나쁨	접안 기능 좋음	접안 기능 나쁨
초정밀 제어 어려움	초정밀 제어 가능	정밀 제어 가능

그림 2.25 회전익 비행체와 KIST 앰뷸런스 드론봇 1차 설계 개념의 특성 비교

네트워크 구축" 융합클러스터 사업을 수행하며 민군겸용 앰뷸런스 드론봇 개발을 위한 기획 연구를 수행하였다.

1차 형상 설계안의 장점은 구조 환자 보호용 케이지 구조물과 들것 겸용 베드 설계 우수, 탈거 가능 베드 슬라이드의 운용성 양호, 초미세 제어용 로터로 빌딩 접안 용이, 접이식 충돌 안전 링 구조 양호 등이다. 단점은 구조 환자 보호용 케이지 구조물의 평평한 측면은 측풍에 밀릴 수 있다는 것이다.

최종 형상 설계안의 장점은 후부 날개 너비가 증가하여 윙바디(wing body) 양력과 비행 안정성 제고 가능, 수직꼬리날개 추가로 세로 비행(yaw) 안정성이 우수해졌으나 윙바디 구조의 중량 증가 문제를 해결할 필요가 있다.

그림 2.26 KIST 앰블런스 드론봇 최종 형상 디자인
〈출처: KIST〉

그림 2.27 ㈜넥스컴스가 설계한 앰뷸런스 드론봇 형상

다. 개인용 비행체 드론봇(PAV)

개인용 비행체(PAV; Personal Air Vehicle) 드론봇으로 해외의 경우 주로 좁은 공간에서도 이착륙이 수월한 1~4인승 비행체 개념으로 개발됐다. 기존 활주로 활용 PAV는 시판하고 있고 수직 이착륙 모델의 경우 시제기 완성 및 판매 단계에 있다.

(1) 국외 PAV 개발 현황

Transition PAV는 MIT 엔지니어 팀에 의해 설립된 회사인 테라푸지아(Terrafugia)에서 설계한 것으로 도로주행이 가능한 경항공기이다(그림 2.28). 자동차처럼 일반도로를 주행할 수 있으며, 조종석에서 간단한 명령으로 날개를 접고 펼 수 있도록 설계되었다. 자동차 충돌 안전기준에 맞도록 설계되었으며 낙하산을 옵션으로 장착할 수 있다. 또한, 승무원 2명과 수하물, 연료탱크 1개를 실을 수 있으며 동체의 중심을 조정하기 위한 전자계산기, 에어백, 공력저항을 고려한 범퍼, 그리고 GPS 내비게이션 장치가 탑재 예정이다. 이륙거리는 257m, 항속 거리는 1280km이며, 현재 예약 주문 생산에 의하여 시판 예정이고 예상가격은 약 20만 달러이다.

몰러(Moller) 박사에 의해 1962년에 개발을 시작한 XM-2부터 시작하여 XM-3, XM-4, M150, M200X 등의 다양한 모델의 개발 연구가 수행되었다. 현재는 M400 개발에 주력하

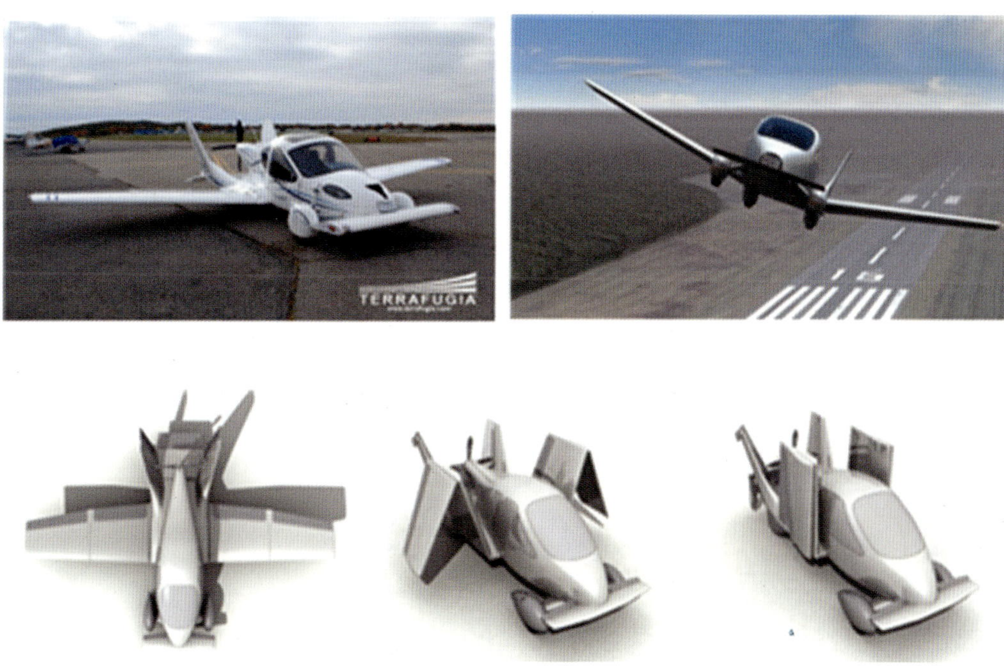

그림 2.28 테라푸지아의 Transition Personal Air Vehicle

그림 2.29 The M400 Skycar(좌), M400 Skycar 시험비행(우)

고 있다(그림 2.29). 그동안 개발된 Skycar의 비행 시험이 수행된 것으로 기록되어 있으나, 지상에서 간신히 이륙을 한 정도이고, 안정된 비행을 지속하지는 못하였다. 얼마 전에 M400의 판매를 추진했으나 현재는 판매를 중지하고 있다. 경제성이 있는 적합한 엔진으로는 터보차저 또는 연료 분사형의 2사이클 엔진이 적합하나, 아직 개발되지 않아 반켈(Wankel) 타입의 150마력 로터리 엔진을 8개 사용하고 있다. 현재는 무연 가솔린 연료를 사용하고 있으나 디젤 연료나 천연가스를 사용할 수 있는 로터리 엔진을 개발 중이다.

이스라엘의 어반 에어로너틱스(Urban Aeronautics)는 2004년에 Flying Jeep 형태의 2인승 수직이착륙 비행체인 CityHawk의 시제기를 개발하였으나 실용화까지는 진행되지 않았다. 드론의 전후방에 내장된 2개의 대형 송풍기를 돌려 부양하며 추진용 프로펠러로 전진하는 구조로 최고 속도 250km/h이며 체공 시간이 3시간이다. X-Hawk가 상용화될 경우 고층빌딩의 인명 구조 등 긴급구난용 차량으로 매우 유용할 것이다(그림 2.30).

최근에 어반 에어로너틱스는 다시 한번 CityHawk 드론봇을 개발하고 있다. 하이브리드 동력장치로 256km/h 속도를 내며 비행할 수 있는 6인승 드론봇을 2021~2022년 사이에 출시하고, 이후에 수소 연료전지를 개발/탑재할 예정이다(그림 2.31).

그림 2.30 X-Hawk Aerial Vehicle

그림 2.31 어반 에어로너틱스의 Cityhawk 설계 형상

네덜란드의 PAL-V Europa 사에서는 PALV(Personal Air Land Vehicle) 3륜 자이로콥터(Gyrocopter)를 만들었다(그림 2.32). 이는 삼륜차 타입으로 MAZDA 디젤 엔진을 탑재하고 시속 200km/h로 육상과 공중에서 모두 질주할 수 있다. 아울러 비행 최고 고도 4천 fit, 즉 1,500m 상공까지 고층 건물의 제한 없이 자유롭게 비행을 할 수 있는 장점도 갖고 있다. 자동차와 똑같이 조종하며 이륜차처럼 기울여서 방향을 바꾼다.

또한 PAL-V는 개인용 다목적 차량 외에도 앰뷸런스용과 순찰용 그리고 택배 등 다양한 목적으로 운영할 수 있으며, 도로와 하늘을 오가며 질주하는 다목적 자동차가 더 편리한 운송 수단으로 통용될 예정이다. 하지만 비행 모드는 접이식의 블레이드를 전개 자이로콥터 방식으로 날게 되는데 항공법상의 규제 등 현실적으로 극복해야 할 과제가 많다.

그림 2.32 네덜란드 PAL-V Europa 사의 PH-PALV

(2) 국내 플라잉 카 개발 현황

2009년 한국항공우주연구원의 항공사업단에서 미래형 유인 PAV(Personal Air Vehicle) 개발 선행 연구를 수행하여 20년 후에 도로주행 겸용 자가용 항공기개발에 대한 타당성 조사를 한 바 있다. 2010년부터 매년 경상남도 테크노파크 항공사업단에서 국제 무인 플라잉 카(flying car) 경연대회를 주최하며 충남대, 경상대, 건국대, 부산대 등 대학팀이 다양한 형상의 창의적 무인 플라잉 카에 대한 연구를 진행하고 있다(그림 2.33).

충남대 모델, 2011년 대상 수상

부산대 모델, 2012년 대상 수상

그림 2.33 국내 대학 개발 수직이착륙 무인 플라잉 카

건국대학교 스마트드론연구소에서도 2007년부터 플라잉 카 관련 연구를 진행하여 그림 2.34와 같은 다단 틸트로터 플라잉 카를 설계하여 2017년에 미국특허(MULTI-STAGE TILTING AND MULTI-ROTOR FLYING CAR, US Patent No. 9,682,772 B2)를 취득하였다. 로터의 추진력으로 지상과 수상에서 2-D 이동을 하면서 필요할 경우, 로터 회전면을 수평으로 두고 수직 이륙하여 단계별 틸트로터로 저속과 고속 고정익 모드 비행을 하고 다시 수직 착륙할 수 있는 한국 고유 모델의 전동 틸트로터 운행체라 할 수 있다.

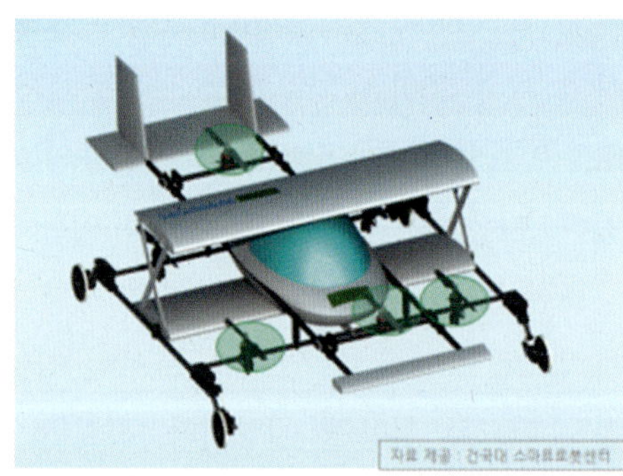

그림 2.34 건국대 6-틸트로터형 회전익/고정익 겸용 모드 겸용 플라잉 카 설계 형상

㈜에어컴이 2016년 10월에 국내 최초로 유인 드론 비행을 시도하였다(그림 2.35). 드론의 성능은 1명이 탑승(payload 60kg), 최대 10분간의 비행능력을 갖추고 있으나, 기존 원격조종 RC(remote controller) 수동 조종으로 비행하였다. 중소기업에서 중대형 드론 비행 경험을 활용하여 구성해 본 시제품으로 체계적인 후속 공학적 연구개발 보완이 필요해 보인다.

㈜그리폰 다이나믹스는 중대형 드론용 탄소섬유복합재료 구조물 전문제작 업체로 유인 드론봇 시제품을 2018 드론쇼 코리아에서 전시하였다(그림 2.36). 드론의 성능은 1명이 탑

그림 2.35 ㈜에어컴 제작 유인 드론 비행 장면

그림 2.36 ㈜그리폰 다이나믹스가 개발 중인 1인용 드론봇

승, 30분 비행을 목표로 현재 연구개발을 진행 중이다.

러시아 호버서프(HOVERSURF) 사는 호버서프 스콜피온 S3(Hoversurf Scorpion S3) 모델 호버바이크(그림 2.37)를 2017년에 공개하였다. 두바이 경찰은 2017년 10월 호버바이크를 구매하여 관광지를 순찰하고 접근이 어려운 지역을 순찰하며 용의자를 추적하겠다고 발표했다. 이 호버바이크는 모터사이클 동체 하방에 4개의 대형 로터를 부착하여 비행이 가능하도록 하였다. 1인을 태울 수 있는 탑재 중량 115kg, 10~20분 동안 지상 5m에서 최고 시속 96km/h로 날 수 있다, 호버바이크의 대당 가격은 약 1억7000만 원으로 일반인도 주문이 가능하다.

국내에서도 유인 드론봇 '호버바이크' 개발을 하고 있다(그림 2.38). 국방과학연구소의 미래 도전 기술 개발 사업 일환으로 한국과학기술원(KAIST) 방효충 교수팀은 관련 산업체와 협력하여 호버바이크를 개발하고 있다. 호버바이크는 사람이나 화물을 공중에서 이동시킬 수 있는 수직이착륙 드론봇이다. 100kg 탑재 중량을 싣고 1시간 이상 비행하기 위하여 하이브리드 동력 추진 방식을 선택하고 있다. 또한 유인과 무인 조종이 모두 가능하도록 비행체를 개발하여 유·무인 복합 운용이 가능한 조종 시스템을 구현하고 있다.

그림 2.37 호버서프 스콜피온 S3

그림 2.38 KAIST 개발 호버바이크 구상 형상
〈출처: 게티이미지뱅크〉

라. 중대형 드론봇 핵심기술

대형 드론봇의 개념을 신속하게 구현하기 위해서는 기존의 항공기 기술, 자동차 기술, 스마트폰 기술 등을 바탕으로 해야 한다. 운용시간을 증대시키는 방법으로 최적화된 차체 구조가 필요로 하고 새로운 신소재를 이용해서 경량화시키는 방안이 필수적이다. 동력원으로 사용되는 엔진이나 전기 모터의 성능 개선도 수반되어야 한다. 중대형 드론봇 비행에 필요하며 대형 드론이 상용화되었을 때의 사회적 이슈 등을 고려하여 대형 드론봇을 개발하기 위한 핵심기술은 그림 2.39와 같다.

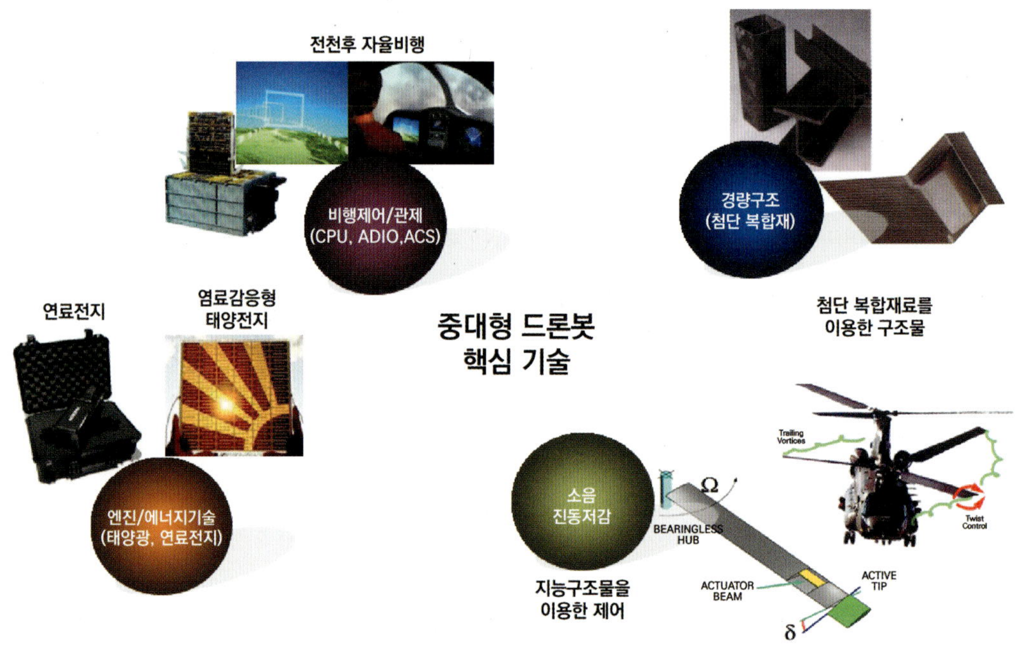

그림 2.39 중대형 드론봇 실용화에 필요한 핵심기술

(1) 기체 핵심 부품

국토교통부는 2020년부터 도심 항공교통 산업을 주도할 핵심기술 · 소재 · 부품 · S/W 등에 대한 기술 개발 로드맵을 수립해 체계적인 연구개발을 추진하고 있다. 전기 배터리 분야 관련 고출력 · 고에너지 밀도 배터리셀과 배터리 패키징 기술, 고속충전기술, 배터리 관리시스템(BMS) 개발도 병행하고 있다. 추진 · 동력 계통에서 전기식 · 저소음 분산추진용 모터 · 인버터와 중장거리 비행을 위한 하이브리드 동력과 수소 연료전지 시스템을 개발하고 있다. 대량수요에 대비하여 탄소복합소재, 수지, 전지 · 배터리 주요 소재 생산기술도 확보한다. 특히, 도심 항공교통의 미래인 자율비행을 준비하기 위하여 인지 · 판단 · 제어 3대 핵심분야를

표 2.3 중대형 드론봇을 위한 7대 핵심기술과 10대 핵심품목

<table>
<tr><th>7대 핵심기술</th><th colspan="2">① 수직이착륙</th><th>② 장거리 비행</th><th colspan="2">③ 분산전기추진</th></tr>
<tr><td rowspan="4">10대
핵심품목</td><td>틸팅시스템</td><td>고효율 · 저소음
로터</td><td>고정 · 회전
복합날개</td><td>항공용
모터/인버터</td><td>분산전력
제어장치</td></tr>
<tr><th colspan="2">④ 모터 구동 · 하이브리드</th><th>⑤ 자율비행</th><th>⑥ 센서</th><th>⑦ 소음 · 진동</th></tr>
<tr><td>엔진/
하이브리드</td><td>고출력 배터리
/수소 연료전지</td><td>비행 제어 및
항법 임무</td><td>충돌 회피
센서</td><td>능동소음 ·
진동제어</td></tr>
</table>

〈출처: 국토교통부 보도자료(2020. 6. 2.)〉

좌우할 센서 · 항법 · 시스템반도체 · S/W를 종합적으로 개발해 나갈 예정이다. 안전 · 환경에 관련된 고해상도 기상정보, 전파간섭 현황 등 정보를 3차원 도심 지도에 표출해 효율적으로 고성능 내비게이션을 할 수 있는 정보 수집 · 제공체계도 구축해나가고 있다.

(2) 중대형 드론봇 파워 시스템

중대형 드론봇의 파워 시스템 기술은 현재 20분 정도인 임무 비행시간을 증대시키기 위한 중요한 핵심기술 분야이다. 1인승과 2인승 긴급 구조용 드론에 대하며 ㈜넥스컴스가 제공한 표 2.4의 자료를 보면 1인승은 기존 리튬계 배터리로 20분 비행이 가능하나 2인승의 경우 배터리와 엔진이나 수소전지 시스템과 하이브리드 동력 시스템이 필요하다. 또한, 로터의 직경이 1.5m 이상이어야 하고 수량도 1인승의 경우 8개 2인승의 경우 16개로 기체 최대 크기가 6m 이상으로 탄소섬유복합재료 등 신소재를 활용한 경량화 노력이 필요하다.

표 2.4 ㈜넥스컴스가 제공한 1인승과 2인승 구조용 드론 동력 시스템과 전체 제원

항목	1인승 기종	2인승 기종 1	2인승 기종 2
탑승인원(인)	1	2	2
Power	Battery	Battery + 엔진	Battery + 수소연료전지
Payload (kg)	80	160	160
OEW (kg)	150 (배터리 포함)	330 (배터리 포함)	335 (배터리 포함)
MTOW (kg)	230	490	495
Prop. Size (inch) (Qty)	60 (8)	90 (16)	90 (16)
Size (m)	6.0 × 6.0	9.0 × 10.0	9.0 × 10.0
운용시간 (min)	20	60	60
필요전력 (kw)	48	85	85

(3) 경량 재료/구조 기술

경량 재료/구조 기술은 중대형 드론봇 비행체 개발에 중요한 핵심기술이다. 가볍고 튼튼한 구조는 운용시간 및 운용반경(거리)에 직접 연관이 있고, 또한 경제적인 측면에서도 매우 효율적이다. 또한, 센서나 작동기 기능을 복합적으로 가지고 있는 구조물 개발을 통해서 대형 드론의 성능을 향상시키는 연구가 필요하다.

알루미늄 합금과 같은 금속재료를 이용한 구조물은 현재 운용되는 비행체의 구조물에 보편적으로 사용되고 있으며 자동차에 부분적으로 활용되고 있다. 섬유강화 복합재료의 등장으로 이전에 사용되던 금속재료를 대체할 수 있는 가벼운 재료들이 등장했다. 그중 대표적인 것이 섬유와 수지를 복합한 복합재료로써 자동차 차체나 비행기 구조물 등에 널리 사용되고 있다. 특히 섬유 강화 복합재료는 항공기 및 우주선 구조물로 많이 쓰이고 있으나 제조 단가가 고가이기에 대형 드론봇의 구소물로 활용하려면 대량생산 방법을 통한 생산단가 저감이 필요하다.

최근에는 FPS(Fiber Placement Machine), ASM(Advanced Stiching Machine), Perpreg Tape Wrapping M/C 등 복합재료 자동 생산 기계를 통하여 원가 절감 노력을 하고 있다. 복합재료 자동 생산기기가 20억 원 이상의 대형 고가 장비이기에 중대형 드론봇 복합재료 구조물 생산을 위한 저가의 자동화 생산 기계의 개발이 필요하다. 그림 2.41은 내공

그림 2.40 복합재료를 이용한 항공기 및 자동차 구조물

그림 2.41 내공(foam/honeycomb)형 프리폼 활용 복합재료 부품

(foam/honeycomb)형 프리폼 활용 복합재료로 제작한 부품들을 보여주고 있다. 그림에 설명한 것 이외에도 많은 영역에서 복합재료를 이용하여 비행체 구조물 및 부품들의 경량화를 꾀하고 있다.

이러한 섬유강화 복합재료 구조물은 실제 제품화되어 보잉 787, 에어버스 350기종에 활용되고 있다.

(4) 중대형 드론 대량생산 공정 기술

중대형 드론 프레임 및 주요 부품을 구조물을 대량생산할 방법은 현재 복합재료 항공기 구조물 대량생산 방법이 적용되고, 고가의 자동화 대량생산기기가 일반화되어야 한다. 현재까지 개발되어 실제로 적용되고 있는 생산성의 향상 성형기술로는

- RTM(Resin Transfer Molding)
- Advanced Pultrusion
- Fiber Placement Machine

을 이용한 프리프레그 자동 적층 제조공정 등이 있다. RTM 공정은 생산성이 낮은 Autoclave 성형의 단점을 보완하고, Autoclave 성형에 버금가는 물성의 제품을 높은 생산성으로 제조할 수 있고, Advanced Pultrusion은 일정 단면을 갖는 제품을 연속 성형할 수 있는 동시에, Braiding 및 Filamint Winding의 장점을 갖추고 있어 기존 Pultrusion에 의

한 제품보다 물성면에서 한 단계 높은 제품을 제조할 수 있다. 진공성형법은 성형제품의 품질은 약간 떨어지나 고가의 장비가 필요 없어 복잡한 대형 복합재료 구조물의 성형에 적합하며 이러한 특징으로 항공기 복합재료 구조물 중 형상유지가 주목적인 2차 구조물의 저렴한 생산이 가능하다.

1990년대 초부터는 복합재료 내부 자체에 제어기능이 추가된 지능재료(materials + electronics) 개념이 제창되어 활발한 연구개발이 이루어지고 있다. 지능재료는 구조재료, 감지기(sensor), 작동기(actuator)와 제어기(CPU)가 서로 복합된 구조재료로써 외부의 자극을 감지하여 그것에 필요한 대응 작동을 스스로 할 수 있는 자체제어 기능을 가지고 있다. 이러한 지능재료는 구조물의 능동 진동 억제, 차량이나 항공기 내부 소음 제거, 항공기나 미사일의 미세 자세 제어 등에 이용될 수 있고, 특히 지능재료를 능동적으로 활용한 날개 구조의 비행체가 개발된다면 현재까지의 항공기에 적용하고 있는 비행 원리가 근본적으로 바뀌어 그 비행체는 새나 곤충의 비행 원리를 따르는 이착륙이 쉽고 방향 전환이 더 자유로운 획기적 비행 능력을 갖추게 될 것이다.

자연에 관한 연구는 인류가 연구개발 활동을 시작할 때부터 지금까지 이어지고 있고 앞으로도 생체 모방 연구는 지속될 것이다. 하늘을 나는 동물에 관한 연구는 비행체를 연구하는 사람들에게 항상 관심의 대상이었고, 이러한 연구를 통해서 비행체의 혁신적인 발전이 지속되어 왔다.

비행하는 생물체 중 대표적인 것은 새, 곤충, 박쥐, 익룡 등이며, 특히 새의 날개에 관한 연구는 많은 과학자의 연구 주제가 되었다.

그림 2.42는 새 날개의 앞전 보(leading edge spar) 골조 단면 형상이다. 그림에서 보듯이 새의 날개 뼈는 무게를 줄이기 위해서 비어 있는 부분이 존재한다. 그렇지만 날개의 구조 골조 프레임을 형성하고 비행 시 필요한 힘을 전달할 수 있는 강도와 강성을 지니고 있다. 비행에 필요한 최적의 조건을 구성하고 있는 새의 날개 구조를 바탕으로 우리가 비행체

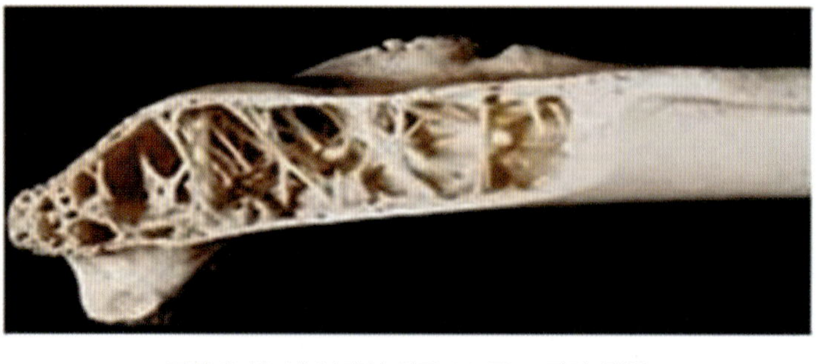

그림 2.42 새 날개의 앞전 보 골조 단면 형상

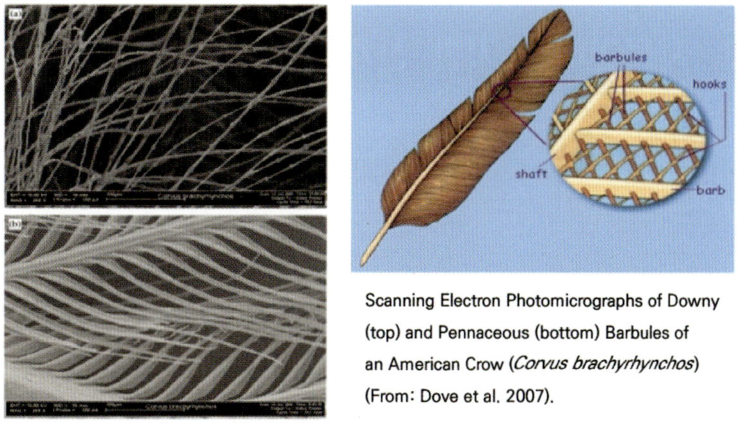

Scanning Electron Photomicrographs of Downy (top) and Pennaceous (bottom) Barbules of an American Crow (*Corvus brachyrhynchos*) (From: Dove et al. 2007).

그림 2.43 새의 깃털 표면 형상

의 복합재료 구조물을 설계할 때 이를 참조하면서 설계를 한다면 비행체의 경량화에 크게 기여될 것이다.

그림 2.43은 새 날개의 깃털 형상을 전자현미경으로 확대 촬영한 모습이다. 무수한 깃털 구성 섬유들이 서로 결합하여 있으며 양력과 추력을 발생시킬 수 있는 공기 흐름을 만들 수 있는 구조이고 보온 역할을 하며 물방울이 스며들지 못하는 항력 저감 마이크로/나노 구조라 할 수 있다.

미국을 중심으로 한 선진국에서는 최근 자연으로부터 좋은 설계를 배우자는 연구 경향에 따라서 생물체의 작동 원리를 모방하기 위한 많은 연구가 진행되고 있다. 이는 미국 NASA Langley가 2030년도까지 개발하기로 선언한, 새와 같이 효율적으로 비행할 수 있는 모핑 무인기를 실현시키기 위한 연구의 일환이기도 하다.

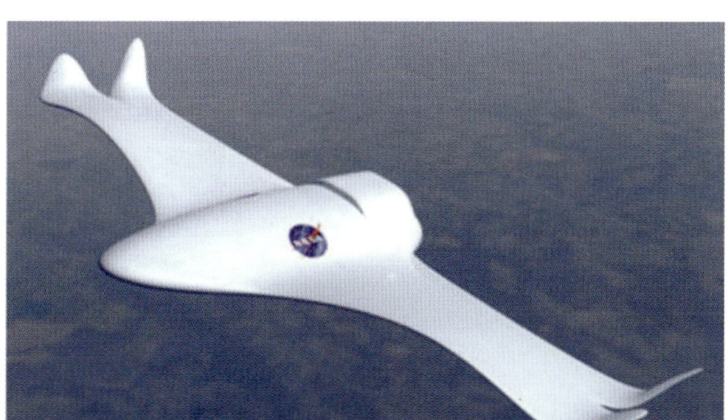

그림 2.44 NASA의 모핑 무인기 개념도

제2절 | 사물인터넷 기반 신개념 드론봇

사물인터넷(IoT) 드론은 무선 인터넷 네트워크에 연결되어 임무를 수행하는 3차원 이동 센서 장치로 물류, 농업, 토목/건축, 광(채굴)업, 산업 시설물 검사 등에 활용될 수 있어 새로운 인터넷 서비스를 창출하고 운용할 수 있는 신개념 네트워크 드론봇이다.

최근 드론 활용 분야는 단순 취미와 항공촬영부터 고공 정찰 분야에 이르기까지 급속하게 팽창되고 있다. 하지만 아직도 드론과의 일대일 조종과 드론에 탑재된 임무 장비 활용은 이원화되어 있으며 지상통제장치(GCS; Ground Control System)와 드론이 일대일 연결되어 플랫폼 운용자에게만 일대일 통신을 제공하므로 획득한 정보의 실시간 공유는 불가능하다. 군용으로 운용되는 대형 무인기들이 사용하는 위성통신 등의 고가의 통신체계는 상용으로 다량 사용될 민간 드론에서 사용되기는 어렵다. 따라서 드론봇의 임무 수행을 위해서 드론봇에 탑재된 컴퓨터가 드론의 4G 이상 통신 방식의 상용 무선 회선으로 네트워크에 연결되어야 한다. 여러 드론봇이 취득한 정보를 실시간으로 중앙관제소에 제공하고, 중앙관제소는 다수의 드론봇의 비행까지 통제하여 하나의 중앙관제 시스템이 복수의 드론과 기타 장치들을 통제할 수 있어야 한다. 상용 통신망과의 연결은 드론과 중앙관제 시스템 간의 물리적 거리 제한을 사실상 없애고, 드론이 제공한 정보를 타 장치들이 수집한 정보와 통합되어

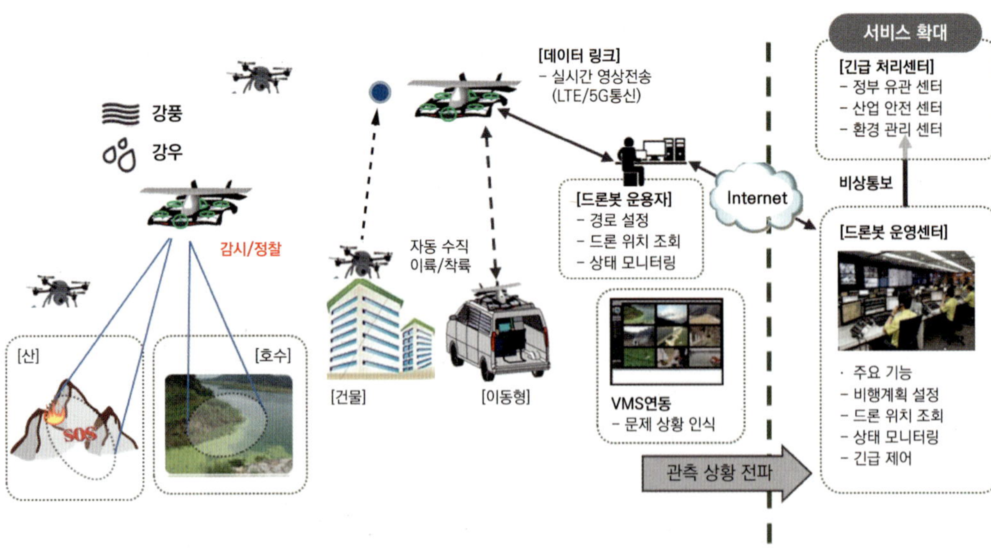

그림 2.45 IoT 드론봇 운영 시스템 개념도

〈출처: 건국대 스마트드론연구소〉

표 2.5 기존 멀티콥터 드론과 IoT 드론과의 차별성

항 목	IoT 드론	기존 드론	비고
기체	현재 대부분 멀티콥터형	고정익형, 멀티콥터형, 틸트형 등	IoT 드론으로 주로 멀티콥터 타입이 이용되고 있으나 미래에는 기존의 모든 드론 형태에 적용될 것으로 예측됨
통신 방식	무선 인터넷 통신 (4G 이상)	가시/비가시권 RF 통신	군집 IoT 드론봇 운용을 위한 신개념 통신 방식 필요
조종/제어 방식	1 컴퓨터 다수 드론 제어 및 임무 수행	1인 1드론 제어 및 임무 수행	제어 방식과 가시권 원격조종 취미용은 주로 일대일 가시권 수동 조종
이착륙 방식	주로 비가시권 자동 이착륙	대부분 조종자 가시권 원격 제어	군집 IoT 드론봇 신개념 이착륙 방식 필요

다수의 사용자가 실시간으로 공유를 가능하게 할 수 있다.

센서 장치로서의 드론뿐만 아니라 IoT 드론봇은 다양한 응용 분야에서 활용될 수 있다. 일대일 조종으로 현재에도 가장 많이 쓰이는 분야인 촬영 분야뿐만 아니라 IoT 기술이 접목된 드론은 무선 통신, 지역보안, 교통통제, 감시, 매핑, 긴급 서비스, 기상 모니터링, 환경 분석 등 많은 분야에서 데이터를 수집하여 전송하는 장치에서 드론봇으로 직접 작동장치를 활용하여 문제를 해결하는 전방위적 임무 수행이 가능하다.

가. 농업용 드론봇

최근 드론봇 활용 분야 시장 중 가장 빠르게 확대되고 있는 분야는 농업 분야이다. 드론봇을 통해 농약과 비료를 살포하고 농지의 상태와 곡물창고를 모니터링하고 있으나 현재

그림 2.46 수확할 농작물의 상태 파악을 위한 드론

그림 2.47 농약 살포용 드론

대부분 한 명의 조종사가 1개의 드론봇을 운용하고 있다. 농약과 비료를 농지의 수 미터 위에서 살포하기 때문에 바람에 의한 화학물질의 손실도 적다. 영국 하퍼 애덤스 대학에서는 1만m² 농지에서 인력을 직접 투입하지 않고 무인 농기계와 드론만을 농지에 투입하여 농작물을 재배해 수확까지 하는 농업 전자동화 시스템을 개발, 시험 운용, 실험을 성공으로 수행하였다(Antrey Giyenko).

그림 2.48은 ㈜한국헬리콥터가 10kg 농약 살포용으로 개발하여 판매하고 있는 농업용 드론봇 KAD 1200이다. 10분 이내에 10,000m^2(약 3000평) 정도의 농경지를 살포할 수 있어 방제 속도가 사람의 수작업에 비하여 50배 이상 빠르다. 농업용 드론봇의 구조물로 쓰이는 탄소/에폭시 파이프와 판재를 복잡하게 조립한 타사 제품과 달리 섬유 강화 플라스틱 동체와 알루미늄 합금 파이프를 단순하게 구성하여 구조물 경량화하고 조립 공정을 단순하게 함으로써 제품의 경쟁력을 높였다. 이 기업은 30kg의 농약을 15분 이내에 살포할 수 있는 드론봇도 개발하여 농업용 제품으로 인증을 받고 있다.

그림 2.48 ㈜한국헬리콥터 개발 농약 살포용 드론봇 KAD 1200

그림 2.49 볼로콥터가 개발한 유인 드론봇에 농업용 방제 장치를 부착한 대형 방제드론봇

독일의 볼로콥터(Volocopter)는 존디어(John Deer)와 공동으로 사람 타는 유인 드론봇(200kg 화물 적재 가능)에 대형 농업용 방제 장치를 부착하여 대형 방제드론봇을 개발하였다. 시간당 60,000m^{2}의 농경지를 방제할 수 있어 기존의 농업용 경비행기나 유인 헬리콥터를 대체할 수 있는 성능을 가지고 있다.

향후에는 대형 농장의 운영 방식이 한 명의 조종사가 다수의 IoT 드론봇을 운용하는 시스템으로 바뀔 것이며, 위험한 작업뿐 아니라 단순한 방제 작업 업무를 수행할 것이다.

나. 토목건설용 드론봇

토목건설 현장에서 측량과 관리를 위한 3차원 영상정보 수집을 위한 IoT 드론봇이 세계 건설현장에서 빠르게 보급되고 있다. 건설현장에서의 IoT 기술은 장비나 기계를 분실하거나 위험한 상황의 작업 등 건설현장에서 상시 벌어질 수 있는 문제를 해결할 수 있다.* 유인 항공기나 헬리콥터를 사용하지 않고 건설현장의 조감도를 얻을 수 있는 이점도 있다. 또한, 현장에 문제가 있을 때마다 관계자가 직접 출동하지 않고 IoT 드론봇을 통하여 작업 현장의 상황을 파악할 수 있다. 드론봇은 이러한 산업적 요구를 충족시킬 수 있어 향후 굴삭기와 같은 토목건설 분야의 모든 중요 작업 기계에 드론봇을 배치하는 1건설기계 1드론 시대가 조만간 도래할 것이다.

IoT 드론봇을 사용하여 건축토목 공사 현장을 신속하게 측량하고 3차원 지도를 작성할 수 있다. 사람이 고가의 측량 도구를 사용하는 경우와 비교하여, IoT 드론봇은 시간과 경비를 획기적으로 줄이며 더 정확하게 작업할 수 있다. IoT 드론봇은 위험도가 높은 지역에 신속하게 접근할 수 있으며, 인간 작업자가 접근하기 어려운 위치에서도 작업을 할 수 있다. IoT 드론봇은 건설 단계별로 데이터 수집을 함으로써, 건설 관리자는 수집한 데이터를 분

* RCR Wireless News, https://www.rcrwireless.com/20160829/internet-of-things/drones-use-case-tag31-tag99

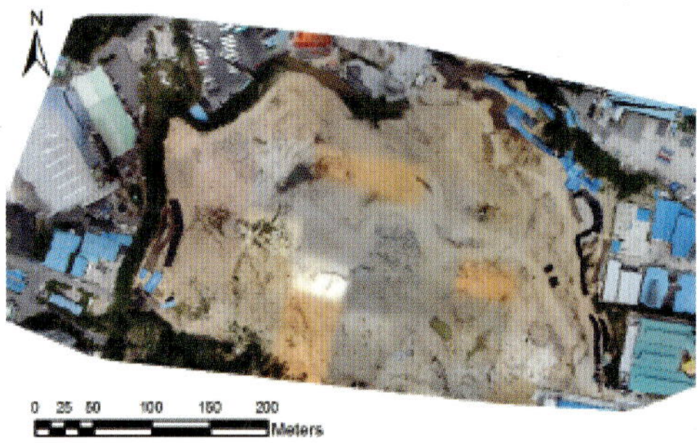

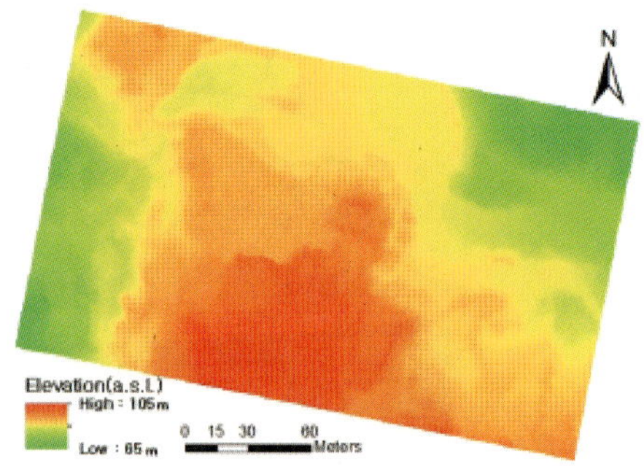

그림 2.50 멀티콥터 드론봇으로 촬영한 지형
〈출처: 이성재, 2016, p. 29〉

석하고 활용하는 데 많은 시간을 할애할 수 있다. 수집된 데이터를 토대로 3차원 지도 빅데이터를 서버에 업로드하면 관리 본부 요원은 건설현장 빅데이터를 분석 후 후속 작업 지시를 할 수 있다. IoT 드론봇을 통하여 수집된 데이터는 GIS 매핑에 사용되며 통계 분석과 3D 지도 제작을 통해 디지털 지도 작성에 도움을 준다.

IoT 드론봇을 사용하면 작업을 좀 더 세부적으로 실시간 제어할 수 있으므로 시각적으로 진행 상황을 추적할 수 있어 예상 시간보다 작업을 빨리 종료할 수 있다. 공사 과정에서 잘된 점과 그렇지 못한 점을 분석해 보고 향후 수행할 수 있는 작업을 파악할 수 있는데, 이러한 분석 결과는 관리자가 다른 건설 프로젝트를 더욱 효율적으로 실행하는 방법을 도입하는 데 도움이 된다.*

한국건설기술연구원은 상공에서 쏜 레이저 광선 반사파로 지형의 3차원 디지털 지도를 구축할 수 있는 라이다(LiDAR) 드론봇을 개발하였다. 이를 통하여 숲이 우거지거나 안개 지역에서도 지형의 3차원 지도 형상을 확보할 수 있다. 보통 5명의 측량 전문가들이 18일간 수행해야 할 업무량을 1대의 드론과 3명의 측량 전문가가 4일 만에 수행한 것이다.

그림 2.51 드론봇을 이용한 공사 현장 관측

* DRONETHUSIAST, https://www.dronethusiast.com/7-ways-you-could-use-a-drone-in-construction-projects/

앞으로 전통적인 토목·건축 기술은 인공지능, 빅데이터, AI 기술이 접목된 IoT 드론봇이 다양하게 활용된 스마트 토목건설 기술로 발전될 것이다. 현재 활용 중이거나 가까운 미래에 활용될 주요 스마트 건설 기술로는 BIM 설계, 드론봇 측량, IoT 기반 공사관리, 모듈화 등이 있다. 이 스마트 건설이 전 세계 건설 산업의 가장 중요한 이슈로 대두된 이유는 스마트 건설 기술이 건설 산업의 오래된 문제인 낮은 생산성 및 수익률 문제를 해결할 수 있는 유일한 방법으로 여겨지기 때문이다.*

다. 태양광발전 모듈 점검용 드론봇

한국수출입은행 '해외경제연구소 2019 4분기 보고서'에 따르면 국내외에서 태양광발전 산업과 관련 시장이 매우 빠르게 증가하고 있으며 태양광발전소의 보급은 환경문제와 화석연료의 고갈 및 이산화탄소 배출 규제 등의 영향으로 세계적으로 보급이 증가하고 있고, 국내에서도 보급 확대를 위해 보조금을 지급하면서 관련 산업이 크게 성장하고 있다고 한다. 또한, 2019년 세계 태양광발전 시장은 미국 및 유럽 등 양호한 선진국 수요와 개도국 수요 증가로 인해 120~130GW가 설치된 것으로 추정하고 2020년 국내 태양광발전 시장 규모는 4GW에 육박할 것이라 예상하고 있다. 태양광발전 설비 운영 및 유지보수업체는 대형 태양광발전소의 유지관리를 담당하고 있으며 유지관리 비용을 줄이고 발전량을 늘리기 위해 드론봇 활용을 위한 다양한 노력을 하고 있다.

우리나라는 IT 강국답게 태양광발전 모니터링 시스템이 비교적 잘 갖추어져 있으며, 최근에는 스마트폰을 통해서도 실시간 모니터링이 가능하도록 시스템이 지원되는 시스템도 있다. 하지만 단순 발전소의 출력상태만 감시하는 수준이고, 고장 원인의 파악의 오차율이 높으며 기존 모니터링 시스템은 고장 발생 시 대응시간 단축을 목적으로 시스템 구성되어 있다. 예방보전을 위한 점검과 자료 분석에 많은 시간과 비용이 소요되어 주로 모니터링을 통한 사후 대응 위주의 관리로, 발전소 상태 데이터를 알 수 없으며 모듈의 열화를 실시간으로 감시하고 대응할 수 없어 고장이 확대될 우려가 있다.

태양광 모듈의 발전 효율이 떨어지는 경우도 기상특성에 의한 것인지 시스템의 문제에 의한 것인지 판단이 어렵고 고장 발생 전에는 대응이 어려워 발전소 효율 감소에 따른 경제성 감소를 초래할 수 있다. 우리나라는 2030년까지 신규용량 30.8GW의 태양광발전소를 설치할 계획이며, 태양광발전소의 본격적인 도입에 따라 태양광발전소의 체계적 유지관리 시스템이 필요한 시점이다. 기존 시스템은 전문가가 광범위한 데이터를 육안으로 분석하여, 점검대상 발전소를 선택하고 현장조사와 함께 장시간의 계측을 통해 발전소의 효율 저하 원인을

* 아시아투데이 칼럼, 2020. 1. 31.

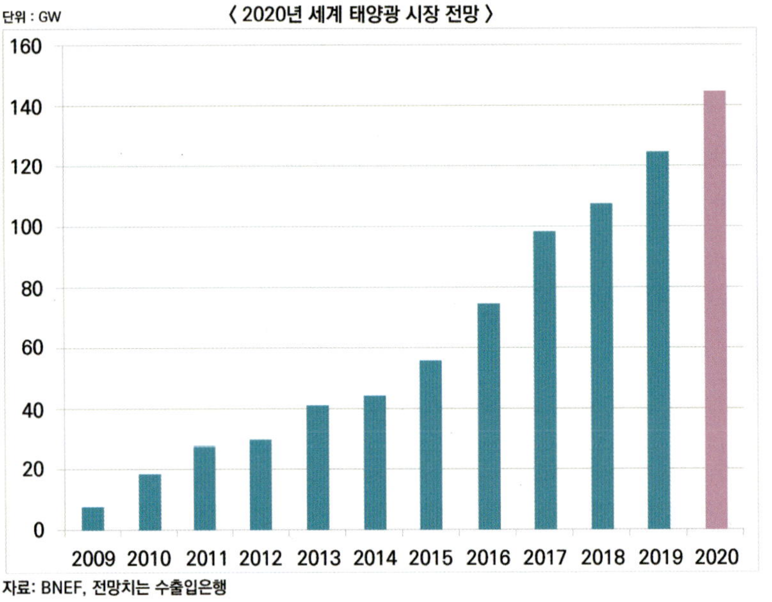

그림 2.52 2020년 세계 태양광 시장 전망

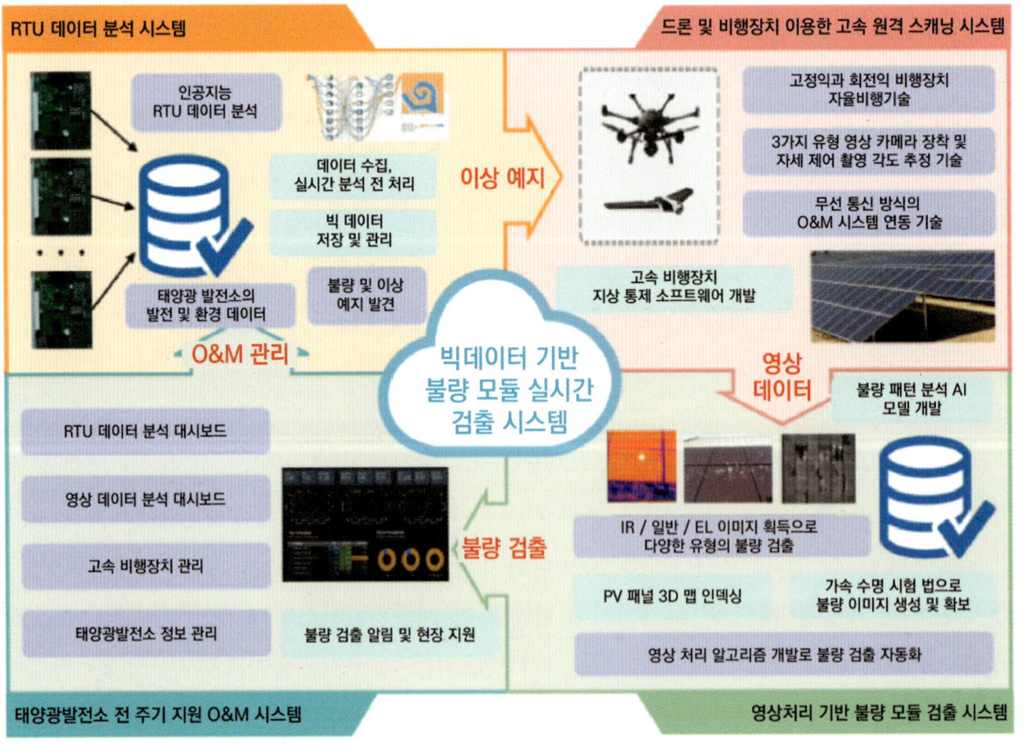

그림 2.53 드론봇을 활용한 빅데이터 기반의 태양광발전소 감시 시스템 개념도

해소하는 방법으로 많은 시간과 비용이 투자되는 방식이다. 일부 태양광발전소의 경우 원격 모니터링 및 자동진단 프로그램 등을 이용하는 경우도 있었으나, 실시간 미지원, 체공 시간이 짧은 드론, 예지정비 미지원, 다양한 모듈 불량 패턴 미지원의 문제가 있고, 설치 이후의 태양광발전소만 지원하는 불량 모듈 모니터링 중심이다. 따라서 영상처리/인공지능/빅데이터 기반의 능동적인 고정밀/고신뢰/다패턴 불량 모듈 검출시스템의 개발이 필요하며, 운영 측면에서는 드론봇을 이용하여 실시간, 광범위한 지역의 신속한 현장조사를 병행하는 새로운 개념의 표준화된 현장진단 및 원격 모니터링 시스템의 개발 및 경제성 고도화가 필요하다.

영상 데이터와 태양광발전소의 발전 데이터, 온습도 등의 환경 데이터를 빅데이터로 수집 관리하여 불량 패널 판별 성능을 높이고, 드론봇을 통해 RGB/IR/EL 영상을 신속하게 획득 및 불량 판별을 관리자에게 알려주는 연구개발이 진행되고 있다.

㈜탑인프라 연구 컨소시엄은 신재생에너지 핵심기술 개발 사업으로 2018년부터 '태양광발전소 현장에서 적용 가능한 이미지 빅데이터 기반 실시간 태양광 모듈 결함 검출 및 인덱싱 시스템' 연구 사업을 수행하고 있다. 스마트 RTU 개발을 통해 발전소의 발전 데이터와 환경 데이터를 수집하여 클라우드에 전송한다. 클라우드는 데이터 전처리 및 실시간 분

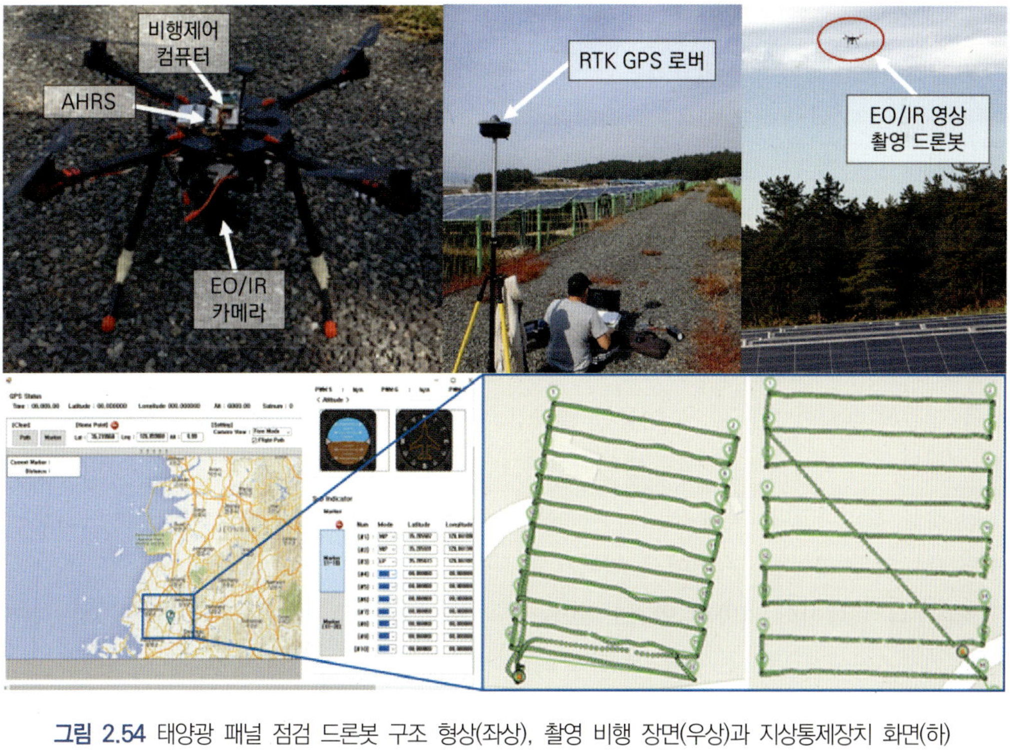

그림 2.54 태양광 패널 점검 드론봇 구조 형상(좌상), 촬영 비행 장면(우상)과 지상통제장치 화면(하)
〈출처: 건국대 스마트드론연구소〉

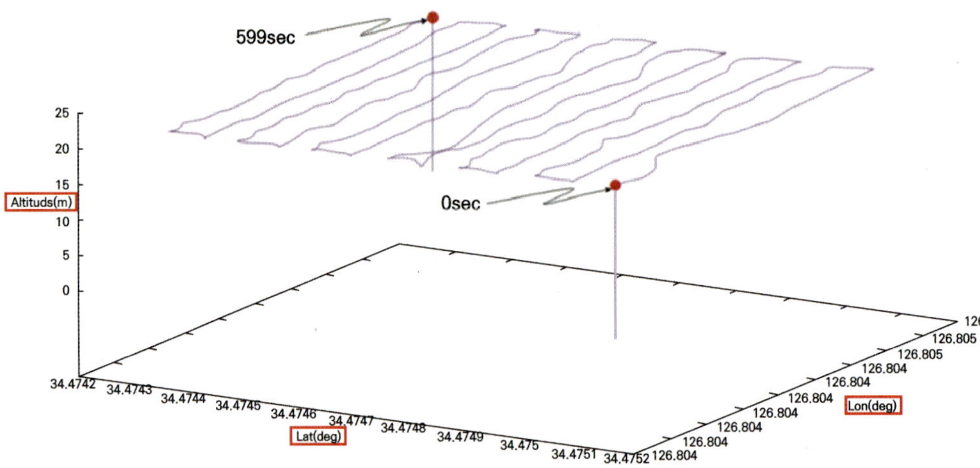

그림 2.55 태양광발전소 상공 비행 시험 궤적 및 비행시간

석을 통해 AI 처리 및 알고리즘 처리가 쉽도록 가공하고 빅데이터 저장소에서 관리하도록 하며, RTU 데이터를 통해 불량 및 이상 예지를 발견하도록 처리한다. 카메라를 장착하고 PV 패널을 촬영하는 드론봇의 제어 기술 및 자율비행기술 개발로 불량 패턴 검출의 생산성을 높이며, 무선 통신 지원으로 클라우드 시스템 및 지상 통제 SW와 연계 개발로 검출 과정의 시간을 단축하는 '드론봇을 이용한 고속 원격 스캐닝 시스템'도 개발하고 있다.

2020년 10월 건국대 스마트드론연구소와 ㈜엑센스는 드론봇이 태양광발전단지 20m 내외 상공을 그림 2.55와 같이 자동 패턴비행을 하며 RGB 광학카메라와 적외선(IR) 카메라로 태양광 모듈의 EO/IR 영상을 3~5초 간격으로 수집하여 클라우드에 전송할 수 있는 드론봇 운영시스템을 개발하였다. 한 대의 드론봇으로 축구장 크기의 500KW 태양광발전단지 상공을 60회 이상 자동비행하며 촬영 임무를 수행함으로써 태양광 패널 점검 드론봇의 비행 신뢰성도 검증하였다.

㈜탑인프라 연구팀은 소형발전설비를 모사한 테스트베드 환경하에서 정상패널과 고장패널을 적절히 배치한 후 드론을 이용한 열화상 이미지 촬영 데이터를 확보한 결과, 정상패널을 제외한 고장패널에서는 셀이 발열되어 특정 부위에서 발생한 열의 다양한 이미지가 생성된 것을 확인하였다. 특히 커넥터 파손의 경우 태양광 패널이 전체적으로 발열이 심하게 발생하는 것을 확인할 수 있어서 이미지 분석만으로 고장 유형을 특정할 수 있었다.

드론봇과 빅데이터 기반의 발전소 효율 분석 방법은 기존 방식으로는 평가가 불가능한 실제 기상조건에서 발전소 효율 특성을 비교 검증할 수 있어 현재 방식 및 시스템과 비교하여 진보된 기술이다. 드론봇을 활용한 맵핑 기술 및 측량기술과의 접목과 인공지능 기술의 융합으로 기술적 파급효과가 매우 클 것이다. 이미 보급된 태양광 모듈의 수명과 노화에

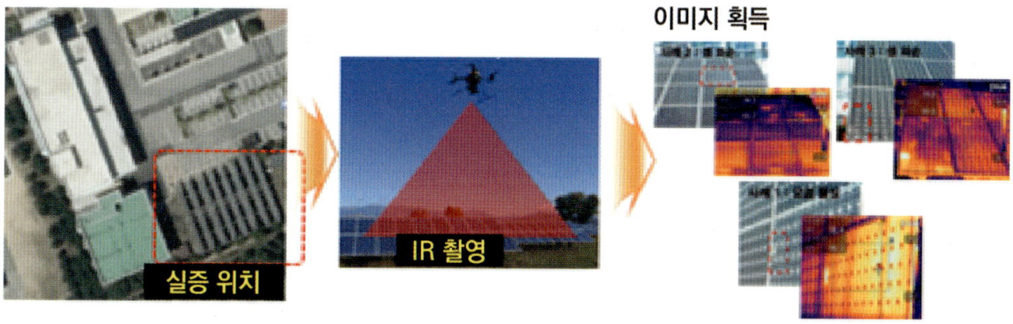

그림 2.56 태양광 패널 테스트베드에서 영상 정보 취득 방안
〈출처: (주)탑인프라〉

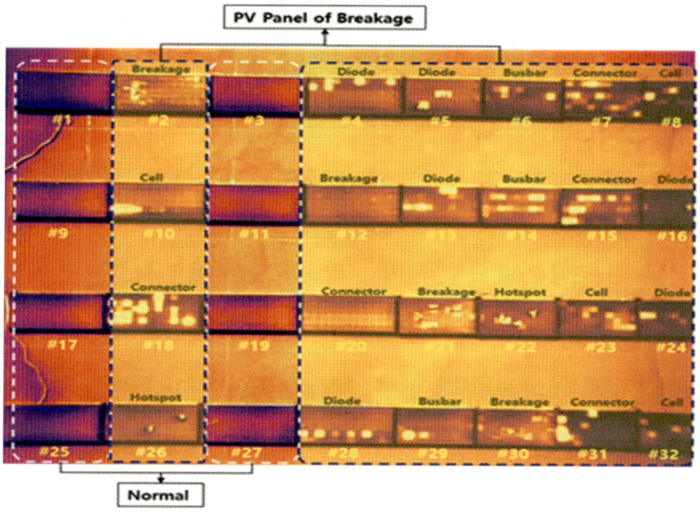

그림 2.57 테스트베드를 활용한 태양광 발전 정상패널 및 고장패널 이미지 촬영 결과
〈출처: (주)탑인프라〉

따른 태양광 폐기 시점 도래에 대비하여, 태양광 설비 폐기 진단 기술을 선점하고, 태양광 재활용 센터와 연계한 폐기 진단 기술을 통하여 태양광 재사용 및 재활용을 높여 태양광 생산 비용 절감 및 환경·사회 문제 해결에 기여할 것이다.

라. 치안용 드론봇

전국 중요 경찰서나 치안 거점에 국가 통신망과 연결된 드론봇을 배치하여, 긴급하게 해결해야 할 치안 문제가 발생할 경우 치안용 드론봇을 활용하면 문제 상황을 효율적으로 대처할 수 있을 것이다. 최근 사회적 약자 보호 및 민생 침해 범죄, 불법 행위를 예방하기 위해 생활 치안 분야에서 4차 산업 기술을 적용해야 한다는 필요성이 증가하고 있다. 또한 경

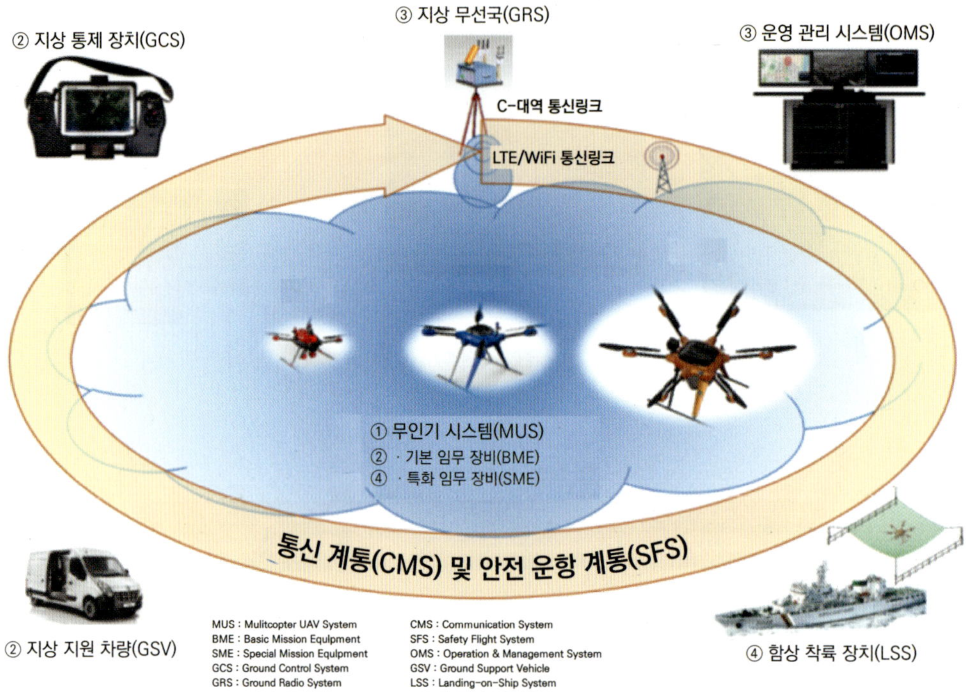

그림 2.58 국민안전 감시 및 대응 드론봇 융합시스템

〈출처: 과기부 보도자료, 2019. 11. 1.〉

찰청 및 각 공공기관에서 하향식 정책 방식을 통해, 치안 현장에 필요한 기술을 개발 및 획득하고 있다. 그러나, 경찰용 드론봇이 아직 충분히 현장에 배치되어 활용되지는 못하고 있다. 경찰청은 2019년부터 경찰 드론봇을 구매하여 운용 중이고, 드론 운용 경력이 있는 전문인력을 채용하여 2020년부터 실종자 수색에 활용하기 시작했지만, 드론봇의 도입과 활용을 위한 논리적인 뒷받침이 부족한 상황이다.

현재 국내 치안 유지에 사용되고 있는 대부분의 드론은 수동 운용 방식이다. 이는 자동화된 운용 시스템에 비해 중앙 통제 및 원격 제어가 불가능하여 신속한 전개 및 투입에 의한 실시간 정보 수집 및 처리가 불가능하다. 치안 관련 기관에서 기존 인력과의 유기적인 협력하에 사용할 수 있는 통합 IoT 드론봇 플랫폼에 대한 연구개발이 필요하다. 이에 2017년부터 490억 원을 투입하여 한국항공우주연구원은 경찰청, 해경청, 소방청과 국민안전 감시 및 대응 드론봇 융합시스템을 개발하고 있다.

치안 재난 상황실에서 해상 감시 및 사고현장 출동 임무를 부여받아 드론봇 자동비행하여 현장 영상 정보 전송 임무를 수행한다. 조난자와 같은 특이사항을 확인한 상황실의 판단에 따라 사고현장 근접 촬영 및 영상 분석 소프트웨어로 조난자를 인식한 드론봇은 구명

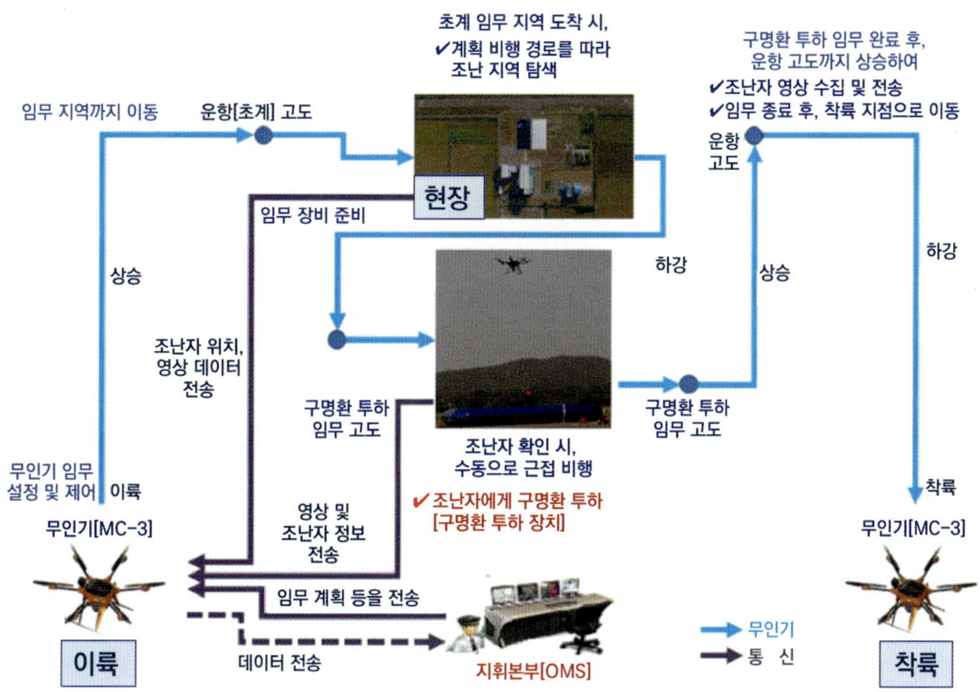

그림 2.59 국민안전 감시 및 대응 IoT 드론봇 운용 개념도
〈출처: 과기부 보도자료, 2019. 11. 1.〉

장비를 투하하고 관련 영상 정보를 전송하고 자동 복귀함으로써 임무를 완성한다.

2019년 10월 LG유플러스는 인공지능(AI) 음성인식과 실시간 풀HD 영상 전송 기술을 탑재한 5G U+스마트드론봇을 공개 시연했다는 보도가 있었다. 이 시연에서 LG유플러스는 최대 고도 50m, 시속 36km로 이동하는 U+스마트드론봇을 스마트폰 앱을 통한 음성 명령으로 제어했다. 드론 순찰대를 중심으로 하는 '스마트 폴리스 조성 사업'의 일환으로 LG유플러스는 기체 제조사 '유시스', AI 음성인식 · 합성 기술을 보유한 '셀바스 AI', 시스템 구축 및 응용 소프트웨어 개발사 '유비벨록스

그림 2.60 음성인식과 영상 전송이 가능한 LGU+ 치안용 IoT 드론봇
〈출처: LG유플러스〉

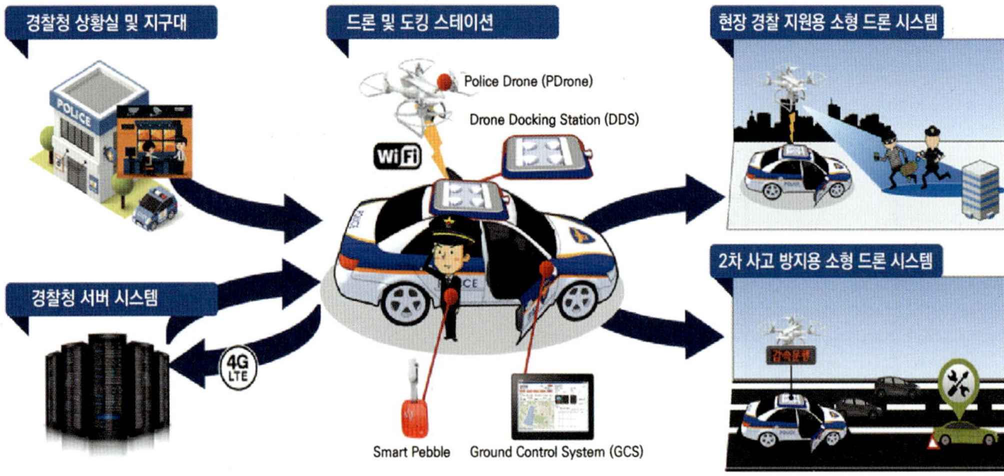

그림 2.61 치안용 드론봇 구성과 운용 시스템
〈출처: 건국대 스마트드론연구소〉

모바일'과 함께 진행했다. 유시스의 드론봇 TB-504는 기체에 부착된 5G 스마트폰 테더링을 통해 실시간 풀HD 영상을 송신했다고 한다.

건국대 스마트드론연구소는 KIST 센서시스템연구센터와 현장 경찰 지원 및 2차 사고 방지용 소형 드론봇을 연구하고 있다. 현장 지원에 필요한 경찰 차량 지붕 자동 이/착륙 및 보관이 가능한 도킹스테이션과 다목적 센서 장착이 가능한 소형 드론봇이다. 드론봇에 장착된 경고 장치를 통해 안개가 짙은 도로에 시야 확보가 어려워 발생하는 사고를 예방하고 고속도로 사고 현장에서 사고 현황 정보획득 및 후속 차량에 경고 장치를 통해 위험 메시지를 전달할 수 있는 기능도 연구 중이다. 소형화된 드론봇 시스템(소형드론 + 도킹스테이션)은 경찰의 사건 현장 이외에 다양한 분야에 활용이 가능할 것으로 판단된다.

실무 경찰부터 필요에 따라 치안 최고 관리자까지 차세대 정보 통신 정보망을 통해 필요한 정보를 실시간 영상으로 공유하면서 신속하게 대응할 수 있는 드론봇 첨단 장비 시스템 구축은 치안에 있어서 중요한 역할을 할 것이라 생각한다. 전국 주요 치안 거점에 드론봇을 배치하고 5G 치안 통신망을 구축하여 치안 문제 발생 지점에서 가장 가까운 곳에 있는 IoT 드론봇을 출동시켜 신속하게 대처한다면 한국의 치안 대처 기술 시스템은 최고 수준으로 인정받을 수 있을 것이다. 한국에서 그 성능이 입증되면, 한국형 치안용 IoT 드론과 첨단 통신 시스템을 패키지 시스템으로 묶어 수출 상품으로 생산한다면 효자 상품으로써 톡톡한 역할을 할 것이다.

마. 소방용 드론봇

초기 화재 진압의 필요성이 큰 소방 분야에서 IoT 드론봇의 역할은 매우 중요하다. 산불은 물론, 도서 지역이나 도심의 고층빌딩 등 사람이 접근하기 어려운 곳에서 화재가 발생했을 때, 초기 진압하는 것은 상당히 어렵다. 현재 소방청은 150대 이상의 소방드론봇을 운용하고 있으며, 산악지역이나 수상에서의 실종자 수색, 고층 건물 인명검색, 열화상 카메라를 이용한 조난자 탐색 등에 투입하고 있다.

한국항공우주연구원 재난치안용 무인기 사업팀은 IoT 드론봇을 활용하여 도심 화재 재해 문제를 신속하게 해결하기 위하여 그림 2.62와 같은 시스템을 구축하고 있다.

2019년 일본 기업 엔루트는 300℃까지 견딜 수 있는 내화성 소방 드론봇을 개발했다. 무게 6.5kg의 이 드론은 기체 구조물의 소재로 티타늄 합금, 로터 부분을 마그네슘 합금으로 제작해 내화성을 높였고, 표면을 지르코니아로 도장함으로써 300℃의 고온 환경에서도 1분간 연속 운용할 수 있도록 했다. 이 드론봇은 화염 상공 5m까지 근접 비행할 수 있다. 고성능 카메라를 통해 드론봇을 운용하는 대원에게 선명한 영상을 전송할 수 있다. 또한 야간이나 연기 상황에는 적외선 카메라 활용하여 화재 상황을 자세히 파악할 수 있는데, 카메라

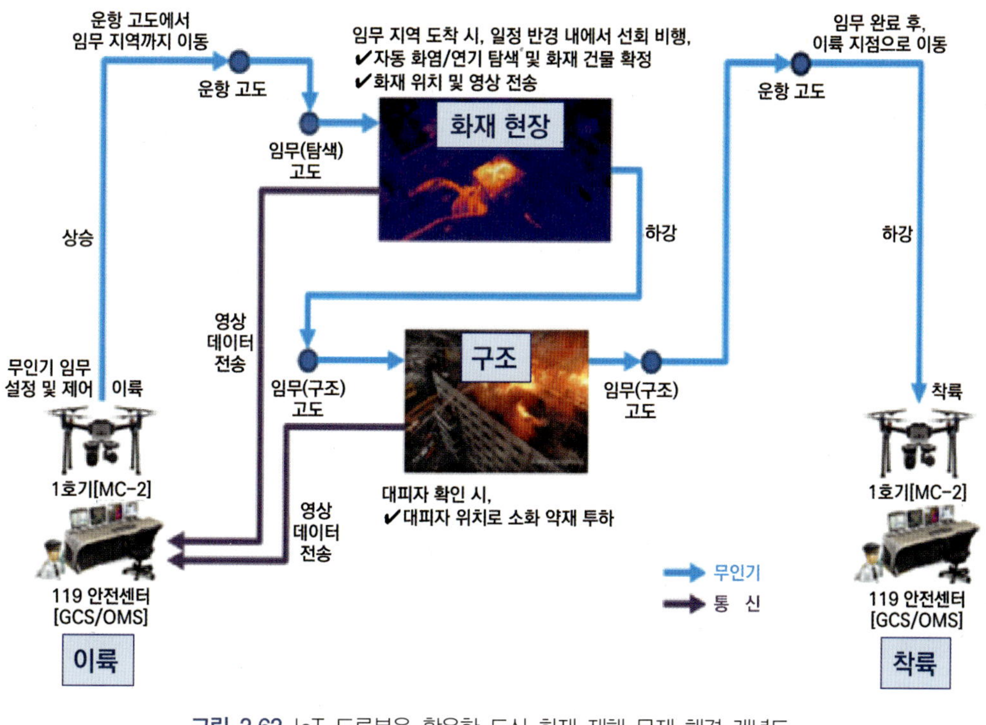

그림 2.62 IoT 드론봇을 활용한 도심 화재 재해 문제 해결 개념도
〈출처: 재난치안용 멀티콥터 무인기 운용 개념, 항공우주산업기술동향 15권 2호(2017)〉

그림 2.63 일본 엔루트의 소방 드론봇 비행 장면
〈출처: 엔루트〉

전면부를 단열성과 투과성을 확보할 수 있는 석영 소재의 유리로 커버하여 열원의 영향을 줄였기 때문에 이러한 효율성을 지닐 수 있었다.

대전시는 2022년까지 시 전역의 26개 119안전센터에 드론봇 스테이션을 배치하여, 화재 신고 시 인근의 IoT 드론이 자동으로 출동해 현장 영상을 119 상황실과 소방현장에 실시간으로 제공할 계획이다. 2020년 2월 대전시는 국토교통부의 스마트시티 챌린지 사업 최종 대상지로 선정됐다.

제주도는 소방용 드론봇 인프라 구축 기본계획을 토대로 재난현장에서 드론봇을 활용할 수 있는 실질적인 시스템을 마련하고 있다. 현재 드론 실증도시 시범 사업을 통해 원거리 지역까지 비행할 수 있는 드론봇을 활용한 소방 임무 적합 검증 솔루션을 준비 중이다. 수소전지 파워시스템 드론봇을 활용하여 한라산 삼각봉 대피소(해발 1500m)에 있는 심정지 환자에게 AED 응급 구호 물품을 배송하는 시스템을 구축하고 있다. 2021년에는 LTE가 적용된 고성능 소방용 드론을 도입할 예정이다. 이 고성능 소방용 드론은 LTE 통신을 이용한 자율비행으로 통신 거리 제한이 없고 2시간 이상 체공이 가능해 시간과 장소에 구애받지 않고 재난현장에서 운용할 수 있다.*

전국 소방서 옥상이나 소방차의 통신망에 연결시킨 소방용 드론봇을 배치하여 긴급하게 해결해야 할 치안 문제가 발생할 경우, 문제 발생 지점에서 가장 가까운 드론봇을 출동시켜 신속하게 문제 해결한다면 한국의 소방 기술 시스템의 수준은 한층 더 높아질 것이다. 실무 지휘자부터 필요에 따라 최고 관리자까지 통신 정보망을 통해 필요한 정보를 실시간 영상으로

* 제주일보, 2020. 11. 23.

공유하면서 신속하게 대응할 수 있는 드론봇 첨단 장비 시스템 구축은 화재 방재 상황에서 안전하고 효율적인 효과를 거두는 데 중요한 토대를 마련할 것이다.

바. 의료용 드론봇

의료 분야야말로 소방과 치안 분야와 더불어 드론봇이 가장 효율적으로 활용될 수 있는 영역이다. 드론봇에 심폐 소생술이 가능한 자동제세동기(AED; Automated External Defibrillator)나 지혈 장비 등 간단한 응급처리 의료장치나 약물을 구비하여 위급한 환자들에게 골든타임 이내에 전달하는 시도가 진행되었다. 그림 2.64는 2016년 델프트 공과대학의 알렉 모몬트(Alec Momont)가 제세동기를 드론봇으로 전달하여 활용하는 시범을 보인 앰뷸런스 드론봇 사례이다. 캐나다, 미국, 호주, 일본 등 여러 나라에서 소형 앰뷸런스 드론봇에 대한 연구개발이 경쟁적으로 진행되고 있다. 유럽에서 심장마비 환자에게 10분 이내에 제세동기가 전달되어 소생에 성공한 확률은 20% 정도라 한다. 알렉 모몬트는 긴급 통신과 연결된 드론봇을 활용할 경우 소생 확률 90%까지 증가시킬 수 있다고 했다.

2020년 1월 캐나다 인드로 로보틱스(InDro Robotics)는 앰뷸런스 드론봇의 능력을 증명했다. 응급처치 도움이 필요한 환자에게 드론봇이 응급 의료장비를 성공적으로 전달하여 심장마비나 심각한 의료 질환을 겪는 사람들의 생존력을 향상시킬 수 있는 가능성을 보여주었다. 이들은 비행 시험을 통해 드론봇이 구급차보다 7분 이상 먼저 도착하는 능력을 보여줬으며, 이러한 프로젝트를 바탕으로 전국적인 비상 서비스를 확대하는 데에 주력하고 있다. 비행 시험에서 드론봇이 신고된 GPS 지점 상공으로 날아가 현장 연구원들에

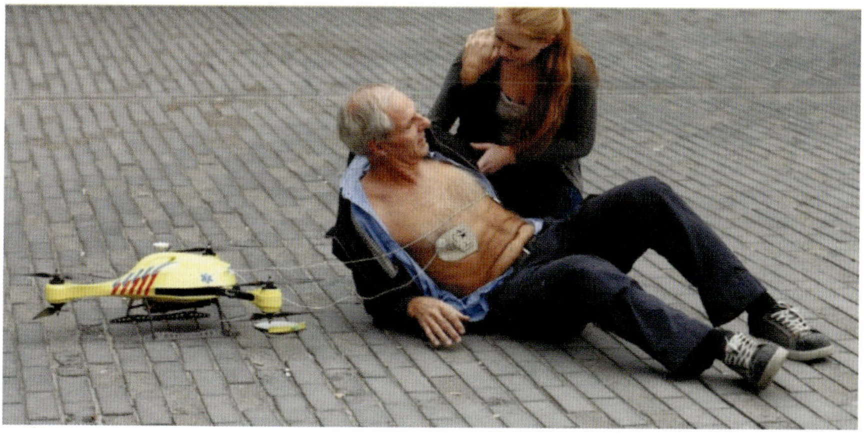

그림 2.64 네덜란드 델프트 공과대학의 알렉 모몬트가 제안한 앰뷸런스 드론봇
〈출처: www.tudelft.nl/en/ide/research/research-labs/applied-labs/ambulance-drone〉

게 AED를 전달하는 데 성공했다. 인드로 로보틱스는 앰뷸런스 드론봇를 공급했고, 크래들포인트는 캐나다 이동통신사의 LTE 첨단 셀룰러 네트워크를 통해 차량과 파일럿 간에 LTE 데이터 및 비디오를 제어할 수 있는 IoT 라우터를 포함한 NetCloud 서비스를 제공했다. 또한 에릭슨은 이동통신사 통합 기능을 갖춘 4G LTE 장비와 셀룰러 네트워크 설계 지원 등을 제공했다.*

그림 2.65 앰뷸런스 드론봇
〈출처: 인드로 로보틱스〉

사. 철도용 드론봇

사물인터넷을 통해 열차 상태를 실시간으로 점검하여 열차 고장을 사전에 방지하고, 드론을 활용하여 교량, 송전탑 등 위험한 구간의 시설을 관리하는 등 철도 분야의 안전 관리가 첨단화되고 있다. 국토교통부는 2018년 1월에 4차 산업혁명 기술을 철도안전 분야에 선제적으로 도입하여 철도안전 수준을 향상하기 위한 '스마트(SMART) 철도안전관리체계 구축 기본계획(2018~2027)'을 발표하였다. IoT 드론봇을 활용하여 시설물 상태를 실시간으

그림 2.66 드론봇을 활용한 철도 시설물 점검
〈출처: 한국철도기술연구원〉

* 《월간로봇기술》, 2020. 1. 29.

그림 2.67 3차원 스캔 측량과 드론봇 영상을 결합한 철도 교량 3D 실측도
〈출처: 한국철도기술연구원〉

로 파악하여 첨단 장비들을 통해 유지보수를 시행하고, 각종 센서로부터 수집된 빅데이터를 분석하여 예방적인 시설관리를 구현한다. 현재 시범 운영 중인 드론봇을 활용한 시설물 점검 활동을 2022년까지 지속적으로 확대하고, 사물인터넷을 활용한 시설물 상태 점검 연구개발을 추진하고 있다. 향후 시범 사업을 통해 이상 상태를 사전에 발견하는 예방적 유지보수를 시행할 수 있도록 개선할 예정이다(그림 2.66).

한국철도기술연구원(이후 철도연)은 2020년 1월에 북한 등 설계도면이 없는 교량에 활용할 수 있는 교량진단 기술을 개발하였다고 발표하였다. 3차원 스캔 측량으로 획득한 데이터와 드론봇으로 촬영한 교량 영상을 결합하여 교량도면 제원을 추출하는 기법이다. 철도연은 지난해 12월, 북한의 철도 교량과 유사한 중앙선 3개 교량에서 현장시험을 진행하고 교량과 궤도형상을 도면화한 결과, 기존 설계도면 대비 오차가 ±2mm 이내임을 확인했다고 밝혔다.

전국 중요 기차역 옥상이나 철도 거점에 철도 통신망과 연결된 IoT 드론봇을 배치하여, 긴급하게 해결해야 할 문제가 발생할 경우, 문제 발생 지점에서 가장 가까운 드론봇을 출동시켜 신속하게 상황을 파악하고 해결한다면 한국의 철도 문제 해결 기술 시스템의 수준은 한층 더 높아질 것이다. 철도 실무자부터 필요시 최고 관리자까지 철도 통신 정보망을 통해 필요한 정보를 실시간 영상으로 공유하면서 신속하게 대응할 수 있는 철도용 드론봇 첨단 장비 시스템 구축의 중요성을 강조해 본다.

아. 산림용 드론봇

산림순찰, 산불감시, 조림, 임도순찰, 산림토목공사, 산사태 방지, 병해충 예찰 등에 IoT 드론봇을 사용하려고 산림청은 노력하고 있다. 산림 분야에서는 자동비행 IoT 드론봇이 미리 설정해 놓은 경로를 따라 산림의 상태를 공중 촬영 후 수집 또는 실시간 영상 사진 또는 영상 데이터를 해석해 이상이 있거나 산림 내 다른 변화가 있는 것이 확인되면 즉시 현지로 대응팀이 출동하여 자세히 조사하고 있다. 사람이 직접 현장 확인 작업을 하면 많은 인원과 차량을 동원해도 일부·일정 구간 상황을 알 수 있으나, IoT와 연결된 드론봇 도입으로 넓은 공간을 한꺼번에 확인할 수 있어 효율화는 물론이고 인력, 장비가 줄어 예산 절감으로도 이어질 것이다. IoT 드론봇을 신속하게 산림재난 현장에 투입하면 피해상황, 진화상황, 복구작업을 위해 인력·장비를 어디에 얼마나 투입하면 좋은지 등을 거의 실시간으로 대응할 수 있는 장점이 있다.

인간의 시야로 취득하는 데이터는 제한적이다. 하지만 드론봇에 장착된 각종 센서와 정보처리장치를 활용하면 정밀하고 많은 양의 데이터를 빠르게 취득할 수 있다. 또한, 점차 향상되는 IoT 클라우드 서비스의 처리 능력을 활용하면 넓은 지역의 고해상도 3D 지도를 신속하게 완성하는 것도 가능하다. 2015년 3월 강원도 정선에서 발생한 산불 진화에 드론봇이 큰 활약을 했다. 산불은 타다 남은 불씨가 살아나 발화할 수 있으므로, 타다 남은 불씨를 완전히 끄는 것이 중요하다. 해가 지면 산불 진화 헬기의 비행이 어렵고, 산불 진화 대원만으로는 산불 진행사항을 파악하기 어려우므로 드론봇을 활용해서 타다 남은 불씨를 발견하여 진화함으로써 큰 피해를 줄일 수 있었다. 이처럼 산림 분야에 활용이 가능한 것은 드론봇에 탑재된 고성능 카메라와 각종 센서 성능이 비약적으로 향상됐기 때문일 것이다. 드론봇에 탑재된 카메라는 더욱 정밀하게 시야 확보를 가능하게 하며, 수집된 데이터는 IoT 시스템을 통해 지상 통합관제센터를 보내는데 이 자료는 용도에 따라 다양하게 활용된다. 남부지방산림청 양산국유림관리소에서는 드론봇을 제작하고 시범 운행을 거쳐 2020년부터 산불현장 등에 투입할 예정이다. 드론봇에 GPS와 송수신출력기, 고화질 RGB 영상 촬영 및 야간산불 정보탐지가 가능한 열 IR 화상 카메라 복합형 센서를 탑재하여 운영한다. 이 IoT 드론봇은 촬영된 영상을 실시간으로 이동형 통합관제센터에 전송하여 현장을 바로 확인할 수 있어 산불 진화 수립에 매우 유용할 것으로 기대한다. 향후 드론봇에 방송용 스피커를 장착하여 산불 취약지 및 등산로 등 산불 예방 활동에 적극 활용할 예정이며, 산림병 행충이 심한 지역은 약제를 투하할 수 있는 드론봇용 장치를 장착하여 유인 헬기로 방제하던 것을 IoT 드론봇을 이용하여 방제할 계획에 있다고 산림신문을 통해 보도했다.

드론봇에 탑재된 소화탄을 활용하여 산림 화재를 진압하는 연구 노력도 적극적으로 진행되고 있다. 2018년 4월 경기도 포천시 산림방재연구센터의 드론봇이 소방차보다 5배 빨리 도착하여 활활 타오르는 불길 속으로 소화탄 4개를 투척하여 불길 초기 진압 능력을 보여주었다. 소화탄은 공중에서 터졌고, 산불 화염 위로 소화 분말이 쏟아졌다.

그동안 드론봇은 사전승인을 통해 낮에만 비행할 수 있었고, 고도 기준이 엄격해 재난

그림 2.68 산림 방제용 연무 드론봇
〈출처: (주)드론포그 농업회사법인〉

그림 2.69 드론봇에 탑재된 소화탄을 활용하여 산림 화재를 진압하는 사진
〈출처: 세계일보, 2018. 4. 25.〉

상황에 빠르게 투입되기 어렵다는 지적이 이어졌다. 이에 따라 산림이나 건물 화재 등에 드론봇의 비행 규제도 개선되고 있다. 이전에는 지면이나 건물 상단 150m 이상 범위 비행은 국토교통부에 사전승인을 받아야 해 재난이 발생해도 절차를 지키느라 자칫 골든타임을 놓칠 우려가 컸다. 고층 건물이 밀집한 도심은 스카이라인이 들쭉날쭉해 사전승인 과정이 매우 복잡했다. 이에 정부는 법을 개정해 규제를 개선하는 등 재난용 드론봇에 관한 제도적 기반을 다지고 있다. 국토부는 2017년 11월부터 항공안전법 등을 개정해 소방 등 국가기관과 지자체, 공공기관이 화재 등이 발생해 공공·긴급목적으로 드론봇을 사용하는 경우 사전승인을 거치지 않아도 주·야간에 상관없이 즉각 비행할 수 있도록 했다. 비행 예정 지역 수평 범위 600m 안에 있는 가장 높은 건물의 옥상을 기준으로 300m 높이까지 사전승인 없이 비행할 수 있게 해 고층 건물 밀집지역 화재현장에서도 드론봇의 활용성이 높아질 것으로 기대된다. 2018년 3월 비행금지구역인 고성 비무장지대(DMZ)에 산불이 발생했을 때 산림청은 국토부와 국방부에 사전승인 없이 유선 보고만을 거쳐 드론봇을 투입, 군부대로 불이 옮아 붙는 상황을 막았다는 사실을 2018년 세계일보의 보도를 통해 알려졌다.

산림용 IoT 드론봇은 상공에서 실시간으로 산림의 발화점을 탐지할 수 있다. IoT 드론봇 모니터로 현장 상황을 파악한 관리팀은 대형 드론봇의 소화탄들로 화재를 진압할 수 있다. 이후 소형 IoT 드론봇이 다시 투입돼 잔불을 감시, 화재 피해 규모까지 산출할 수 있다. 산림이나 고층 건물 등지에서 불이 나면 지형적 특성상 초기 대응이 어려워 대형 재난으로 이어지는 경우가 많다. 전문가들은 기동성과 정확성을 동시에 가진 드론봇이 산림 화재 진압 '골든타임'을 확보할 대안으로 보고 관련 연구를 활발히 진행하고 있어 한국의 산림용 IoT 드론봇 운용 시스템에 대한 기대가 크다.

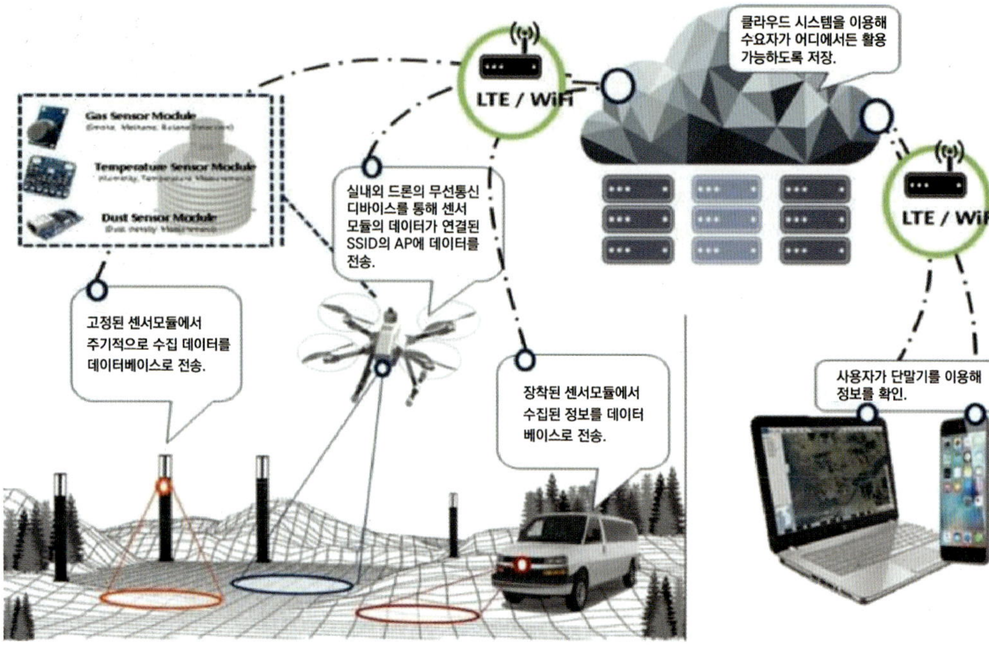

그림 2.70 실외 IoT 드론봇을 활용한 환경 분석 시스템 절차
〈출처: 건국대 스마트드론연구소〉

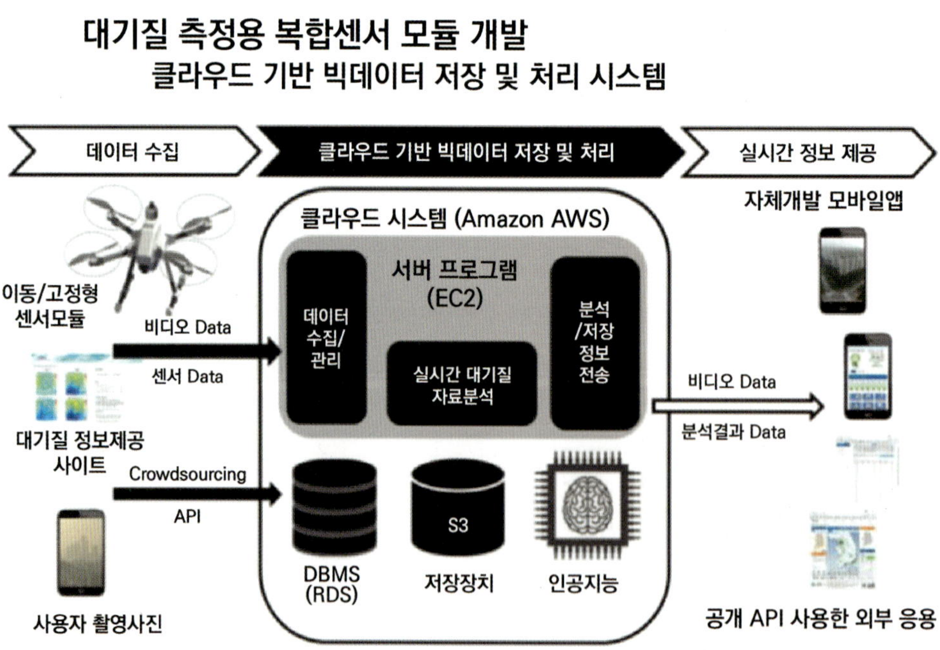

그림 2.71 대기질 측정용 복합센서 클라우드 빅데이터 저장 및 처리시스템 개념도
〈출처: 건국대 스마트드론연구소〉

자. 환경 문제 해결용 드론봇

한국은 매년 매연, 황사뿐만 아니라 미세먼지 증가에 따른 대기오염 문제 해결을 위한 정책적 노력을 다각도로 하고 있다. 대기오염의 심각성에 비하여 일반 국민은 도시의 평균적인 대기질만을 개략적으로만 정보를 얻고 있다. IoT 드론봇은 가스와 먼지 등의 대기오염 측정 센서를 장착하고 목표 지역을 비행하며 데이터를 수집하여 중앙관제 시스템의 클라우드 데이터베이스에 저장시킬 수 있다. 수집된 대기 관련 빅데이터는 전문가의 분석을 통하여 필요에 따라 후속 조치에 활용될 수 있다.

2017년 일본에서는 감마선 카메라를 장착한 드론봇을 오염장소에 띄워 방사선을 측정하는 연구

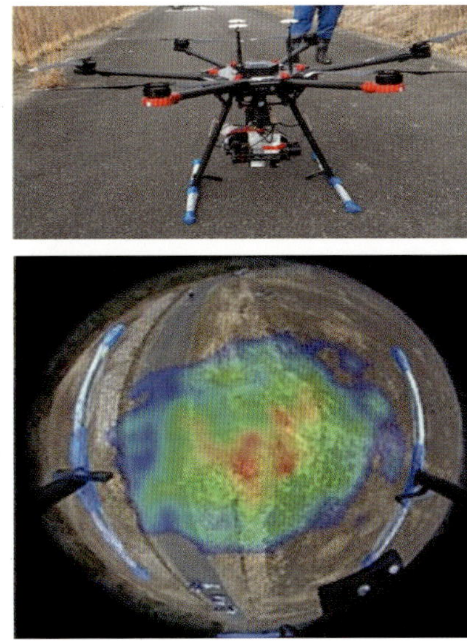

그림 2.72 방사선 카메라를 탑재한 드론봇과 이를 이용해 촬영한 방사선 분포
〈출처: J. Nucl. Sci. Technol., Vol. 55 (2017)〉

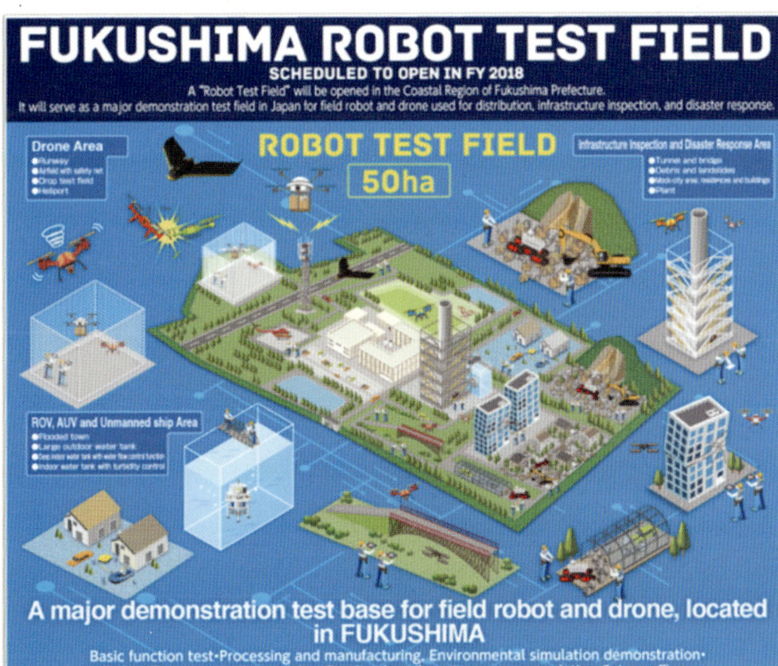

그림 2.73 드론봇 활용 후쿠시마 로봇 시험장
〈출처: www.prodrone.com/notice-en/6146〉

를 진행하였다. 관심 지역의 방사선 오염 분포를 이미지 분석 및 레이저스캔을 통해 3D 이미지 시각화 기술을 개발하였다. 이 연구는 사람이 접근하기 위험한 높은 강도의 방사선으로 오염된 현장을 원격으로 처리해 방사선 측정 작업자의 불필요한 피폭을 줄일 수 있다. 또한, 관리자는 이미지 분석을 통해 3D 모델로 구축한 현장 지도와 연계시키는 가상현실 기법을 통하여 작업환경의 오염상황을 인지할 수 있다.

차. 군집 드론봇

다수의 드론봇이 동시에 비행하며 주어진 임무를 수행할 수 있는 군집 드론봇 시스템이 군집 드론봇 쇼로 크게 주목받고 있다. 여러 대의 드론봇을 특수 통신 방식으로 연결하여 한 대의 컴퓨터의 명령으로 동시에 비행시킬 수 있다. 야간 군집 드론봇 쇼의 경우, 수백 대 이상의 소형 멀티콥터형 드론봇이 사전에 입력된 비행 패턴대로 정확하고 빠르게 이동하며 밤하늘에 멋진 영상을 수놓는 예술 쇼를 제공하고 있다. 대표적 사례가 2018년 평창 동계올림픽에서 인텔 팀이 1218대의 슈팅스타 드론봇을 활용하여 보여준 군집 드론봇 라이트 쇼이다. 각 드론봇은 시간별 위치정보와 경로를 사전에 구성해 입력하여 설정된 프로그램에 따라 일정한 간격을 유지하며 비행하게 된다. 이러한 다수의 드론봇을 동시에 제어하려면, 정밀한 위치 식별 기술과 외부 환경에 강한 강인 제어 기술, 지연 시간이 적은 통신 기술이 중요하다. 예술과 과학을 혼합하여 드론 기술의 경이로움과 완전히 새로운 형태의

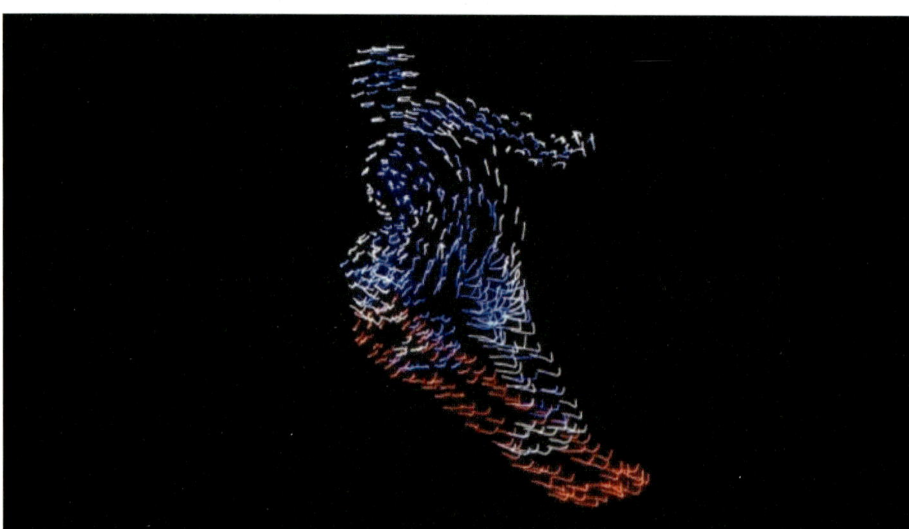

그림 2.74 1218대의 슈팅스타 드론봇을 활용하여 보여준 군집 드론봇 쇼
〈출처: 인텔〉

그림 2.75 독립기념관 앞마당에 수놓은 태극기를 표현한 군집 드론봇 비행 장면

〈출처: 한국항공우주연구원〉

야간 디스플레이 및 엔터테인먼트, 역동적인 3D 애니메이션, 화려한 색상 조합으로 무장한 드론봇은 밤하늘을 밝게 비추는 인공 은하수 역할을 하고 있다.

한국항공우주연구원은 2019년 3.1절 100주년을 맞이하여 천안 독립기념관에서 자체 기술로 개발한 드론봇 군집 비행기술을 선보였다. 독립기념관 겨레의 집 앞에서 펼쳐진 이번 시연에서는 100대의 드론이 '3.1절', '100주년', '태극기', '한반도'의 모습을 각각 연출하는 군집 비행기술을 선보였다. 실외군집비행 기술 개발을 통해서 단순 군무가 아닌 원천 기술인 드론 정밀 위치 인식기술, 다수 드론과의 통신기술 및 정밀 제어 기술을 확보하였다. 특히, 여러 대의 드론봇이 서로 충돌 없이 운용할 수 있는 드론 정밀 위치 인식기술이 필요한데, 이를 위해 RTK-GPS(Real Time Kinemetics-GPS) 고정밀 위치 인식(오차범위 10cm 내외)기술을 확보했으며, 통신량 개선 및 내부 시스템의 이중화를 통해 안정적인 비행이 가능하도록 통신기술과 정밀 제어 기술을 확보하였다. 한국항공우주연구원은 자체 개발한 드론봇 실외 군집 비행기술을 산업체에 이전, 드론봇을 활용한 공연/문화 분야에 새로운 시장을 창출하고 있다.

현대자동차는 2021년 새해 초에, 서울 잠실 올림픽 주경기장 인근 밤하늘에 1000대의 LED 발광 드론봇을 띄워서, 새해 카운트다운 영상과 함께 신축년을 상징하는 황소, 현대자동차 이미지와 로고 H 장면을 사전 녹화하여 이 동영상을 유튜브에 공개하였다(그림 2.76).

그림 2.76 2021년 신축년 새해를 상징하는 황소와 자동차 군집 비행 장면
〈출처: 현대차 공개 유튜브 영상〉

그림 2.77 소형 드론봇들이 건물 내부를 수색하는 장면
〈출처: TU Delft〉

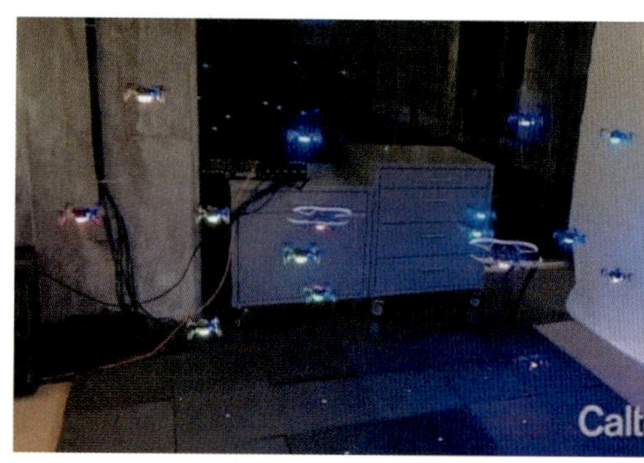

그림 2.78 GLAS 뉴럴 스웜 기술을 적용한 드론봇 16대의 군집 비행 장면
〈출처: Caltech〉

현대자동차는 2011년부터 연초에 강남역 인근 영동대로 일대에서 새해맞이 공연과 불꽃놀이 쇼를 하면서 대규모 군중과 함께 새해맞이 카운트다운 행사를 개최해 왔으나, 코로나19로 2021년 초에는 군중 집회가 불가능하여 LED 발광 군집 드론봇쇼로 대체하였다. 인텔이 본 평창 동계올림픽 군집 드론봇쇼 홍보 효과와 같이 군집드론봇쇼 동영상 메시지를 통하여 전 세계인들이 이 작품을 감상함으로써 드론봇, 첨단 통신기술 등 4차 산업혁명 기

술을 활용한 현대자동차의 홍보는 매우 인상적이었고 이전의 군중 모임 활용 새해 행사보다 훨씬 더 효과적이었다.

네덜란드의 델프트 공과대학과 라드바우드 대학(Radboud University), 그리고 영국 리버풀 대학(University of Liverpool)의 공동 연구팀은 재난 지역을 자율적으로 탐험할 수 있는 군집 드론봇 기술을 개발했다. 재난현장의 건물에 갇힌 생존자를 찾거나, 전쟁터에서 적이 숨어있을지 모를 건물 안을 수색할 수 있는 새로운 군집 소형 드론봇 기술로 2019년 11월 《사이언스 로보틱스(Science Robotics)》 저널에 발표됐다.*

2020년 7월 미국 캘리포니아 공과대학 연구진은 군집 드론들이 좁은 실내나 운행할 곳에 대한 경로나 매핑 정보를 가지고 있지 않아도 충돌 없이 주행할 수 있게 하는 머신러닝 알고리즘 기술을 개발했다고 한다. GLAS(Global-to-Local Safe Autonomy Synthesis)라 불리는 멀티로봇 동작 계획 알고리즘은 군집 드론봇이 복잡하고 3차원 공간 정보가 없는 환경에서도 충돌 없이 비행할 수 있게 해준다. 기존의 군집 드론봇은 운행할 곳의 지도나 경로 또는 같이 무리 지어 다니는 다른 드론봇의 경로에 의존해 하늘을 날았다. 하지만 GLAS는 각각의 드론봇들이 다른 드론들과 조직화되어 있더라도 주어진 공간을 자체적으

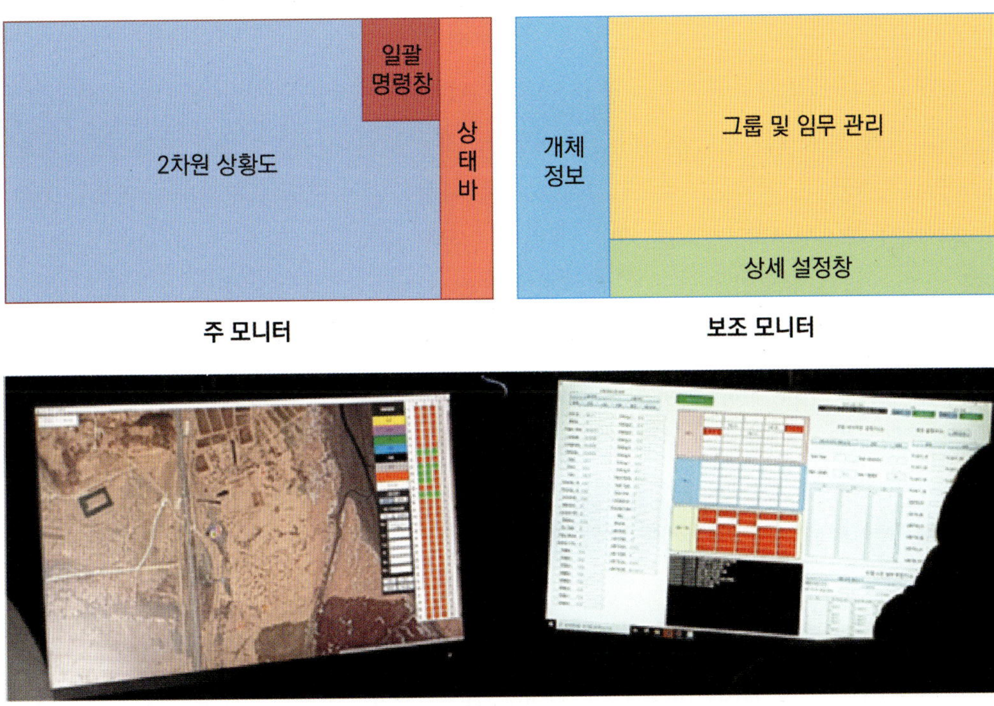

그림 2.79 ㈜엑센스가 개발한 고정익 군집 드론봇 지상 통제장치(Ground Control System) 화면

* https://www. sciencetimes.co.kr/reporter-news

그림 2.80 ADD 창설 50주년 공개 동영상 중 고정익 군집 드론봇 비행 화면
〈출처: https://youtu.be/NxnGQ1gOmqQ〉

로 탐색하며 주행하는 방법을 학습하도록 했다.

미래전을 주도할 수 있는 군사용 군집 드론봇에 대한 연구개발도 활발하게 진행되고 있다. 2020년 8월 국방과학연구소는 창설 50주년 ADD 첨단기술 공개에서 소형 고정익 드론봇 군집 비행 동영상을 유튜브에서 공개하였다. 지상 발사대에서 이륙한 무인기가 정해진 장소에서 집결한 후, 무리를 이루어 같이 방향을 바꾸고 주어진 목표지점까지 비행한 뒤 다시 흩어져서 각자 발사한 장소로 개별이동하며 임무를 수행하는 동영상이다. 여러 드론봇이 직접 서로 정보를 교류하며 스스로 협력해 충돌하지 않으며 군집 비행할 수 있는 제어 기술을 국내 기술진이 개발하였고, 건국대스마트드론연구소와 (주)엑센스가 독자적으로 개발한 비행제어컴퓨터와 지상통제장치를 활용한 점에서 드론봇 개발에 성과가 있었다. 사전 입력 프로그램으로 끝까지 진행되는 민간 군집 드론봇 쇼와는 달리 고정익 드론봇 군집 비행 기술은 비행 중에도 각 드론의 임무 변경 명령이 전달될 수 있어 미래전에서 효율적으로 쓰일 수 있는 비대칭 무기체계라고 할 수 있다.

카. 실내 드론봇

IoT 기술의 발전은 실외뿐만 아니라 실내에서도 드론봇 활용에 새로운 가능성을 열어주고 있다. 실내 드론봇은 강풍과 강우 같은 대기 환경 변화가 적은 실내 환경에서 드론의 비행 제어는 상대적으로 쉬운 편이다. 반면에 통상적 GNSS(Global Navigation Satellite

Systems)를 사용하지 못하기 때문에 GPS와 다른 위치 측위 방법이 필요하다. 위치 측정의 경우, 실외 공중 환경과 비교하여 실내 드론봇은 대체로 수 미터에서 수십 미터의 공간에서 비행하기 때문에 실외 비행보다 정확한 실내 비행이 필요하다. 따라서 다음과 같은 실내 환경 위치 인식 시스템 문제를 고려해야 한다.

- 벽과 가구에서 발생하는 신호 반사에 의한 복잡 신호 문제
- Non-Line-of-Sight(NLoS) 환경
- 고밀도 장애물에 의한 심한 신호 미약과 깨짐 현상
- 높은 정확도와 정밀도 요구

한편으로는 실내 환경은 다음과 같은 이유로 인해 실내 측위 기반 비행이 용이한 점도 있다.

- 작은 통신 가능 구역
- 작은 온도 차 변화율과 느린 대기순환 등의 적은 기후 변화 영향
- 평평한 바닥면과 수직적인 벽면에서 오는 고정된 지형적 제한 사항
- 상대적으로 느린 비행속도 요구로 인한 동역학적 안정성
- 인터넷 접속과 전기배치 등의 측위 장비를 설치하기 용이한 벽면의 존재

이미 개발되었거나 현재 개발 중인 주요 측위 시스템과 사용 가능 범위, 사용기법은 표 2.6과 같다.

표 2.6 실내 위치 측위 기술 개요

테크놀로지	정확도	사용 반경 [m]	측정방법
카메라	0.1mm~dm	1~10	이미지 각도 측정
적외선	cm~m	1~5	열화상, 엑티브 비컨
WLAN/WiFi	m	20~50	핑거 프린팅
RFID	dm~m	1~50	근접 감지
Ultra-Wideband	cm~m	1~50	물체 반사, ToA
고정밀 GNSS	10m	전 지구적	GPS 지원
슈돌라이트	cm~m	10~1000	반송파 위상 거리측정

또한 정확도 대비 사용 가능 범위를 비교하면 그림 2.81과 같다.

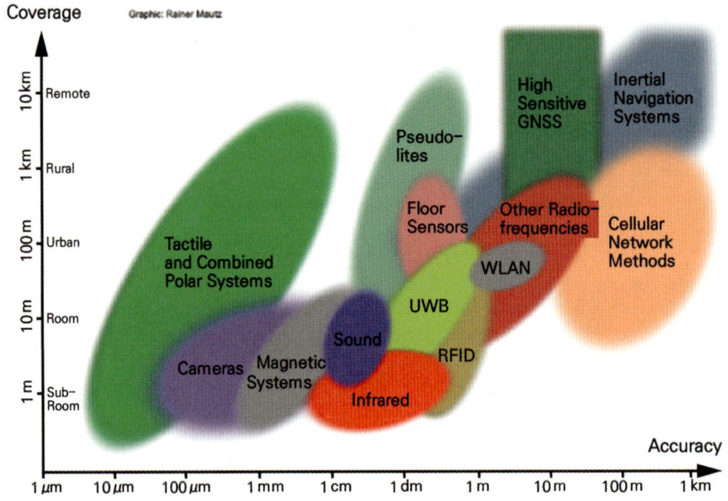

그림 2.81 각종 측위 기술의 정확도 대비 사용 가능 범위 비교
〈출처: Dr. Rainer Mautz, *Indoor Positioning Technologies*, ETH Zurich, 2012〉

IoT 기술을 적용한 드론봇은 기본적으로 조종자와 일대일 관계가 아닌 클라우드 서버를 비롯한 애플리케이션 장치들과 연계되어 자율적 임무를 수행해야 하므로, 자동비행 시스템은 필수 불가결하며, 위치 측위는 이에 꼭 필요한 기술이다. 카메라나 적외선을 사용하는 측위는 가장 정확한 측정값을 제공하는 솔루션이나, 계산량이 많고 복잡하여 소프트웨어와 충분한 퍼포먼스를 가진 하드웨어를 탑재하는 데 상대적으로 무리가 많다. 초음파를 사용하는 기술은 벽과의 거리를 측정하는 방식으로 측위하는 방법은 주변 장애물에 의해 신호 세기가 약해지거나 반사되어 다중신호 문제를 일으킬 수 있기 때문에 지면과의 거리를 확인하는 등 보조적인 방법으로 사용하게 된다. 또한, IoT 기술을 실내 드론봇에 적용하기 위해서는 무선 통신기술이 필수적이기 때문에 위치 측위를 전담하는 인프라 시스템을 새로 구축하기보다 현재 쓰고 있는 무선통신기술을 이용하여 좀 더 추가하는 방향이 경제적이다. 표 2.7은 실내 통신에 사용되는 주요한 무선통신수단과 이를 사용한 측위 시 성능 개요를 보여준다. 표에서 보듯 Zigbee의 사용 가능 거리는 충분하나 측위 오차가 2~3m, 주변 장해물에 영향 또한 큰 것이 단점이며, 대용량의 데이터 전송에도 적합하지 않으므로 IoT 서비스에는 무리가 따르기 때문에 실내 IoT 드론에 사용하기에는 부적합하다. 현재 통신수단으로 폭넓게 사용되고 있는 WiFi나 Bluetooth는 개략적 측위 오차가 수 미터가량 나타난다. 드론이 비행해야 할 수십에서 크면 수백 미터의 건물에서 비행 가능 경로나 피해야 할 장애물들이 수 미터 간격을 가지고 있을 확률이 높기 때문에 WiFi나 Blutooth의 측위 오차는 드론을 운용하는 데 장애가 있다.

표 2.7 무선통신기술에 의한 측위 기술 개요

무선 통신기술	사용 가능 거리	전력 소모	측위 오차	주요 단점
WiFi	35m (실내)	높음	1~5m	변동이 큰 신호
Zigbee	30~60m	낮음	2~3m	추가 장비 필요
Bluetooth	10m	낮음	2~3m	사용거리 한계
UWB	10m 이내	낮음	0.1m	사용거리 한계

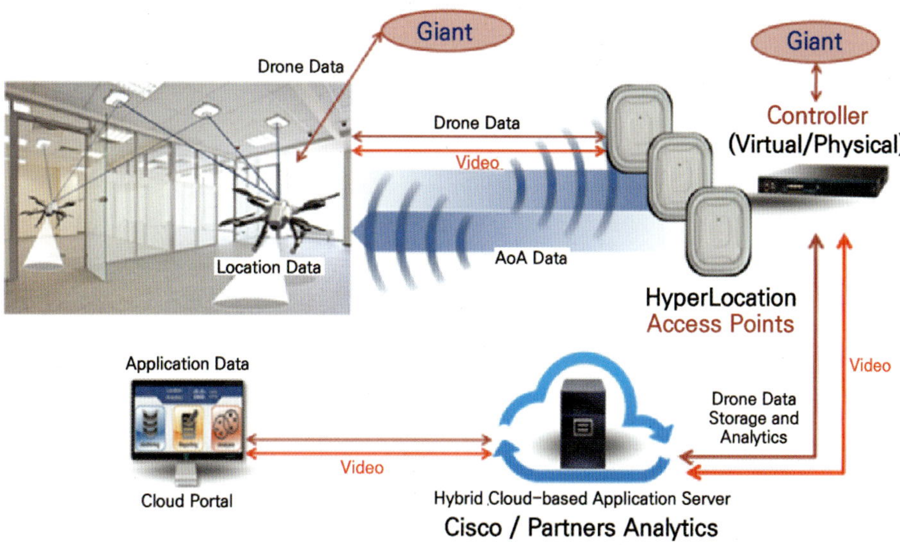

그림 2.82 CISCO의 실내 IoT 드론봇 네트워크 개요

네트워크 회사인 시스코(CISCO)는 자사의 AP를 이용한 Hyper Location System, HALO 시스템을 사용하여 측위를 얻어내고 이를 기반으로 드론봇을 운용하겠다는 계획을 가지고 있다. 실내 측위 분야 기술 면에서 WiFi를 신호의 AoA를 이용하여 삼각측량으로 드론의 위치를 계산하는 것이 요점이다. HALO 시스템 역시 Bluetooth 측위 시스템과 같이 현재는 실내 사람의 위치를 개략적으로 파악하는 데 사용되고 있다. AoA 데이터의 샘플링 주기 또한 최대 3Hz~4Hz 정도이기 때문에 사용 시 주변 상황을 파악할 장비를 추가 탑재해야 한다. 정확도는 1~3m를 보이기 때문에 Bluetooth와 크게 다르지 않은 성능을 보인다.

차세대 근거리 통신수단으로 주목받고 있는 UWB는 위에서 설명한 Bluetooth나 WiFi를 이용한 측위 수단에서 더 나은 정확도를 보인다. UWB 측위에서 주로 사용하는 방법인 ToA의 정확도는 선호 대역폭에 직결되기 때문인데, 이 점에서 UWB는 다른 무선통신수단보다 정밀한 측위 값을 계산할 수 있게 한다.

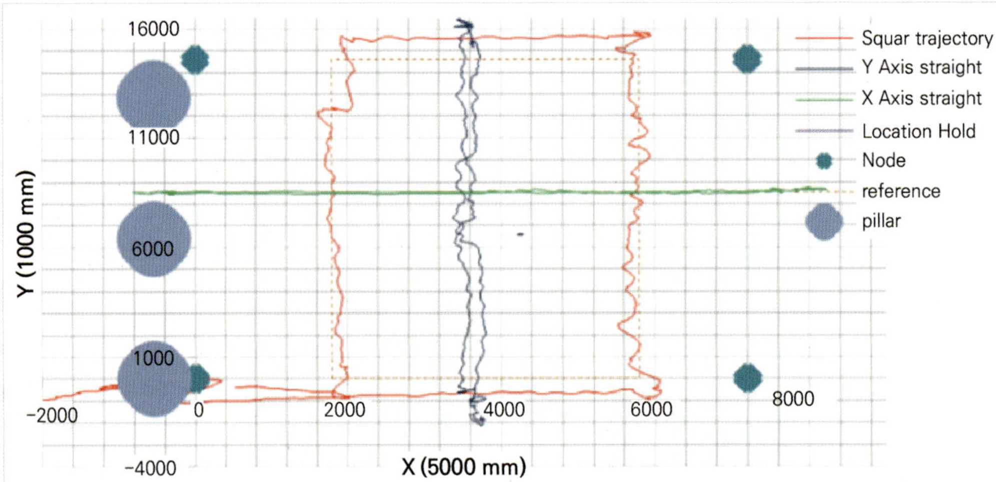

그림 2.83 UWB 측위 실험 결과

따라서 타 통신수단보다 실내 IoT 드론봇 운용에 측위에 있어 우위를 제공한다. 그림 2.83은 직접 UWB 측위 실험 결과를 그래프로 표기한 것이다. 10Hz의 측정 주기로 보라색 선은 약 3분간 정지 시 측위 결과로, 정지 시 측위 10cm 가량의 오차를 보였으며, 점선을 따라 사각형 이동 시(붉은 선), 수평, 수직 직선 이동 시(녹색 선, 파란 선) 최대 40cm 정도의 오차만 보였다. 여타 통신 장비로 실험한 다른 논문들이 대략 0.2Hz에서 1Hz의 측정 주기임을 비교하면 GPS와 동등한 빠른 속도(10Hz)나 그 이상 측정 주기가 가능하며, 정확도 또한 월등하다. 따라서 Bluetooth나 WiFi를 이용한 측위 기법보다 실내 드론봇의 위치정보 획득 수단 면에서 강점을 보인다.

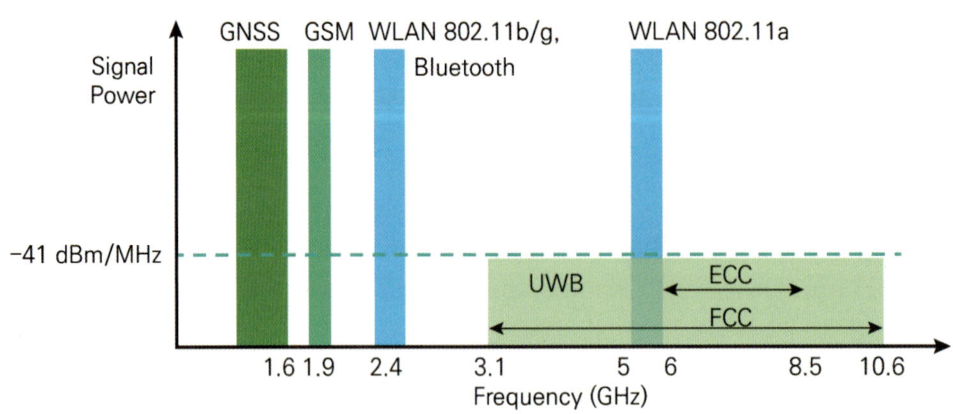

그림 2.84 UWB 스펙트럼

타. 드론봇 정밀 자동 이착륙 기술

현재 멀티콥터 드론의 실무 운용 사례는 방송, 영화용 항공촬영이 대부분을 차지하며, 그 외에 취미 생활을 위한 1조종사 1드론 RC 비행 조종이 대부분이다. 고정익 무인기의 운용 환경이 도심과 떨어져 고공에서 활용되고, 비교적 비행 지속 시간이 길다. 이에 반하여 멀티콥터 드론은 지면에 대해 근접하여 운용할 수 있으므로, 안전상 원격으로 조종자의 정밀 조종이 요구되기 된다. 이러한 활동 거리와 시간의 제약을 없애기 위해서는 멀티콥터 드론봇이 자동으로 이륙하고, 목표를 향해 비행해 임무를 수행한 후, 귀환하여 자동 착륙하여 배터리를 재충전하는 시스템이 필요하다. IoT 드론봇의 경우 현장에서 사람이 직접 드론을 운용하는 것이 아니라 인터넷을 이용하여 드론봇에 접속하고 운용되기 때문에 드론봇의 배터리를 충전 혹은 교체를 지원하고 드론봇의 상태를 점검할 수 있는 착륙 스테이션이 필요

그림 2.85 에어네스트의 Dronebox

그림 2.86 SKYX사의 xStation

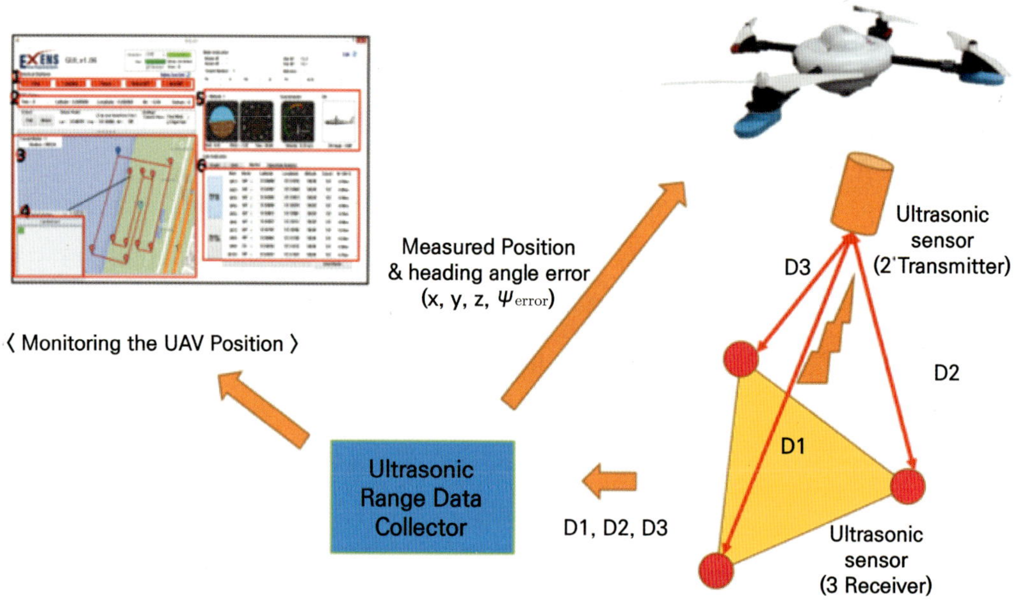

그림 2.87 초음파를 이용한 정밀 이착륙 유도기술 개념도

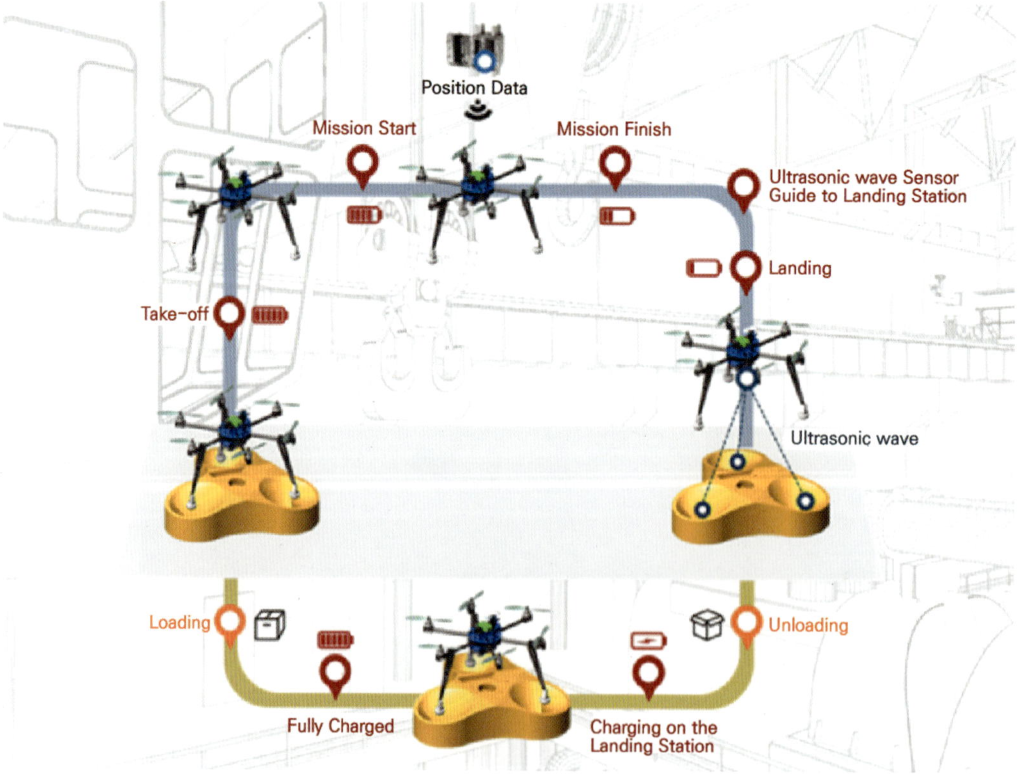

그림 2.88 랜딩 스테이션을 이용한 정밀 자동 착륙 개념도

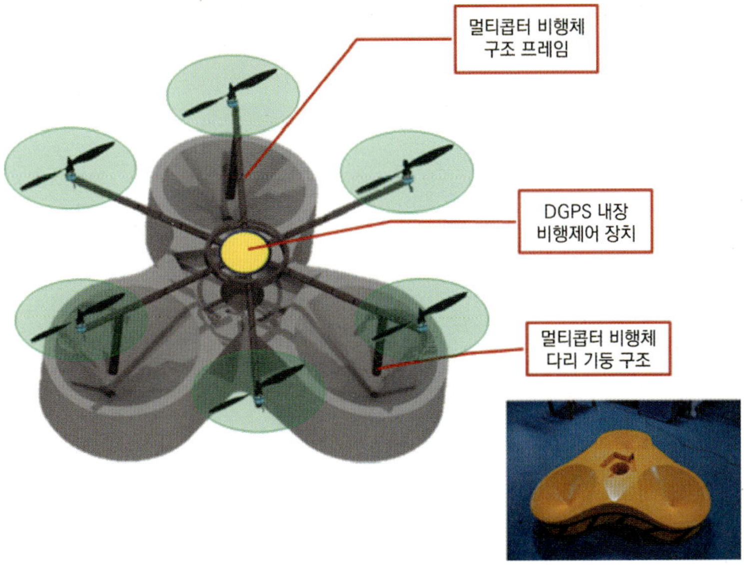

그림 2.89 건국대 스마트드론연구소에서 설계한 멀티콥터 드론봇 정밀 착륙 도킹 장치

하다. 특히 전원을 공급 받을 수 없는 오지의 경우 별도의 전기 에너지 공급 장치도 필요로 한다. 그림 2.85는 에어네스트(AIRNEST)의 Dronebox로 드론 자동 이착륙과 충전이 가능한 장치이다. 그림 2.86은 자동 이착륙과 충전이 가능한 SKYX사의 xStation이다.

건국대 스마트드론연구소에서는 기존의 GPS를 장착한 멀티콥터가 가지는 단점인 저속 이동 시의 낮은 위치 정확도를 DGPS를 이용함과 동시에 이를 AHRS 센서와 연동시켜 기수 방향과 좌표 위치를 통합하여 정밀한 위치 데이터를 획득할 수 있는 방법을 연구하고 있다. 또한, 초음파나 적외선 장치 정밀 착륙도 연구하고 있다.

이러한 자동 이착륙 시스템은 멀티콥터 드론봇에 장착된 비행 제어 컴퓨터와 연동하며 이루어져야 한다. 멀티콥터 드론봇이 정밀 착륙할 자동 착륙 장치에는 착륙 후 인력의 도움 없이 자동으로 전원 충전 기능이 있을 필요가 있다. 건국대 스마트드론연구소 벤처 기업 ㈜엑센스는 비행 제어 컴퓨터가 드론과 착륙 장치의 위치 오차를 0.2m 이내일 때 드론 전원을 끄고, 드론의 자중으로 경사면을 미끄러지며 정밀하게 착륙시킬 수 있는 자동 정밀 착륙 도킹 장치를 개발하였다(대한민국 특허 등록번호 10-1777273).

03

드론봇, 과학정보와 만나다

제1절 | 드론봇과 사이버보안

1 사이버보안 중요성

가. 사이버보안 정의와 의미

"어느 개인이나 조직 또는 국가가 그 존립을 확보하거나 전쟁에서 승리하는 데 필요한 요소를 찾아 그것을 보호하기 위한 수단"을 통상 '보안'의 정의로 이해한다(《국가정보학》, p. 135). 보안은 인류 역사 태동 때부터 존재해 온 것으로 당시의 원시적 암호가 그 출발점이라 할 수 있다. 이후 보안 분야는 정치·군사 발전에 따라 계속 생겨나는 중요정보들을 관리하고 전달할 수단의 필요성과 함께 통신기술 발달에 힘입어 발전을 거듭한 결과 정치·군사와 연결된 인간의 정보활동 영역에서 긴요한 자료 및 비밀내용을 보호하고 전달하는 정보관리 프로세스의 핵심 요소로 자리잡게 된다.

그리고 20세기에 들어 컴퓨터 본격적으로 사용하고 21세기 인터넷의 비약 발전으로 휴민트 중심 정보활동의 보안 영역이 새로운 전기를 맞아 사이버보안(Cyber security)으로 확장한다. 최초 미 국방성의 연결 네트워크로 출발한 인터넷이 전 세계 컴퓨터와 통신망을 이어주는 국제 경제·사회 핵심 인프라로 자리를 잡게 되고, 정치·군사 목적 통신보안에서 시작한 보안 영역도 컴퓨터 네트워크 보안을 거쳐 사이버보안으로 계속 확대·발전한 것이다.

그러나 여기에서 간과할 수 없는 것은 예기치 않은 사이버보안 사고가 발생할 때 인터넷 네트워크의 개방성과 확장성으로 반드시 수반될 유·무형 피해의 심각성과 파장 또한 아무리 강조해도 지나치지 않다는 사실이다.

우리가 사이버보안 개념을 이해하기 위해 보안(保安)·안보(安保)·안전(安全) 의미에 대해서 구분할 필요가 있다. 이 세 단어는 비슷해 보이지만 유사한 단어라고 할 수 없는 분명한 차이가 존재하기 때문이다.

먼저 보안은 일반 사회의 안전과 질서를 유지하는 것을 주된 개념으로 한다. 안보가 '외부위협이나 침략으로부터 국가와 국민의 안전을 지키는 일'인 '안전보장'을 줄여 부르는 말로 'national security'의 의미라는 점에서 보안과 구분된다. 한편 안전은 '위험이 생기거나 사고가 날 염려가 없는 상태'의 뜻으로 security보다는 safety에 가까운 개념으로 사용되는 특징이 있는 것이다.

이와 같은 보안·안보·안전 개념이 가상 또는 컴퓨터 네트워크 의미의 사이버와 합성어

그림 3.1 미 해군 정보전 부대의 포스터

가 될 때 그 의미는 다음과 같이 구분된다.

우선 사이버보안은 "사이버 환경에서 네트워크로 연결된 대상을 보호하기 위한 기술적 수단과 정책, 안전장치, 위기관리 등의 집합"이라고 할 수 있다. 두 번째로 사이버테러(사이버상에서 국가기반 시설 또는 정보자료에 대한 피해로 인해 국가안보까지 위협받게 되는 일체의 공격행위, 악성코드·서비스거부 공격, 해킹, 전자폭탄 등. 《국가정보학》, p. 156) 범람과 함께 발전된 개념으로 '컴퓨터와 인터넷상의 안전보장을 위해 암호·인증·감시·탐지 체계를 핵심으로 다루는 분야'인 사이버안보가 있다. 세 번째는 사이버보안과 안보를 일반화한 개념으로써 '위험이 생기거나 사고 염려가 없는 상태 또는 그러한 상태 유지를 위한 행위'인 사이버 안전(Cyber safety)이다. 즉 '사이버보안 ⇒ 사이버안보 ⇒ 사이버 안전' 순으로 다루는 분야와 영역이 확대되는 개념인 것이다.

일반적으로 사이버보안은 사이버 위기 경보, 보안 적합성 검증, 암호모듈 검증, 정보보안 생활수칙 등을 다룬다. 한편, 사이버안보는 국가 사이버안보 정책 수립 시행, 사이버 위기 예방 활동 및 공격 탐지, 사이버 침해사고 조사 및 위협정보 분석, 사이버안보 신고 접수 등의 활동을 의미한다. 사물인터넷 네트워크 환경의 드론봇에서는 이러한 사이버보안이 중요하게 부각될 수밖에 없고, 드론봇 사이버보안이 강조되는 이유이다.

나. 스파이 칩 해킹 시도 사례

2018년 10월 미국 《블룸버그 비즈니스위크》 등 주요 언론은 애플, 아마존 등 IT 업체의 서버에 마이크로 칩을 심어놓고 이후 조직적인 해킹 시도가 있었다고 보도한 바 있다.

중국 인민해방군이 소형 크기의 해킹용 '스파이 칩'을 제작하여 중국 회사인 '슈퍼마이크로' 회로기판(마더보드) 제품에 조직적으로 이식했으며, 이 회로기판은 애플, 아마존과 같은 주요 IT 업체사용 서버에 삽입된 것이다. 심지어 미 국방부 데이터센터, 해군 함정 및 CIA가 사용하는 서버에도 납품됐다는 것이다.

해킹용 '스파이 칩'은 자세히 보지 않으면 확인이 어려운 매우 작은 컴퓨터 칩으로 운영체제 핵(코어) 변경 기능이 있어서 비밀리에 내용을 엿듣고 문자나 메일을 복제할 수 있다. 등 마치 시스템에 '백도어'(일명 스파이 프로그램)를 심은 경우와 같은 것이다.

이 사건은 아마존이 동영상 압축 회사인 '엘리멘털 테크놀로지'를 인수하기 위해 보안 실사를 하는 과정에서 드러나게 된다. 아마존은 엘리멘털 서버에서 발견된 칩을 즉각 당국에 보고했고, 미국 정보 관계자들은 이 칩으로 모든 네트워크에 접속할 수 있다는 사실과 이 서버를 조립한 곳이 바로 중국의 슈퍼마이크로 회사라는 것을 알게 된다. 이 스파이 칩이 애플, 아마존을 포함한 30개 업체를 공격한 것으로 추정되고 있으며 여기에는 대형 은행 및 미국 정부와 계약한 회사들도 포함되어 있다고 한다. 당시 미 언론은 스파이 칩이 일반적으로 알려진 바이러스 공격보다 더 심각한 것으로 평가하고 우려했는데, 하드웨어를 이용한 해킹은 제거도 어렵고 다른 경우보다 피해가 커질 수 있어서이다.

애플과 아마존은 일단 자사 서버에 중국의 스파이 칩이 심어져 있다는 사실을 부인했으나 그 파장은 쉽게 가라앉지 않았다. 애플, 아마존 등 미국 IT 기업이 사용하는 부품 중 대다수가 중국에서 생산되는데다가 그렇지 않아도 그동안 중국이 자국에서 생산하는 막대한 양의 하드웨어를 바탕으로 상당한 백도어를 만든다는 의혹을 받아왔기 때문이다.

스마트폰, 컴퓨터, 무선 라우터 등 대부분 전자제품의 글로벌 공급망을 좌우하는 중국이 만일 이것을 이용하여 스파이 칩을 심은 것이 사실이라면 국가 사이버 보안 측면에서 문제의 심각성이 크다고 할 것이다.

그림 3.2 중국산 해킹용 칩의 실물 크기 모습
〈출처: 블룸버그 비즈니스위크〉

다. 사이버 신냉전

미국 법무부는 2019년 1월에 중국 통신장비업체 화웨이와 이 회사 재무책임자(CFO) 멍완저우를 23가지 혐의로 기소했다. 당시 기소 내용 중 주목되는 것은 화웨이 직원이 미국 기업 기술을 훔치기 위해 미 통신회사 'T-모바일'의 스마트폰 내구성 테스트 로봇의 팔을 빼돌렸다는 주장이다. 이에 미국은 동맹국들을 향해 중국 화웨이(HVAWEI) 제품을 쓰지 말도록 경고했다. 화웨이 제품 장비에 도청과 정보 유출이 가능한 비밀 장치가 숨어있으며 유출된 정보가 중국 측에 제공된다고 의심하는 것으로, 중국이 화웨이를 이용해 미국과 우방의 통신체계를 무너뜨릴 수도 있다고 보는 것이다.

화웨이는 글로벌 통신 시장의 선두주자로, 미국이 견제하고 있는 '중국 제조 2025'(중국을 글로벌 첨단 제조업 지배 국가로 만들기 위한 국가 주도 산업정책)에서 핵심적 역할을 하고 있는 것으로 평가되는 업체이다.

미국은 화웨이를 일반 민간 기업이라기보다는 중국 정부나 공산당의 일원으로 간주한다. 화웨이 '런정페이' 회장은 인민해방군 정보기술학교 출신으로 공산당과 인연이 깊어서, 중국 정부의 필요에 의해 명령만 내려지면 화웨이가 자사 구축 통신망을 통해 외국 기밀을 도청할 것으로 의심하고 있다.

당연히 중국 화웨이측은 이런 의혹에 대해 전면 부인한다. 런정페이 회장은 자신이 인민해방군과 공산당 경력을 가진 것은 사실이지만 그렇다고 중국 정부의 지시에 따라 회사 자료를 넘기지는 않을 것이라고 주장했다. 이러한 미국 정부와 중국 화웨이 갈등이 처음에는

그림 3.3 중국 통신장비업체 화웨이의 로고

미중 무역전쟁의 하나로 인식되었으나, 시간이 지나면서 전 세계에 '화웨이가 촉발한 사이버 신냉전' 성격이 강해지는 양상이다. 20세기 냉전 시대의 소련이 중국 IT 기업으로 대체되고, 재래식 무기 경쟁이 사이버 경쟁으로 대체된 것이다.

미 수사당국도 인민해방군 장교 출신 '런정페이'에 의해 창업된 화웨이가 중국 정부 지원을 받아 초고속 성장하면서 중국의 스파이 역할을 한다고 보고 있다. 화웨이의 연 매출이 수십조 원이면서도 비상장인 점 등 지배구조의 폐쇄성이 더욱더 이 같은 의심을 하게 만드는 것이다.

미국의 '화웨이 보이콧'이 본격화되기 시작하자 미 하원 정보위원회는 "화웨이가 중국 정부로부터 자유롭다는 주장을 신뢰할 수 없다"면서 미국 정부 기관과 민간 기업들에 화웨이 제품 사용 중단을 권고한 바 있다. 화웨이가 중국 기술 굴기(屈起)의 상징이란 점도 미국이 화웨이를 직접 공격하는 배경이다. 화웨이가 통신 장비와 스마트폰 산업의 세계 1, 2위로 올라서면서 중국 IT 패권을 강화하는 것을 더는 용납할 수 없다는 것이다.

중국 화웨이는 공산당만큼이나 폐쇄적인 신비주의 기업으로, 인민군 출신인 창업자의 '늑대 문화'로 불리는 군대식 기업 경영으로 유명하다. 야전 침대는 이 늑대 문화를 상징하는 것 중 하나로, 1987년 회사 설립 때부터 직원들이 통신망 건설을 위해 중국 전역을 다니며 야전 침대에서 취침한 것이다. 화웨이 회사 내부에는 "희생은 군인의 소명, 승리는 군인의 가장 큰 기여"라는 문구가 적혀 있다고도 한다. 비상장기업 화웨이의 주식은 98%가 중국식 노조인 공회에 가입한 직원 소유이지만 개인이 임의로 주식을 팔수는 없으며 퇴사 시 반납해야 하고, 공회는 공산당이 감독·운영하는 것으로 알려져 있다.

미국의 안보 동맹국 중 캐나다, 호주, 뉴질랜드, 일본, 대만 등은 화웨이에 대한 미국 입장에 동참한다는 데 반해, 유럽은 다소 신중한 자세를 보이는데, 가성비가 뛰어난 화웨이 장비를 포기할 수 없기 때문이다. 미 CIA는 90년대 중반에 사이버보안 위협을 크게 국가적 위협, 사회적 위협, 지역적 위협으로 분류한 보고서를 작성하고 대비책 마련을 고민한 바 있다. 2000년대 이후에는 9.11 사건을 계기로 설립된 국토안보부에서 사이버보안 전략을 수립하고 있다. 특히 미 국방부는 국방고등연구계획국(DARPA)의 'Plan X'라는 사이버 전쟁 프로젝트에 많은 예산을 투입 중이다.

우리도 사이버보안 분야에 대한 관심과 노력이 필요하다. 5G·6G 통신 시대를 맞아 통신 장비가 산업 최상단에 위치하고 있어 관련 제조업과 서비스업이 연동하여 사용할 수밖에 없는 현실에서 만일 발생할지 모르는 사이버 공격에 각별한 주의와 대책 마련이 절실해 보인다. 평소에 정부와 국방, 그리고 금융, 민간 기업간 정보 공유가 긴밀하게 이루어지는 사이버 공간에서 민관이 유기적으로 상호 협력하여 조기 대응할 수 있는 공동 시스템을 마련해야 하는 이유인 것이다.

2 드론봇 사이버보안

현재 우리의 일상생활은 사물인터넷(IoT) 없이 지내는 것을 상상하기 힘들 정도로 IoT와 매우 밀접해져 있다. 2019년 기준으로 80억 개이던 IoT 기기가 2025년에는 200억 개 이상이 될 것이라고 한다. 하지만 사물인터넷 IoT 환경은 다양한 네트워크와 디바이스로 연결된 특성상 보안 위협에 매우 취약하여 해커들의 대상이 되고 있는 것 또한 현실이다. 따라서 이것을 안전하게 사용하기 위해서는 무엇보다 면역 체계와 같은 촘촘한 보안 시스템이 필요하다. 4차 산업혁명 시대 IoT 환경 속에서 보안 요소가 표준화되고 일상화된 서비스로 진화해야 하는 이유이다.

무선 통신 기반의 IoT 드론봇 운용 개념은 "다수의 무인기에 명령, 통제 등의 임무를 수행하기 위해서 지상 통제소와 지상 무선국을 구성하고 P2P 통신 및 네트워크 통신 등으로 드론봇을 통제하는 것"을 말한다.

이때 무선 통신 드론봇 운영 환경 내에서 드론봇의 비행 제어, 임무 제어, 통신, 명령 등 다수의 기능은 단일 컴퓨터의 소프트웨어로 제어된다. 따라서 악의적인 의도를 가진 주체가 드론봇의 통신링크를 교란시키거나 컴퓨터를 해킹할 경우 막대한 손실이 초래될 수밖에 없다.

드론봇은 최첨단 사물인터넷 IoT 환경 중심에 있어 해커 및 보안 취약성에 노출될 위험성이 상대적으로 더 크다. 즉 해킹으로 인해 드론봇이 제어 당하거나 시스템 장애 또는 주파수 간섭 발생 등 통제 상실 가능성이 많은 것이다. 또한, 드론봇이나 지상 시스템의 도난 및 분실의 경우 데이터 암호화를 위한 보안 칩 메모리 해킹으로 얻은 Key를 이용하여 다른 드론봇을 해킹하고 유용한 정보를 획득하는 시나리오도 가능하므로 보안 Key에 대한 물리적 공격을 막아 안전성을 확보하는 것이 매우 중요하다.

가. 드론봇 보안 취약점

드론봇 사이버보안 기술은 공격과 방어 개념으로 생각해 볼 수 있다. 보안 공격기술은 어떤 의도를 가지고 보안망을 무력화시키는 모든 행동으로 해킹 및 보안 취약점을 발견하기 위한 공격을 의미하며, 보안 방어기술은 이러한 공격에 맞서 해킹 및 보안 취약점이 발생하지 않도록 대응하는 것을 말한다.

드론봇 IoT 장치의 보안 취약점을 구체적으로 살펴보면 데이터의 위변조, 허락되지 않은 서비스 및 사용자 접근, 인증 방해, 신호 및 데이터의 기밀성 침해 등이 있다. 이러한 드론봇의 보안 취약점으로 인해 야기되는 파괴·침투 방법과 운용상 보안 문제점은 다음과 같이 분류해 볼 수 있다.

그림 3.4 드론 보안 취약점 해킹 경고 포스터
〈출처: 아나드론스타팅〉

(1) 재밍(Jamming)

적의 전자장비 사용 방해 목적을 가지고 잡음이나 이와 유사한 전자신호를 계획적으로 방사, 재방사 또는 반사시켜서 적의 수신 내용을 교란하는 방법으로 드론봇에 GPS보다 강한 신호를 보내서 드론봇을 마비시키는 것이다.

(2) GPS 스푸핑

스푸핑(Spoofing)이란 '속인다'는 의미 그대로 드론봇에 가짜 데이터를 보내 드론봇을 해커가 의도한 곳으로 이동시키거나 착륙하도록 만드는 방법이다. 즉 암호화된 자체 통신을 해독하여 왜곡된 신호를 내부 전산망에 투입시키는 방식으로, 강한 전파를 통해 신호 전달 자체를 차단하는 재밍과는 구별된다.

(3) 하이재킹

테러범들이 운항 중인 여객기를 탈취(Hijacking)하는 것과 같이 이동하고 있는 드론봇의 조종기능을 빼앗아 불법으로 납치하는 방식으로, 원격제어장치의 보안 취약점을 파고드는 해킹 방법이다. 이것은 드론 및 드론봇뿐 아니라 비행기, 헬리콥터, 자동차, 보트 등 원격조종기로 작동하는 모든 기기의 해킹이 가능하다.

한편 대부분의 무인이동체처럼 운행 중 신호 교신이 원활하지 않은 것도 현실적인 어려움으로, 이로 인해서 발생할 수 있는 레이더, 전파교란 무력화 시스템 등의 위협으로부터 방어하기 위한 체계적인 보안 시스템 구축이 필요하다.

나. 드론봇 보안과 해킹 대응

드론봇과 관련한 가장 큰 보안 위협은 해킹 문제로 해킹을 시도하려는 구간에 따라 통신 해킹, 컨트롤러 해킹, 센서 해킹 등으로 나눌 수 있다. 이러한 해킹 기술을 동원해 드론봇을 물리적으로 격추하거나 탈취하여 다른 용도로 사용하려는 것을 막을 수 있는 방어 대책이 긴요하다. 따라서 인증키의 안전한 운용, 드론봇 - 드론 및 드론봇 - 서버 간 통신보안, 악성코드 방지, 개인정보 보호, 네트워크 보안 등에서 확실하게 보안성이 강화돼야 한다.

드론봇 보안성 강화 방안을 위해 IoT 적용 보안기술을 앞에서 언급한 것처럼 보안 공격과 방어, 즉 창과 방패 개념으로 정리할 수도 있다.

보안 공격은 해킹 및 보안 취약점을 발견할 목적으로 가해지는 공격으로서 보안망을 무력화시키고자 하는 모든 행동을 말하며, 주요 기술로는 퍼징 공격, 포트 스캐닝, DDoS, 무차별 대입 공격(Brute force) 등이 있다. 보안 방어란 해킹 및 보안 취약점이 발생하지 않도록 하는 행동으로 샌드박스(암호화 · 난독화), 메모리 보호, 보안 소프트웨어 적용 등의 기술이 있다.

드론봇의 IoT 환경 사용과 관련한 보안 문제 해결 방안의 경우 네트워크 보안, 디바이스 보안, 서비스 보안기술로 나눌 수 있다. KT는 2019년 초에 5G 시대의 네트워크 보안기술로 '블록체인'을 소개했는데, 이것은 기가 인터넷과 블록체인을 결합해 빠르고 안전한 네트워크 환경을 만드는 방식이다. 디바이스 보안은 초경량 · 저전력 · 저성능인 사물인터넷 디바이스에 기존 암호화 알고리즘을 구현하는 것이 어렵다는 현실에서 나왔다. 그래서 암호화 작업을 소프트웨어가 아닌 하드웨어에서 처리하는 '보안칩셋'으로 변경한다. 이 방법은 해커의 우회 공격을 최대한 방해하고, 디바이스 성능 저하와 배터리 소모율을 최소화할 수 있게 되는 장점이 있다.

한편, 사용 인증 과정에서 패스워드, 스마트카드, 지문 같은 다양한 인증 방법이 존재하는데, 서비스 보안에서는 특정한 인증 기법 사용을 의무화하지 않고, 상황에 따라 다양한 인증 기법의 사용을 권한다. 인증 후에는 사용 권한 여부를 확인 후 권한을 부여하고, 이것이 접근 발생 때마다 매번 반복되는 방식이다.

다. 드론봇 사이버보안 가이드

우리나라에서는 사물인터넷 제품 · 서비스의 보안 내재화를 위해 국가사이버보안 R&D 추진계획에 따라 'IoT 공통 보안 가이드'를 마련하고, 이를 주요 사물인터넷 산업 분야의 보안특성에 맞게 분석 · 특화하여 홈 · 가전 · 공장 · 교통 · 의료 · 환경 · 재난 · 에너지 등 분야별 보안 가이드 개발을 지원해 왔다.

당초 군수용으로 시작한 드론은 여가 · 취미용으로 대중화되었고, 기상관측, 시설점검, 재난 · 교통감시, 물류, 국토 · 해양관측, 농업 등 다양한 산업 분야에서 활용 가능성이 커지면서 드론봇까지 확대 재산생되어 4차 산업혁명 시대 신성장동력으로 부상하고 있다. 하지만 이러한 드론봇 확산과 함께 해킹에 의한 데이터 유출, 드론봇 탈취에 의한 폭탄 테러 위협 등 사이버 침해위협도 증가하게 되자 우리 과학기술정보통신부(이하 과기정통부)와 국토교통부에서는 2020년 12월 '드론 사이버보안 가이드'를 발표하였다.

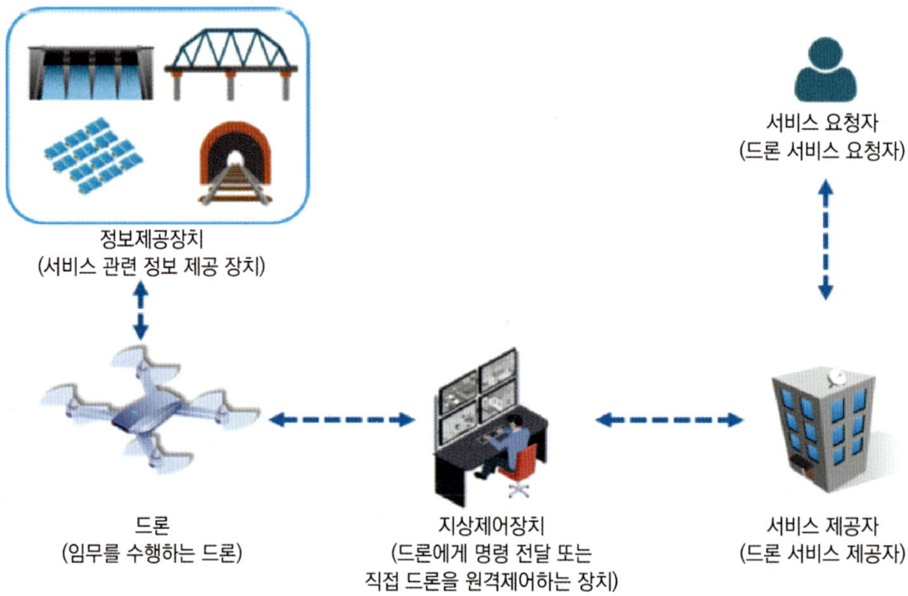

그림 3.5 드론봇 서비스 구성도 〈출처: 국토교통부〉

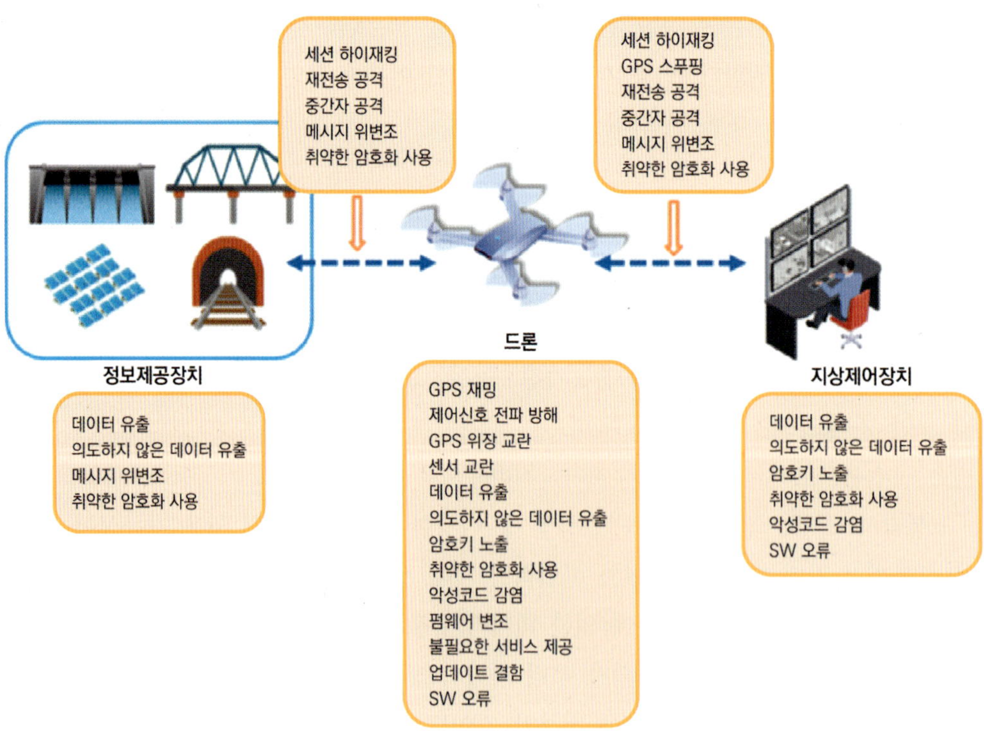

그림 3.6 드론봇 시스템 주요 보안위협 〈출처: 국토교통부〉

표 3.1 보안 대응방안 〈출처: 국토교통부〉

보안항목	대응방안
HW 및 SW의 안전성	(안전한 업데이트) 펌웨어 및 SW를 업데이트할 경우 안전하게 수행해야 하며, 보안 기능이 적용된 운영체제를 선택해야 함 (변조 대응) 펌웨어, 업데이트 소스 및 패치 관리 기능에 대해 무결성을 보장해야 함 (악성코드 대응) 악의적인 메시지 및 행위를 탐지 및 차단해야 함 (안전한 3rd Party 라이브러리) 설치된 3rd Party 코드는 사전에 검토되어야 함 (시큐어코딩) SW 개발 생명주기를 고려하여 구현되어야 함
인증	(드론 식별) 드론의 고유 식별번호를 보유해야 함 (사용자 인증) 민감 정보에 접근할 경우 사용자인증을 수행해야 함 (상호 인증) 중요정보 전송 및 서비스 접근 시 상호 인증을 선행해야 함
안전한 통신	(무선신호 보호 기능) 무선신호에 Nounce와 시간 정보 등을 함께 전송하여 통신 보호 기능을 적용해야 함 (통신 채널 확보/재밍 대응) 방해 재밍 신호를 탐지하고 우회 통신 채널 등을 확보해야 함 (전송 데이터 보호) 중요정보가 전송될 경우 국제표준 암호 알고리즘을 통해 데이터 암호화하여 전송해야 함 (메시지 감지) 비정상 메시지를 감지하고 대응해야 함
안전한 비행	(자율비행) 정상적인 명령에 따른 임무 수행 기능이 수행되어야 함 (위치추적 대체수단 제공) GPS 위성 접근이 어려울 경우 대체 절차가 구현되어야 하며, 드론 긴급 추락에 대비해야 함 (특정지역 접근방지) 비행 금지구역 및 접근 불가 지역 등의 접근방지 기능이 필요함 (자동충돌 회피) 장애물 등의 위험요소를 탐지하고 충돌 회피 및 자동 착륙 기능을 적용해야 함 (자동 회귀) 제어통제권 상실 시 지정된 지점의 자동회귀 기능이 필요함
암호	(안전한 암호키 관리) 안전성이 검증된 방법으로 암호키를 생성해야 하며, 노출되지 않게 안전하게 저장해야 함 (안전한 암호 알고리즘 사용) 통신 구간에 적합한 암호 알고리즘을 사용해야 함 (안전한 난수 생성) 안전한 암호키 생성 및 보호를 위한 안전한 난수 생성기를 사용해야 함 (안전한 암호 모듈 사용) 안전성이 검증된 암호 모듈을 사용해야 함
중요 데이터 보호	(저장 데이터 보호) 데이터의 기밀성과 무결성을 보장해야 함 (운영 데이터 보호) 드론의 경로 이탈 방지 등을 위해 내비게이션 데이터베이스의 무결성을 보장해야 함 (접근통제) 저장 데이터의 접근 권한에 대한 인증이 이뤄져야 함 (개인정보 보호) 개인정보 수집, 이용 등의 개인정보는 국내 법령 및 지침에 따라 처리되어야 함
보안감사	(감사기록) 감사기록 생성 기능이 구현되어야 함 (모니터링) 드론시스템 모니터링을 통해 비이상적인 행동을 탐지해야 함

'사이버보안 가이드'는 드론봇 서비스 구성, 드론봇시스템 주요 보안 위협, 보안 대응방안으로 구성되어 있다. 먼저 드론봇 서비스 구성에서는 국내에서 운용하는 드론봇 기반의 대표적인 서비스를 분석하여 드론봇 서비스와 관련된 일반적인 구성요소를 분류한다.

드론봇시스템 주요 보안 위협에서는 드론봇, 지상 제어장치, 정보제공장치 등 주요 시스템에 예상되는 보안 위협을 제시했다. 보안 대응방안에서는 보안 위협에 대한 보안 항목 및 대응방안을 제시했다.

안전한 드론 서비스 환경 구축·운영을 위해 이 같은 가이드를 개발했고 앞으로 이 가이드를 기반으로 드론 안전 인증에 적용될 수 있는 보안 기준을 마련한다는 계획이다.

라. PUF 방식 드론봇 보안기술

드론봇 통신 관련 대표적 보안성 강화 방법으로 PUF(Physical Unclonable Function; 물리적 복제 방지) 방식이 있다.

드론봇 혹은 지상 시스템의 도난 및 분실의 경우 칩(chip)을 분해하여 물리적 공격이 가능하고 하나의 칩에서 얻은 정보를 통해 다른 무인기를 공격하는 정보로 사용할 수 있는 시나리오도 생각할 수 있으므로, 칩에 대한 물리적/논리적 공격을 막아 안전성을 보완해야 한다. PUF는 물리적으로 복제 불가능한 장치로 안전하게 키를 저장하고 관리하여 보안 기능(Root of Trust)으로 역할을 수행할 수 있는 것이다.

(1) PUF 기반 암호화 핵심 IC 칩 구성도

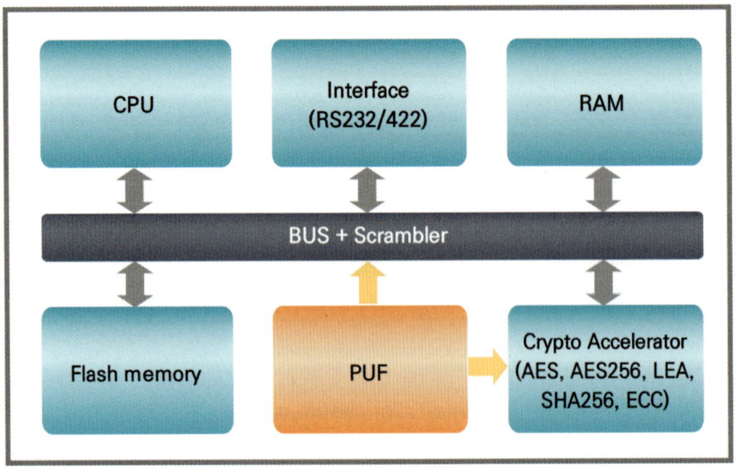

그림 3.7 PUF 기반 암호화 핵심 IC칩 구성도

(2) 암호 알고리즘의 필요성

Key 분배의 편리를 위해 공개키 기반의 ECC(Elliptic Curve Cryptography), Block 암호 알고리즘은 AES, AES256, LEA를 사용하고 Hash 알고리즘으로 SHA256을 사용하여 민간, 국방에서 사용할 수 있도록 개발할 필요가 있다.

(가) Interface 및 Interface 보안 방안

최대 통신, 암복호화 속도를 10Mbps까지 올려 Full HD 영상의 암호화를 수행할 수 있게 조절뿐만 아니라 영상 보안까지 수행할 수 있도록 하며, 내부에 CPU를 내장하여 필요한 프로토콜(protocol)에 대해 처리할 수 있도록 해야 한다.

(나) 전체 구조도

제안 시스템은 Data In, Data Out, 영상 암호를 위한 PUF 기반 암호화 IC 양방향 동시 암호화 가능하다. 공통으로 사용될 PUF 기반 암호화 IC를 내장하여 무인기 제작자가 설정(Configuration)을 통해 암호화할 메시지에 대한 구분과 방식에 대한 설정을 수행할 수 있도록 유연하게 구성할 필요가 있다.

'PUF'는 사물인터넷 시대에 해킹 등 소프트웨어 기반의 보안 솔루션이 가진 구조적 문제를 해결함과 동시에 IoT 기기들에도 손쉽게 적용이 가능한 하드웨어에 기반한 물리적 복제방지 보안기술이라는 점에서 주목된다.

PUF는 동일한 제조공정에서 생산되는 반도체의 미세구조 차이를 이용하여 보안 키를 생성하고 이를 활용하는 기술이다. 나노 단위 반도체의 미세구조는 외부 난수 값 주입 없이 자체적으로 랜덤하게 생성되며, 사람의 지문과 같이 고유성을 지니기 때문에 '반도체 칩 지

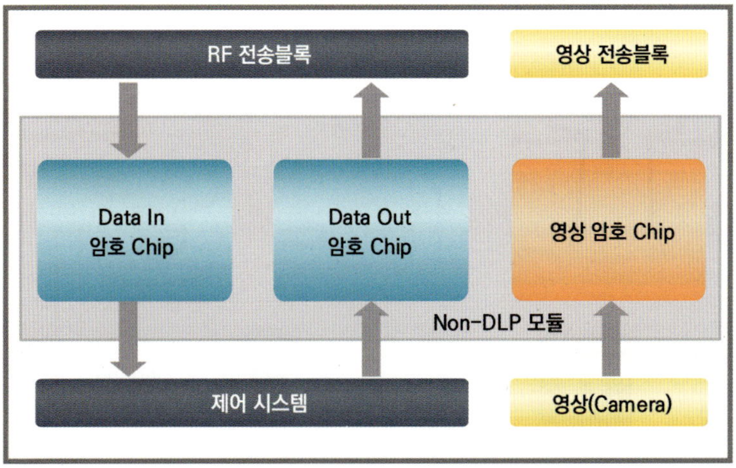

그림 3.8 PUF 기반 암호화 IC를 내장한 모듈 구조

눈'으로도 불린다.

앞에서도 언급한 것처럼 PUF의 가장 큰 특징은 랜덤하게 발생하는 반도체 미세구조 특징상 복제가 불가능하다는 점이다. 랜덤한 미세구조 차이를 키값으로 사용하기 때문에 기기에 키값이 저장되지 않아 해킹당할 염려가 없으며, 고유키값을 사용한 전자서명 구조를 통해 부인 방지 기능이 강화되어 기기 인증에도 활용될 수 있다.

PUF 기술은 안전성 및 고유성으로 인해 인증 및 복제방지를 위한 장치로 효율적으로 활용되어 이미 해외에서는 적용 사례들이 등장한 상태다. PUF 기술은 물리적인 복제가 불가능하다는 점과 안전한 키 관리를 가능하게 해준다는 점에서 해킹 등의 보안 문제를 근본적으로 해결해 줄 수 있는 방안으로 주목받고 있다. 특히, 작은 칩으로도 높은 보안성을 달성할 수 있어 드론과 같은 IoT 기기 보안을 위한 최적화된 솔루션이라는 평가가 가능해 보인다.

PUF의 드론봇 보안 응용 분야에는 ID 등록 · 인증 · 식별, 통신 및 데이터 보안, 드론봇 소프트웨어 무결성 보장 등이 있다.

마. 양자암호 기법

차세대 정보통신기술로 도청과 해킹 차단 원천기술 중 하나인 양자암호 통신이 미래 꿈의 보안기술로 주목을 받고 있다.

최초의 양자암호 통신은 1984년 미국 IBM의 '찰스 베넷'(Charles Bennett) 등이 발명한 원리를 기반으로 만들어진 전송 가능 거리 30cm의 세계 최초 양자암호 실험 장치를 출발점으로 본다. 양자암호 통신은 전자기파 진행 시 전기장 · 자기장이 특정한 방향으로 진동하는 현상인 빛의 편광 성질과 양자 물리학에서 측정 전후가 달라지는 양자 상태 특성 때문

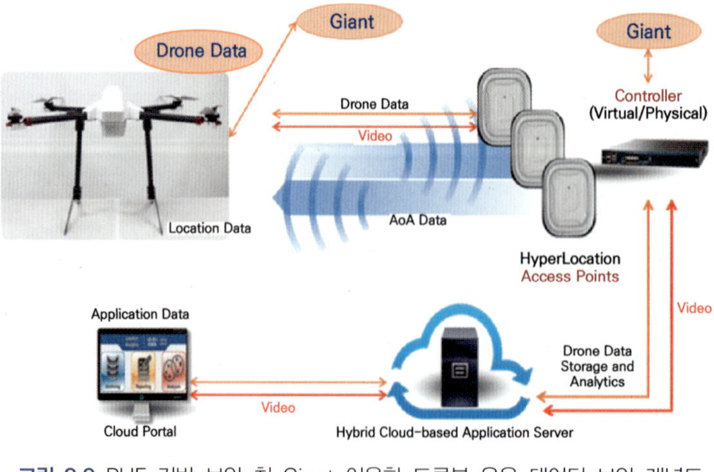

그림 3.9 PUF 기반 보안 칩 Giant 이용한 드론봇 운용 데이터 보안 개념도

에 복사·증폭이 불가능한 원리를 활용해서 도청이나 해킹으로부터 안전이 보장되도록 한다는 것이다.

현재의 암호체계는 비밀키의 안전한 공유가 어려운데 이것을 극복하여 비밀키를 안전하게 나눠 가지는 방법을 발견한 것이다. 양자암호 통신 기법이 드론봇 보안에 본격적으로 적용되기 시작한다면 사이버보안 측면에서 획기적 진전이라 할 수 있다. 그러나 양자 상태를 한 번에 보낼 수 있는 거리가 현재 기술로는 140km 정도라는 한계 때문에 최대의 거리를 확보한다고 해도 140~150km마다 양자 중계기(중계소)를 설치해야만 되는 점은 현실적 한계가 분명해 보인다.

우리나라의 경우 2005년에 한국전자통신연구원과 고등과학원(KIAS)이 양자암호를 25km 전송하는 데 성공한 바 있어 실제 운용을 위해서는 25km마다 중계소를 설치하고 각 중계소마다 별도의 비밀키를 분배해야만 한다. 따라서 양자암호 기법을 드론봇 보안에 현실화시키기 위해서는 좀 더 발전된 양자암호 통신의 핵심기술 확보는 물론 통신중계기 관련 연구도 더욱 획기적으로 이루어져 성과를 내는 것이 필요하다.

3 국가 사이버안보

제4의 영토라고 불리는 사이버 공간에서 사이버테러에 대응하고 컴퓨터와 인터넷상의 안전을 보장하기 위해 암호·인증·감시·탐지 체계를 핵심으로 다루는 '사이버안보'는 국가 차원의 안보 개념으로 이해할 때 그 의미가 명확해진다.

가. 국가 사이버안보 기본계획

우리 정부는 2019년 국가 사이버안보 **비전**(안전한 사이버 공간 구현으로 국가안보와 경제 발전을 뒷받침하고 국제 평화에 기여)과 **목표**(국가 주요기능 안정적 수행, 사이버 공격 면밀 대응, 튼튼한 사이버안보 기반 구축)를 설정하고 6대 전략 과제와 18개 중점과제를 제시했다.

1 (전략) 국가 핵심 인프라 안전성 제고

① (국가 정보통신망 보안 강화) 정부전산백업센터(공주) 및 재해 복구 체계를 구축하고, 지자체 망분리 단계적 구축

② (주요기반시설 보안환경 개선) 5G·클라우드 등 핵심시설 지정 확대 및 공급망 보안 검증·점검체계 도입

③ (차세대 보안 인프라 개발) 양자암호 관련 기술을 개발·보급하고, 5G 핵심서비스* 보안모델 개발·확산

2 (전략) 사이버공격 대응역량 고도화

④ (사이버공격 억지력 확보) 머신러닝 등을 활용한 보안 위협 자동분석체계를 구축하고, 유관부처 합동 공격원점 규명 절차·기준 마련

⑤ (대규모 공격 대비태세 강화) 중앙·지자체 차세대 보안 시스템을 구축하고, 민·관·군 합동대응체계 개편 및 정기 합동훈련 실시

⑥ (포괄적·능동적 수단 강구) 우방국, 국제 안보기구 등과 긴밀한 협조체계를 구축하고, 사이버전 대비 전략·전술 개발 및 전술 훈련장 구축

⑦ (사이버범죄 대응역량 제고) 사이버범죄 대응조직·인력을 확대하고 사이버범죄조약(부다페스트 조약) 가입 추진

3 (전략) 신뢰와 협력 기반 거버넌스 정립

⑧ (민·관·군 협력체계 활성화) 산업 분야별, 지역별 사이버 안전 대응체계 확립 및 관·학 연계 인력 양성 프로그램 마련

⑨ (범국가 정보공유체계 활성화) 분야별 정보공유시스템 및 정보공유분석센터를 활성화하고, 민간단체·기업의 자발적 정보공유 유도

⑩ (사이버안보 법적기반 강화) ICT융합 제품·서비스 정보보호 법제도 마련 및 협력체계 구축을 위한 「정보통신망법」, 「정보통신기반보호법」 등 개정 추진

4 (전략) 사이버보안 산업 성장기반 구축

⑪ (사이버보안 투자 확대) 공공 발주 및 기업 공시제도 모니터링을 시행하고, 공공구매 정보보호 제품에 대한 수의계약 제도 도입

⑫ (보안 인력·기술 경쟁력 강화) 실전형 사이버 훈련장 및 전문 교육과정을 확대 운영하고, 사이버보안 R&D 예산 확대 추진

⑬ (보안기업 성장환경 조성) 정보보호 클러스터 운영 내실화 및 우수제품 개발 기술지원을 강화하고, 맞춤형 수출 지원사업 추진

⑭ (공정경쟁 원칙 확립) 정보보호제품 성능 평가 제도 확대 및 정보보호 제품·서비스에 대한 적정 대가 산정 방안 마련

* 스마트 공장, 자율주행차, 스마트 시티, 디지털 헬스케어, 실감 콘텐츠 등

5 (전략) 사이버보안 문화 정착

⑮ (사이버보안 인식 제고 및 실천 강화) 「10대 정보보안 기본수칙」을 개발 · 보급하고 국민참여형 정보보호 캠페인을 지속 추진

⑯ (기본권과 사이버안보의 균형) 정책 수립 과정에 민간 정책자문단을 구성 · 운영하고, 공격실태 공개, 세미나 등을 통해 정책 공감대 확보

6 사이버안보 국제협력 선도

⑰ (협력체계 내실화) 사이버안보 관련 양자 · 다자간 및 수사 · 정보 · 국방 등 분야별 국제협력을 확대하고, 유관부처 협의기구 운영

⑱ (국제협력 리더십 확보) 국제규범 및 신뢰 구축 등 다자 차원의 논의에 적극적으로 참여하고, 개도국 대상 사이버안보 분야 역량 배양 사업 확대

나. 사이버안보 업무

2021년부터 시행되는 국가정보원법 개정안에 따라 사이버안보 업무규정이 제정되었다. 사이버안보 업무란 '사이버 공격 · 위협에 대한 예방 및 대응 업무'로서 '컴퓨터와 인터넷상의 안전보장을 위해 암호 · 인증 · 감시 · 탐지 체계를 핵심으로 다루는 분야'를 말한다. 여기에서 사이버 공격 및 위협은 '해킹, 컴퓨터 바이러스, 서비스 거부, 전자기파 등 전자적 수단에 의하여 정보통신기기, 정보통신망 또는 이와 관련된 정보시스템을 침입 · 교란 · 마비 · 파괴하거나 정보를 위조 · 변조 · 훼손 · 절취하는 행위 및 그와 관련된 위협'을 의미한다.

국가정보원(이하 국정원)은 사이버안보 업무규정 제정과 함께 기존 국가사이버안전센터를 국가사이버안보센터로 명칭을 바꾸고 사이버테러로부터 국가 정보통신망을 보호하기 위한 기능 및 역할을 강화하는 중이다.

국가사이버안보센터는 앞으로 국가기관 정보통신망을 직접 모니터링하면서 '인터넷침해사고대응지원센터', '국방정보전대응센터', '보안관제센터' 등 국내외 사이버보안 또는 침해사고 대응기구들과 협력해 각종 위협정보를 종합 분석하고 공격징후를 탐지해서 각 기관에 안전대책을 제공하는 역할을 한다.

한편 국내 사이버테러 대응체계는 현재 국가안전보장회의(NSC)의 '사이버안전정책조정회의'를 중심으로 국정원의 국가사이버안보센터, 경찰청의 사이버안전국(공공 부문), 국방부의 사이버작전사령부(국방 부문), 한국인터넷진흥원의 인터넷침해사고대응지원센터(민간 부문)로 나뉘어 있다.

다. 사이버보안 국가 컨트롤타워 필요

사물인터넷을 매개로 한 초연결 사회인 4차 산업혁명 시대에 빅데이터는 핵심 요소이며, 이로 인해 파생되는 보안적 측면인 개인정보보호 문제와 사이버 공격에 대한 대응책을 다루는 사이버보안은 그 중요성과 영향력이 갈수록 커지고 있다. 그러나 우리나라의 경우 사이버보안이나 개인정보보호를 책임지는 기관이 분산되어 있어, 사이버보안은 청와대 국가안보실, 국정원, 과기정통부, 산업자원부, 행정안전부, 한국인터넷진흥원 등에서 담당하고, 개인정보보호 분야는 한국인터넷진흥원, 방송통신위원회, 행정안전부, 개인정보보호위 등에서 담당한다.

드론봇 보안 담당 기관 또한 산재해 있는데 한국전자통신연구원(ETRI), 한국인터넷진흥원(KISA)을 포함해서 주요 담당 기관은 다음과 같다.

(1) 한국전자통신연구원

한국전자통신연구원(ETRI, 1976년 설립, 대전)은 IT 국책연구기관으로 전화·반도체·DMB 등을 망라한 신기술을 연구개발하고 있다. 2017년 과학기술부 지원으로 '드론 핵심 보안 기술' 개발을 시작했고, 저고도 무인 비행 장치 교통관리체계를 위해 드론 식별, 인증 암호 등 보안기술 및 불법 행위 억제 기술을 개발 중이다.

구체적으로 식별인증 모듈, 인증 및 암호화 모듈, 비행경로 및 비행 금지지역 정보 위변조 방지 기술, 악성코드 탐지 및 대응 기술, 수집 영상정보 프라이버시 보호 기술 등을 개발한다(2021년 시범 서비스).

(2) 한국인터넷진흥원

한국인터넷진흥원(KISA, 2009년 설립, 서울)은 국내 인터넷 발전과 정보보호 등을 수행하는 준정부기관으로 공공기관 선진화 정책에 따라 방통위 산하 한국정보보호진흥원, 한국인터넷진흥원, 정보통신국제협력진흥원 3개 기관을 통합해 출범했다.

융합보안 기술 개발, 사이버전 시나리오 공모전, 인터넷 및 정보보호 10대 이슈 전망, 인터넷 법제 동향 조사 등을 통해 드론봇 보안 연구를 지속적으로 수행해 오고 있으며, 드론 취약점에 대한 기술세미나를 개최하기도 한다.

(3) 국가보안기술연구소

국가보안기술연구소(NSR, 2000년 설립, 대전)은 국가과학기술연구회(NST) 산하 연구기관으로 국가 차원의 보안기술을 개발하면서, 국가 보안 시스템 연구개발·사이버 안전 기술

연구개발 · 국가 보안 기반 기술 연구개발 · 국가 보안 업무 기술지원 등을 주 업무로 하고 있는데, 국가안보 차원의 드론 보안 관련 연구도 맡고 있다.

(4) 사이버보안 빅데이터센터

과기정통부와 한국인터넷진흥원(KISA)의 지원으로 빅데이터를 분석 · 활용하여 국내외 사이버 위협정보를 통합 · 가공하는 등 보안서비스 연구개발(R&D) 기능을 수행한다.

(5) 정보보호 클러스터

판교 창조경제밸리 내 기업지원 허브에 위치하고 있으며, 스타트업 입주 및 협업 공간, 교육 및 보안 테스트 등 사업화 지원 공간으로 구성되었으며, 국내 보안기업은 물론 연구기관, 지원기관을 한곳에 모아 산학연 정보보호 신산업 허브 구축을 목표로 한다. 인력 양성부터 보안 분야 스타트업 지원, 기업 간 정보 · 인력 교류, 해외 진출까지 보안 산업의 전 영역을 지원하고 있다.

4차 산업혁명 시대 초연결 사회에서 사이버보안은 우리 일상생활과 직결된 문제로써 다양한 정책 수립과 업무 수행을 통합하여 효율적으로 관리할 수 있는 국가 사령탑의 필요성이 중요하게 대두되고 있다. 그러나 현재 우리 정부의 사이버보안 역량이 국정원, 국방부, 과기정통부, 행정안전부, 경찰, 한국인터넷진흥원 등으로 분산되어 있어서 향후 급증하게 될 사이버 공격을 효과적으로 대응하기에는 앞에서 살펴본 것처럼 분명 한계가 있다.

사이버 안전을 위한 범 부처의 역할과 기능을 통합한 (가칭)사이버보안청과 같은 전담기구 설립이 필요한 이유이다. 만일 사이버보안에 있어 대응 능력이 충분하지 못하게 되면 4차 산업혁명 본격화 시대에 우리 국가안보가 크게 위협을 받게 될 것인 만큼 사이버보안 국가 컨트롤타워가 절실한 것이다.

또한 사이버보안 가이드를 확대해서 사이버안보 기본법 제정도 필요하다. 앞에서 언급한 사이버안보 기본계획 및 사이버안보 업무규정 등을 확대 발전시켜 정부와 민간 부분을 망라할 수 있는 유기적인 통합법 체계 구축이 요구되고 있는 것이다.

사이버침해 및 공격은 이제 개인이나 특정 집단을 벗어나 각 국가 차원의 전략적 행위 양상으로 전개되면서 부문 분야별로 대응하는 것에는 한계가 분명해지고 있다. 사이버 공격이 특정 국가나 산업에 국한되지 않고 이루어지기 때문에 모든 민간과 공공 영역을 포함하는 정보보호 관리체계의 구축과 운영이 매우 중요해졌다. 따라서 현재의 초연결사회에서 국가 사회와 공동체의 사이버 안전을 위해서는 범부처 차원의 역할과 기능을 합쳐야만 되고,

이를 위한 법적 근거 마련도 필요한 것이다.

사이버보안청(가칭)은 국가사이버안보 측면으로 볼 때 국가 통합 컨트롤타워로서 사이버 보안 협력 거버넌스 구축을 위해 국가 정보기관과의 협력이 필수적이다. 그러나 일부에서는 신설될 사이버보안청 국정원 산하에 있을 경우 발생할 수 있는 과도한 정보권력 집중화의 문제점을 제기하기도 한다. 이와 관련 앞으로 진행될 수 있는 미래 정보기관 개혁과 맞물려 향후 우리나라의 국가정보공동체(現 국가정보원을 대외안보청, 국토안보청 등 별도 독립기관으로 분리시켜 기능을 전문화하고, 국방부 정보사령부 등 여타 부문 정보기관과 함께 정보업무 유기적 협력 네트워크로 구성)가 조직된다면 사이버보안청을 그 내부에 포함시켜 통합 전문성을 가지고 효율적으로 협력하게 하는 것도 대안이 될 수 있을 것이다.

제2절 | 드론봇과 국가안보

1 드론봇과 정보 수집

가. 얼마나 작은 초소형 비행체가 구현될 수 있을까?

미래에는 사람의 수송 기능을 제외한 정찰, 재난 구호, 전투용 비행체들이 조종사와 승무원의 피해를 최소화하기 위하여 무인 시스템으로 운용될 것이고, 활용 목적에 따라 소형화된 다양한 드론봇이 개발되어 활용될 것이다.

손바닥 정도 크기의 초소형 비행체(MAV: Micro Air Vehicle)는 공중에서 비행하고 있을 때, 사람의 눈으로 식별하기에는 새와 구별하기 힘들 정도의 작은 비행체이기에 개인의 휴대품으로 취급될 정도로 작은 크기이다. 최소한의 원격조종 훈련만으로도 운용이 가능하며, 필요에 따라 제한된 지역을 비행하면서 영상과 소리 등을 무선으로 송신할 수 있는 정보 수집, 감시, 수색 기능을 보유한 비행체이다. 초소형 비행체는 일반 항공기 형상의 고정익 비행체, 헬리콥터처럼 회전 날개로 양력을 얻는 회전익 비행체, 새나 곤충을 모방한 날개 플래핑(flapping) 비행체 형상 등으로 구현되고 있으며, 앞에서 언급된 세 가지 형상이 서로 복합된 새로운 형태로 연구되는 등 다양한 형태로 개발되고 있다.

초소형 드론은 주로 고정익과 회전익 형상으로 우선 군사 정찰 및 특수 목적으로 개발되었으며 환경감시, 테러 진압 등 민간용으로도 응용되고 있다.

초소형 비행체 개발이 본격화되어 목적에 따라 다양하게 개발되고 응용범위가 넓어질 경우, 소설이나 만화에서 상상으로만 이루어지던 첩보 활동 및 비밀 작전 등이 실제로 구현되고, 컴퓨터로 원격조종되는 드론봇 전투단이 주로 임무를 수행하는 21세기의 전쟁과 인간 생활에 커다란 영향을 미칠 것이다. 또한, 민간용으로는 컴퓨터 게임과 연계된 게임용 드론봇으로도 응용되어 그 세계 시장 규모가 빠른 속도로 커질 것이다.

현재까지 영상정보를 보며 인간이 일대일로 원격조종하는 초소형 비행체는 안정적 비행 제어가 매우 어렵다. 이러한 문제를 해결하기 위하여 한 대의 컴퓨터로 여러 대를 운용하며 필요 임무를 수행할 수 있는 자동비행 초소형 드론봇이 개발되고 있다. 초소형 드론봇을 위한 자동항법시스템의 개발을 위해서는 MEMS(초소형정밀기계기술)를 이용한 초소형 자이로 및 가속도계 개발이 필요하며, 최종적으로 이러한 MEMS 센서와 GPS 등을 결합한 인공지능 기반 자동비행 시스템 및 항법 시스템의 개발이 필요하다. 자동비행이 가능한 소형 무인비행체는 배터리나 모터기술 등의 동력계통기술과 전자부품기술의 발달로 점점 더 성능은 향상되면서 소형화되었다.

초소형 비행체용 구조물은 운용 중에 예상되는 하중을 버티는 역할뿐만 아니라 구조물의 무게를 최소화하기 위하여 제어계통과 구조재료면에서 결합되어 감지 및 작동기능 등과 같은 여러 가지 역할을 동시에 수행할 수 있는 다기능 구조물 시스템의 개념으로 설계/제작되어야 할 것이다. 비행 구조물의 역할을 하면서 동시에 외부의 자극과 같은 정보 감지 및 전달 등을 수행할 수 있는 대표적인 예는 새와 곤충의 생체 구조라고 할 수 있다. 새는 뼈, 근육, 신경망과 깃털 등이 조합된 구조 시스템을 이용하여 주어진 지상의 대기 환경에서 가

그림 3.10 건국대 신기술융합 국제학술대회에서 최소형 고정익비행체를 선보이는 윤광준 교수와 최소형 회전익비행체를 선보이고 있는 일본 지바대학 노나미 교수
〈출처: 서울신문 2006. 5. 19.〉

장 효율적으로 비행할 수 있도록 진화했고, 곤충은 각질과 연질의 단백질 박막 구조와 근육 및 신경망이 조합된 초경량 구조 시스템으로 진화되어 기동력이나 기빈성에서 새보다 우수한 능력을 보유하고 있다.

초경량 비행체 구조물용 재료로 가장 적합한 후보로는 무게 비강도와 강성도가 우수하여 새의 뼈(비중 2.0) 구조를 대체할 수 있는 탄소 섬유나 케블라 섬유 복합재료(비중 1.2-1.6)를 들 수 있으며 재료의 구조 효율을 높이기 위하여 파이프 구조나 샌드위치 구조의 재료 형상으로 되어야 할 것이다. 박막 구조로는 인성이 뛰어나 새나 곤충의 연질 박막 구조를 대체할 수 있는 얇은 케블라 직조물 복합재료나 마일러(Myler) 필름(비중 1.1-1.3) 등이 대상이 될 수 있다.

(1) 고정익 드론

1990년대 초 미국 RAND 사의 마이크로 시스템에 대한 개념 제시와 MIT(Massachusetts Institute of Technology) Lincoln Lab.의 Micro Flyer에 대한 조사로 시작되었다. 1996년 미국 DARPA(Defence Advanced Research Project Agency)에서 MAV의 개념을 제시하였고, 이후 미국을 중심으로 각국의 항공 관련 대학, 연구소, 기업 등이 초소형 비행체에 대한 연구를 진행하였다. 1990년대에 미국, 프랑스, 독일 및 한국의 초소형 드론 연구팀은 15cm 이하 크기로 영상기반 원격 비행 조종에 의한 임무를 수행하는 고정익형 드론 개발에 주력하며 국제 초소형 비행체대회를 통하여 그 성능을 입증하였다. 1997년에 에어로바이런먼트(Aerovironment)에서 최초의 초소형 비행체인 'Black Widow Generation I'을, 1999년에는 준자동비행이 가능한 'Black Widow Generation II'를 발표하였다(그림 3.11).

그림 3.11 MAV 'Black Widow'(미국 에어로바이런먼트 개발),
크기: 15cm, 무게: 80g, 카메라 화상 송신 및 준 자동항법 운항 가능.

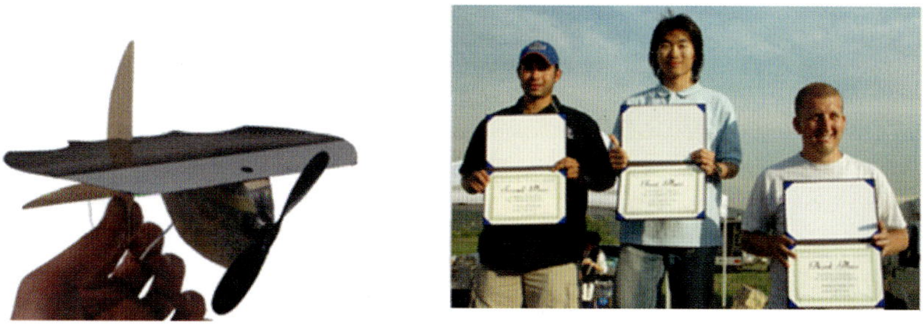

그림 3.12 건국대 스마트드론연구소 개발 초소형 드론(크기 12.8cm, 무게 47g)과 수상 사진
〈출처: 조선일보 2005. 5. 23.〉

이 책의 공동 저자인 윤광준 교수팀은 2005년 날개 폭 12.8cm 이하의 고정익형 초소형 드론을 개발하여 반경 600m 지역을 원격 제어를 통하여 날아다니며 영상을 촬영하여 전송할 수 있는 세계 최소형 비행체를 개발하여 국제 초소형 비행체대회의 영상촬영전송 부분에서 우승하며 세계 신기록을 수립한 기록이 있다(그림 3.12).

이후 초소형드론은 최대 크기 15cm라는 크기 제약에서 벗어나, 크기가 조금 커지더라도 비행시간과 안정성을 증대시키고 자동비행을 하며 주어진 임무를 원활히 수행할 수 있는 비행체로 발전하였다. 2000년대 이후에 크기 1m 이내 고정익형 기체에 비행 제어 컴퓨터를 탑재시켜 자동비행을 하며 임무 수행을 할 수 있는 드론이 개발되어 군용이나 특수 임무 수행용으로 활용하고 있다. 2007년에 자동 비행이 가능한 고정익 초소형 드론 'WASP'이 미국 에어로바이런먼트에서 개발되어 미국과 NATO 군에 대량 보급되어 활용 중이다.

우리나라에서도 2009년에 ㈜마이크로에어로봇(건국대 스마트드론연구소 spin-off 벤처기업)이 국제 수준급의 자동비행 초소형 고정익 드론 'CROW'를 개발하였다.

자동 비행이 가능한 초소형 고정익 드론은 작고 가벼워 운반이 편리하며, 협소한 장소에서도 이착륙할 수 있기 때문에 소규모 임무 수행팀이 독자적으로 정보 수집수단으로 활용

그림 3.13 미국 에어로바이런먼트가 개발한 소형무인기 WASP, 무게 430g, 날개 길이 72cm, 최고 속도 시속 65km, 체공 시간 45분, 운용반경 5km.
〈출처: www.avinc.com〉

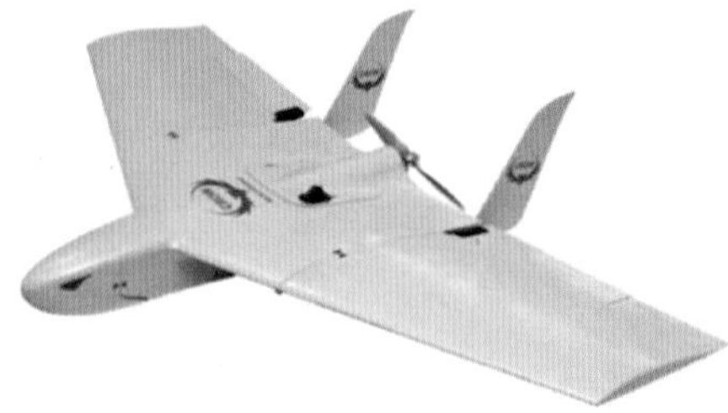

그림 3.14 ㈜마이크로에어로봇 개발, 초소형 고정익 드론 CROW

할 수 있다. 핵심 부품인 자세측정장치와 비행 제어 컴퓨터의 소형화와 모니터링 및 통제를 할 수 있는 지상통제장치 소프트웨어를 자체 개발하였다. 2009년 당시 세계적으로 상용화된 무인 항공기 중에서 가장 작은 크기에 해당하는 초소형 드론이다. 'CROW'는 날개 길이 70cm, 무게 600g에 불과하지만 자동이착륙은 물론 반경 8km의 범위를 자동비행하면서 비행체가 촬영한 영상정보를 실시간 전송하고 분석할 수 있는 기능을 갖고 있다. 'CROW'는 비행체 및 지상통신장치, 지상통제장비 등 일체의 시스템이 초소형, 초경량이므로 휴대성이 뛰어나고, 직관적인 GUI와 자동비행 기능으로 운용성이 뛰어난 시스템이다. 원거리 항공 영상을 원격지로 실시간 전송이 가능하여 사람이 접근하기 힘들거나 인명피해가 우려되는 위험한 지역의 정찰 및 탐색이 가능하여 군사용, 민간용으로 활용도가 매우 높다. 운용 개념도는 그림 3.15와 같으며 운용상의 장점으로는 야간 상황이나 짙은 안개로 인한 가시거리가 제한을 받는 상황에서도 낮은 고도로 비행이 가능하여 임무수행이 가능하다는 것이다. 비행 실험 결과 주요 성능은 표 3.2와 같다. 탐지 및 식별 성능 시험 결과, 차량은 지표고도 500m에서 탐지, 고도 200m에서 식별이 가능하며, 사람은 200m에서 탐지, 100m에서 식별이 가능하다.

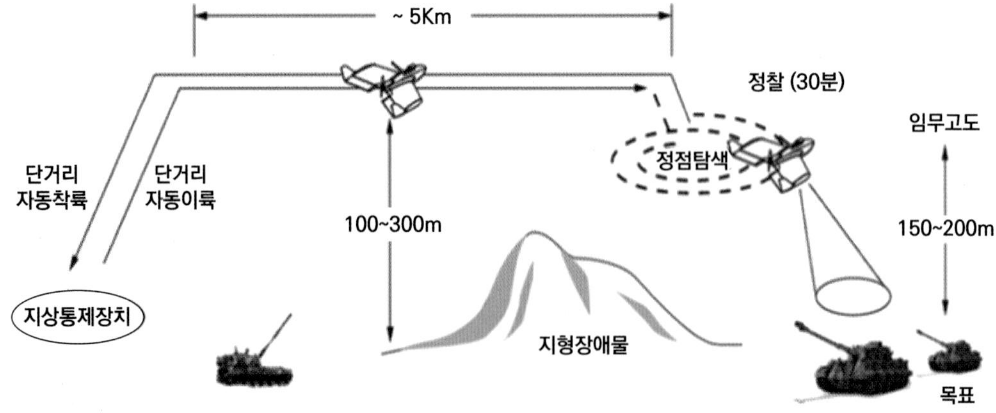

그림 3.15 초소형 드론 CROW 운용개념도

표 3.2 70cm급 자동비행 초소형 드론 'CROW'의 성능

항목		성능	비고
이륙	방식	투척식 자동비행 이륙	전방 좌우 ±15°의 20m 가시선 및 장애 32물 높이 15m
	조건	상승률 0.75 이상 (정풍) (≒ 상승각 약 35° 이상)	
착륙	방식	수평활공식 or 급강하식 (자동/반자동/수동*)	숙련자에 의한 수동 착륙은 선택
	조건	상기 이륙조건의 장소에서 착륙 가능	
통제거리		8km	통신가시선(LOS) 확보시
적정 운용고도		150~300m (AGL)	
운용온도		-20℃ ~ 43℃ (지표온도)	
비행시간		45분 이상	
주간감지기		전방, 측방 관측가능	영상신호 처리, 흔들림 안정화 Digital PTZ 기능
야간감지기		320 × 240 이상	
비행모드	자동	자동이착륙, 자동복귀, 자동정점탐색, 자동경로비행, 대기비행, 위험시 자율귀환	
	반자동	드라이브모드(헤딩모드)	반자동모드로 이착륙 가능
	수동	완전 수동비행가능	
비행체크기		70cm(전폭)×50cm (전장) 이하	조립식으로 부피 축소 가능
탑재무게		100g	100g 미만의 임무장비 탑재 가능
제한	풍속	정풍 36km/h (10m/s) 이하 배풍 14km/h (4m/s) 이하	국내지형 특성상 배풍 이륙에 대한 충분한 대응력을 지녀야 함
	강수량	일 강수량 24mm 이하	장마철의 폭우가 아닌 강수 수준

(2) 회전익 드론

회전익 비행체는 주날개가 없이 한 개 이상의 로터로 양력과 추력을 얻는 방식으로 고정익 비행체가 갖고 있지 못하는 수직이착륙(VTOL; Vertical Take-off and Landing) 기능, 저속 전후좌우 방향 이동 및 정점 비행(Hovering)이 가능하다는 장점을 가지고 있으나 비행거리와 시간이 상대적으로 짧은 단점이 있다. 회전익 비행체는 그 형태에 따라 여러 개의 회전익을 가지는 멀티콥터 비행체, 서로 반대방향으로 회전하는 두 개의 회전익을 가진 동축반전형 및 헬리콥터형 등으로 구분된다. 4개 이상의 짝수 로터로 구성된 멀티콥터 비행체는 동축반전형 및 헬리콥터형에 비해 로터 제어 시스템이 간단하고, 동축반전형은 멀티로터 무인 항공기나 헬리콥터형에 비해 크기가 더 작아질 수 있다는 장점이 있다.

멀티콥터는 각 로터의 회전수 조절만으로 전후좌우 이동 비행이 가능하여 원격조종이나 자동비행이 수월한 장점이 있다. 현재 다양한 크기의 드론들이 개발되어 항공 사진 촬영용이나 뉴스 및 자연 다큐멘터리 동영상 획득용으로 광범위하게 활용되고 있다. 그림 3.16은 건국대 스마트드론센터가 2012년에 개발한 영상 촬영 전송용 자동비행 멀티콥터 드론으로 비행체와 장애물이나 사람과의 충돌 파손을 최소화시킬 수 있는 탄소섬유 보호 케이지 프레임을 구비하고 있는 것이 특징이다.

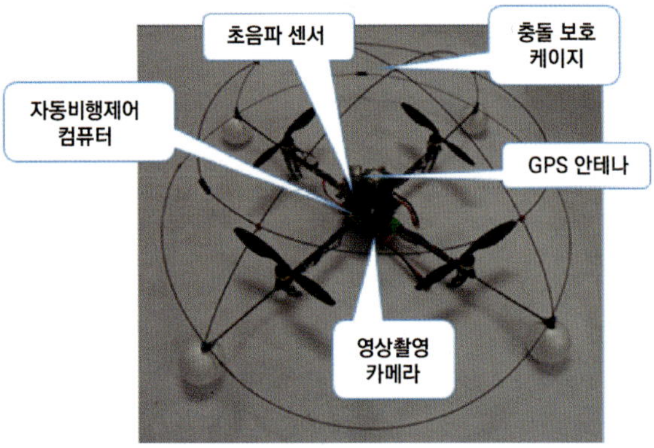

- 20분 비행(Payload 0.2kg)
- 자중 1.5Kg, 직경 1.0m, 높이 0.5m
- 비행 반경 200m, 최대 비행속도 7m/sec
- 충돌 피해 최소화 내충격 케이지
- 충돌 회피 초음파 센서 장착
- 소형 경량 비디오카메라 장착

그림 3.16 영상촬영전송용 쿼드콥터 드론, 2012년
〈출처: 건국대 스마트드론연구소〉

현재 미국, 프랑스, 영국, 독일, 호주, 노르웨이, 네덜란드 및 인도의 군대에서 사용되고 있는 초소형 비행체는 노르웨이의 Prox Dynamics AS에서 개발한 Black Hornet Nano이다. 3대의 마이크로 카메라가 부착된 기체의 최대 크기는 10cm, 무게는 16g, 최고 속도는 29km/h, 반경 1.6km 거리를 커버한다. 지금까지 3,000개가 넘는 블랙 호넷이 판매되었다.

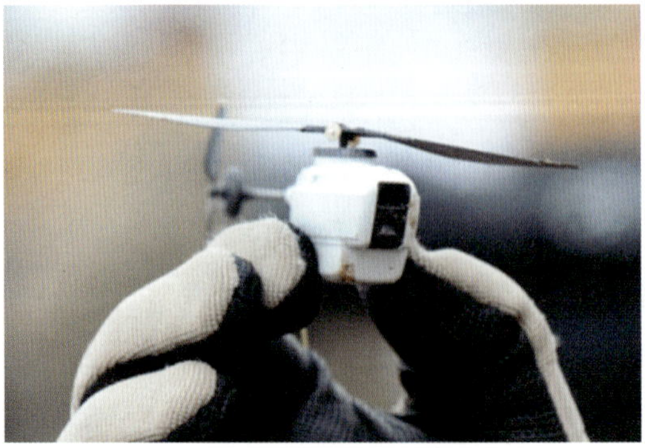

그림 3.17 Black Hornet Nano
〈출처: en.wikipedia.org/wiki〉

(3) 새 모방 비행체와 드론

현재까지 실용화된 초소형 비행체 드론의 형상은 대부분 고정익과 회전익 형상이다. 또한, 지난 20여 년 동안 새나 곤충을 모방한 날갯짓 초소형 비행체가 활발하게 개발되어 초소형 드론봇으로 특수 임무 수행을 수행할 수 있는 가능성이 높아지고 있다. 플래핑 비행체는 그림 3.18과 같이 수평 이동 모드와 준 정점 비행 모드를 필요시 선택함으로써 장애물 회피나 정점 비행을 할 수 있다. 새/곤충 모방 초소형 드론은 소형 고정익 비행체가 수행하기 힘든 근접 장애물 충돌 회피 및 저속 비행 임무를 수행할 수 있기 때문에 이에 대한 연구개발이 세계적으로 활발히 진행되고 있다.

네덜란드 델프트 공대 항공우주공학부에서는 2005년부터 날갯짓 비행체 디자인 프로젝트를 진행하고 있다. 카메라가 장착된 날개폭 50cm, 무게 20g의 DelFly 날갯짓 드론 개발에 이어 2007년에는 날개폭 28cm, 무게 16g, 비행시간 15분의 DelFly II를 선보였다. 2008년에는 날개폭 10cm, 무게 3.07g, 비행시간 3분의 DelFly Micro를 개발하였는데, 2009년에 기네스북에 카메라를 장착한 세계에서 가장 작은 비행체 드론으로 선정되었다(그림 3.19). 또한 건국대 스마트드론연구소도 2008년에 날개폭 15cm의 날갯짓 비행체를 개발하여 반경 100m 지역을 원격 제어를 통하여 날아다닐 수 있는 날갯짓 초소형 비행체를 개발하였다(그림 3.20).

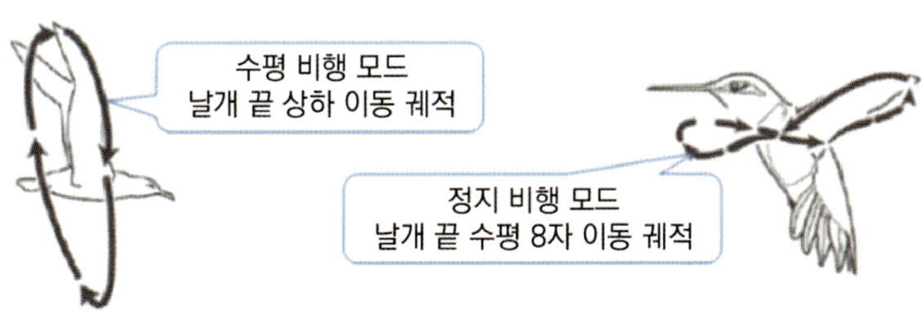

그림 3.18 새의 수평 이동 비행 모드 및 정점 비행 모드
〈출처: Nature's Flyers, David E. Alexander〉

그림 3.19 네덜란드 델프트 공대가 개발한 10cm급 날갯짓 초소형 비행체, 2008년

그림 3.20 건국대 스마트드론연구소가 개발한 15cm급 날갯짓 초소형 비행체, 2008년

그림 3.21 요정 형상의 날갯짓 비행체 기술 응용 비행완구 'Flying Friend'

(주)마이크로에어로봇(건국대 스마트드론연구소 spin-off 벤처 기업)은 2008년 날갯짓으로 비행하는 기술을 완구 분야에 적용하여 요정 형상의 날갯짓 비행완구 'Flying Friend'를 개발하였으나 완구 시장에서 요구하는 가격에 맞추지 못하여 완구 제품으로 성공하지 못하고 사장되었다.

2011년 건국대 스마트드론연구소는 한국의 국방과학연구소와 미국의 공군연구소의 플래핑 비행체 국제 공동 연구팀은 날개폭 70cm급 플래핑 비행체 연구를 수행하였다. 이때 한국 연구팀의 플래핑 비행체 비행기술이 미국팀보다 높아서 비행체 설계 및 제작 기술을 미국 팀에 제공하고, 한국 팀은 미국 공군연구소가 보유한 비행 성능 실내 시험장(100대 이상의 비콘 카메라 구비)에서 플래핑 비행체 성능 시험을 수행하였다. 군사 기술 관련 한미 공동 연구를 할 경우, 대부분 미국의 선진 기술을 배우려는 사례가 많았지만, 이때의 국제공동연구에서는 한국과 미국이 보유한 기술을 대등하게 교환함으로써 한국의 드론기술 위상을 확인할 수 있었다.

그림 3.22 건국대 스마트드론연구소, 한국 국방과학연구소, 미국 공군연구소의 플래핑 비행체 국제공동 연구팀이 미국 공군연구소 시험실에서 촬영한 기념사진(2011년)

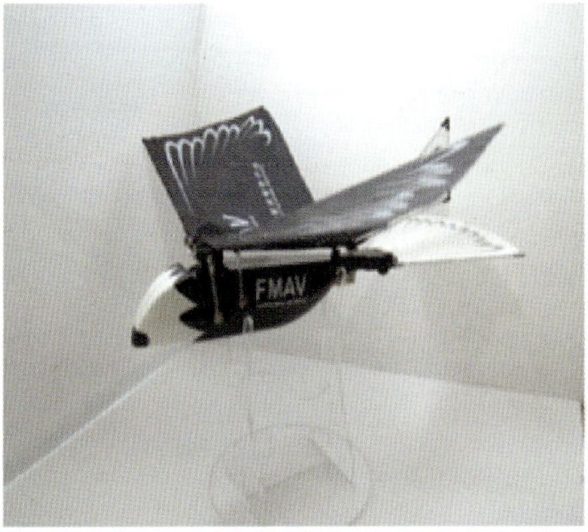

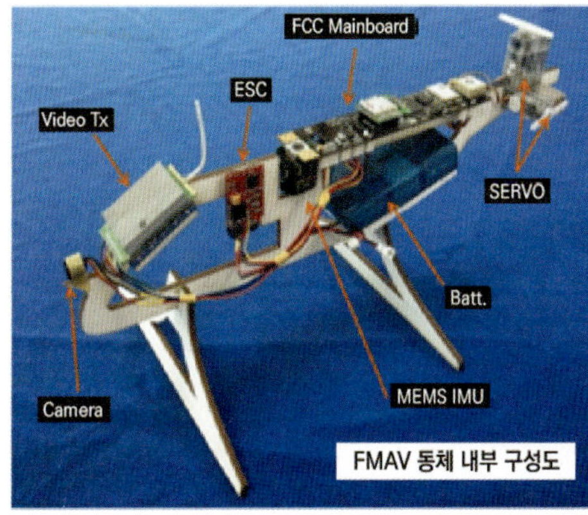

그림 3.23 국방과학연구소, ㈜한화와 건국대가 공동개발한 50cm급 자동비행 플래핑 드론(2013년)

2013년에 건국대 스마트드론연구소, ㈜한화 중앙연구소와 국방과학연구소 합동연구팀은 자동비행으로 미리 지정한 GPS 경로 지점들을 날아다니며 영상을 촬영하여 전송할 수 있는 날개폭 50cm급 날갯짓 드론(FMAV: Flapping Wing Aerial Vehicle)을 23분 동안 자동비행시켜 FMAV 자동비행 분야 세계 신기록을 수립하였다. 이 내용은 2016년에 국제학술지 논문으로 *Journal of Bionic Engineering*에 게재되었다.

2011년에 미국 에어로바이런먼트는 Nano Hummingbird 또는 NAV(Nano Air Vehicle)라 불리는 벌새 모방 비행체를 공개하였다. 미국 DARPA(Defense Advanced Research Projects Agency)의 연구비 4백만 달러를 지원받아 개발된 날갯짓 비행체는 벌새와 유사하게 비행하도록 제작되었다. Nano Hummingbird에는 정찰용 마이크로 비디오 카메라가 장착되어 있으며 최대 11분 동안 비행할 수 있다(그림 3.24).

2018년 중국이 새를 모방한 도브 드론과 관련 장비를 개발하여 최소한 5개 성에 배치한 것으로 전해졌다(그림 3.25). 실제로 새의 퍼덕이는 날갯짓을 모방하여 상승과 하강, 선회비행을 할 수 있다. 도브 드론은 무게 200g, 날개폭 50cm, 최대 속도 40km/h로 비행할 수 있다. 새 모방 비행의 완성도가 높지 않아 실용성이 아직 충분하지는 않지만 과감하게 실전 배치함으로써 새로운 드론봇 무기체계의 발전에 희망을 주었다. 이미 2013년에 자동비행이 가능한 새모방 비행체를 개발하였으나 실용성이 부진하다는 이유로 실전 배치 개발을 중단한 한국군의 무기체계 개발 정책과 대조되어 미래 첨단기술을 활용하려는 접근방식에서 안목의 차이를 여실하게 보여준다.

카메라 비디오 정보만 수집하여 전송할 수 있는 새/곤충 모방 드론에 테러 분자 진압을 위한 특수한 초소형 공격 임무 수행 무기가 추가된다면 언젠가 새/곤충 모방 드론봇으로 발전할 것이다.

그림 3.24 미국 벌새 모양 비행체 모형

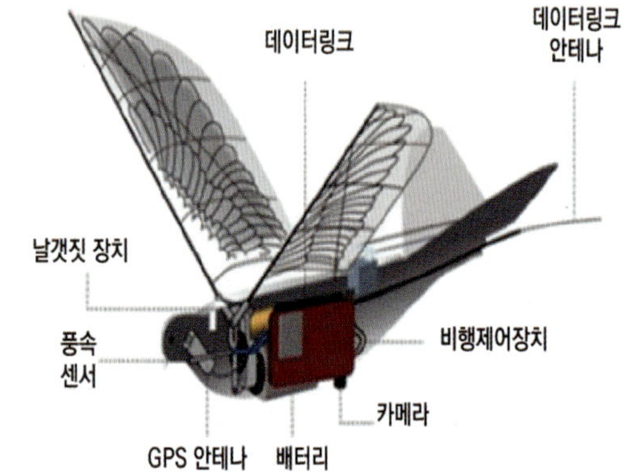

그림 3.25 중국군이 개발한 조류형 드론 모형

(4) 곤충 모방 비행체

곤충 모방 초소형 비행체가 임무 수행이 가능한 드론봇으로 활용되기는 아직 이르지만, 임무 수행이 가능한 초소형 드론봇으로 개발되면 혁신적 스웜 스텔스 드론봇으로 활용될 수 있어, 국내외에서 활발한 연구개발이 진행되고 있고 드론봇 분야 중 《사이언스》 저널 논문을 통하여 새로운 비행 원리나 메커니즘이 소개되고 있다.

건국대학교 박훈철 교수팀은 2000년대 중반부터 꼬리날개가 없는 곤충 모방 날갯짓 초소형 비행체에 대한 연구를 수행하였다. 장수풍뎅이의 날갯짓을 모방하기 위하여, 4절 링크와 풀리를 적용하여 180도 이상의 큰 날갯짓과 수동적인 날개 비틀림을 발생할 수 있는 날갯짓 장치를 개발하였다.

꼬리날개가 없으므로 두 날개의 날갯짓 궤적을 변경할 수 있게 하여 제어 모멘트가 발생하였고, 2016년에는 되먹임 제어를 구현하여 그림 3.27의 좌측 그림과 같은 무게 약 21g의 곤충 모방 비행로봇 KUBeetle 시제기를 개발하고 약 40초의 제어비행에 성공하였다. 이후 꾸준한 개량을 거쳐서 2019년도에는 그림 3.27의 우측 그림과 같은 무게 약 16g의 KUBeetle-S2를 개발하여 8분여의 비행시간을 기록하였다.

KUBeetel-S2는 시제기와는 달리 되먹임 제어에 필요한 자이로 센서, 가속도, 마이크로프로세서 등을 하나의 제어 보드에 탑재하였고, 구입 가능한 가장 작은 서보를 탑재함으로써 경량화하였다. KUBeetle 시리즈 중 한 모델에 장수풍뎅이의 날개 펼침-접힘 원리를 모사한 인공 날개를 아래 그림 3.28에서와 같이 장착한 경우, 날갯짓 비행 중에 바깥쪽 날개가 장애물과 충돌하는 경우에 자세에 큰 변동 없이 비행을 지속할 수 있음을 입증하였는데, 이 발견 내용이 2020년 12월에 이 분야 최고 국제학술지 《사이언스》 저널에 발표되었다.

(a) 날갯짓 장치 개념도 (b) 제작된 날갯짓 장치와 초소형 모터 (c) 날개가 장착된 날갯짓 시스템

그림 3.26 큰 날갯짓 각도를 발생할 수 있는 날갯짓 장치

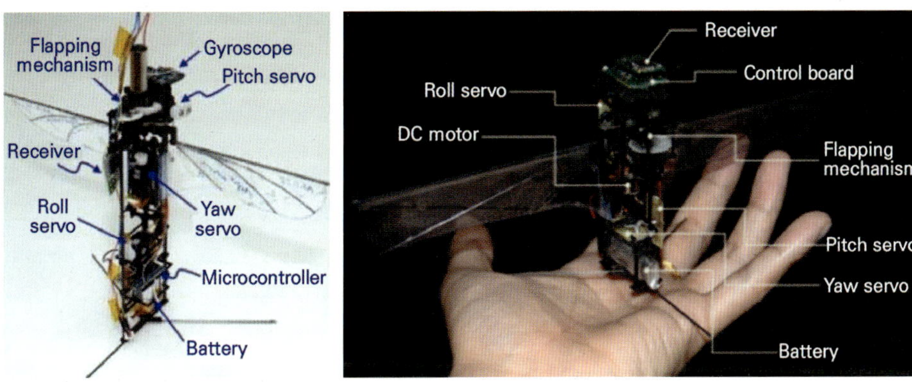

KUBeetle 시제기 개량형 KUBeetle-S2

그림 3.27 건국대학교의 곤충 모방 비행체

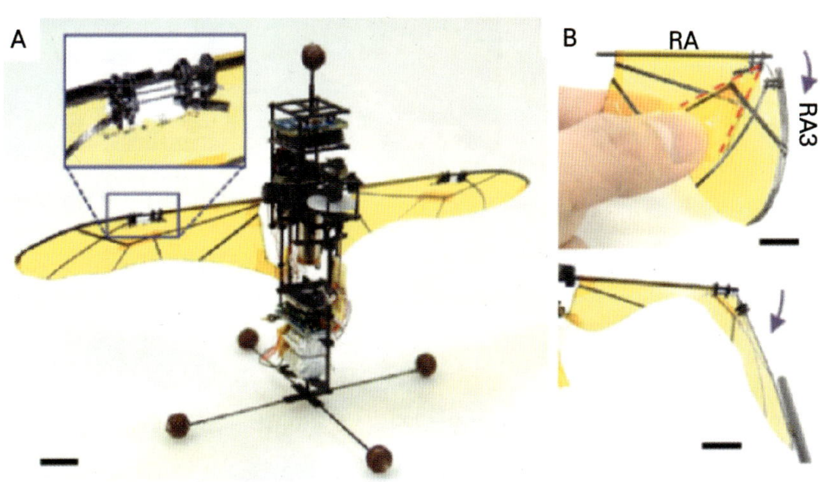

그림 3.28 접힘-펼침 날개가 장착된 KUBeelte(좌)와 바깥쪽 날개의 접힘-펼침

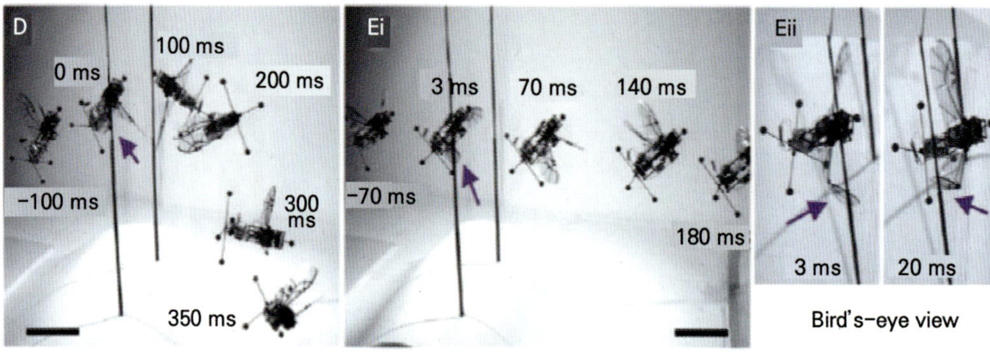

(D) 안쪽 날개가 장애물과 충돌하는 경우에는 추락 (E) 바깥쪽 날개가 장애물과 충돌하는 경우에는 비행 지속 가능

그림 3.29 장애물 충돌 후 KUBeelte의 거동

〈출처: Hoang Vu Phan and Hoon Cheol Park, Mechanisms of collision recovery in flying beetles and flapping-wing robots, Science 370, 1214-1219, 4 December 2020〉

그림 3.30 나비처럼 비행하면서 근거리에서 실시간으로 영상을 전송할 수 있는 '나비 드론'

〈출처: (주)마이크로에어로봇〉

(주)마이크로에어로봇(건국대 스마트드론연구소 spin-off 벤처기업)은 2009년 날갯짓으로 비행하는 기술을 곤충 모방 비행체에 적용하여 나비처럼 비행하면서 근거리에서 실시간으로 영상을 전송할 수 있는 '나비 드론'을 개발하였다. 여기서 축적된 기술은 2년 후 한국 국방과학연구소가 미국 공군연구소와 날갯짓 드론 공동연구의 기반 기술의 바탕이 되었다.

2013년에 하버드 대학의 우즈 교수 연구팀은 압전세라믹 작동기를 활용하여 곤충 모방 초소형 비행체 RoboBee의 제어 가능성을 보여준 논문을 과학 논문지 《사이언스》에 게재하였다. 플래핑 날개 구동을 위한 전력 배터리나 카메라 센서를 탑재할 정도는 아니지만, 2~3cm의 동전만 한 작은 크기로 공중제비나 공중정지 같은 비행 묘기를 부릴 줄 아는 전력 공급 테더드(tethered) 초소형 비행체를 선보여 세간의 관심을 크게 끌었다. 자체 중량이 0.08g이고, 압전세라믹 복합재 구조

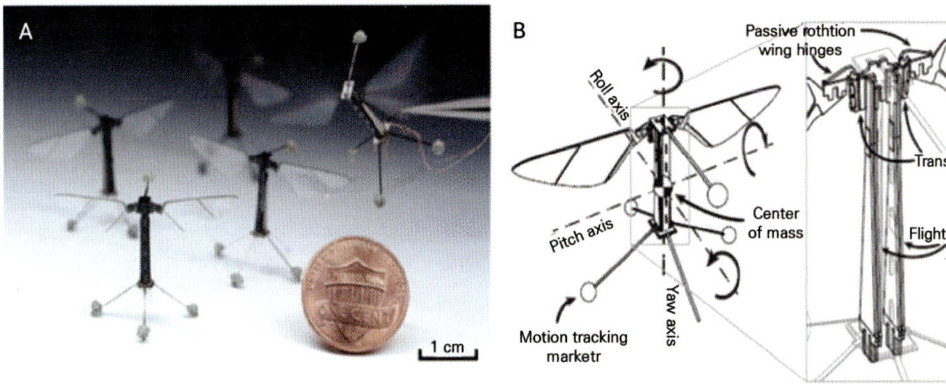

www.sclencemag.org SCIENCE VOL 340 3, 2013

그림 3.31 하버드 대학의 우즈 교수 연구팀의 최소형 비행체 RoboBee
〈출처: www.sclencemag.org SCIENCE VOL 340 3, 2013〉

인공 근육으로 초당 120회의 날갯짓을 할 수 있었다. 그 결과 비행거리가 약 10cm에 불과했다. 이 당시 공개된 동영상에는 날갯짓을 위한 전력을 공급하는 전기선이 잘 보이지 않아 일반인들은 이때 이미 동전만 한 크기의 곤충 모방 드론이 독립적으로 이동할 수 있는 성능을 보유한 것으로 착각할 정도였다.

2019년 6월, 우드 교수 연구팀은 장기간 비행이 가능한 초소형 비행체 RoboBee X-Wing에 관한 논문(Untethered flight of an insect-sized flapping-wing microscale aerial vehicle)을 《네이처》 지에 발표했다. 이번에 선보인 초소형 비행체의 무게는 0.259g, 길이는 5cm이다. 이전보다 몸체가 커졌지만 120mW 전력 생산이 가능한 초소형 태양전지(무게 0.01g)를 부착하고 있다. 태양전지 발전 전압을 193V까지 증폭하여 압전재료 작동기 날개 구조물을 173Hz로 날갯짓하도록 한다. 2개의 기본 날개 외에 2개의 보조 날개가 달려 있어 기류 방해가 없는 한 장시간 비행이 가능하도록 하였다. 바람 기류가 강하지 않은 실내 환경에서 저속비행과 호버링 비행은 가능해 보이나 실용화되려면 충돌 회피 자율비행이 가능한 초경량 인공지능 비행 제어 컴퓨터시스템, 카메라 센서 및 임무 수행 장치 탑재 문제 해결 등 넘어야 할 관문이 여러 단계 있을 것으로 판단된다.

5억 년 이전에 기상 온난화 효과로 고생대 캄브리아기에 공중을 날 수 있는 수많은 다양한 곤충이 폭발적으로 출현했던 것처럼 고에너지 밀도 배터리와 초소형 MEMS 센서 및 비행제어용 시스템 칩이 개발된다면 다양한 형상의 곤충 모방 드론이 개발될 것이다. 현재는 상상하기 어려운 특별한 역할을 할 드론이 개발되어 새로운 개념의 드론 시장이 형성될 것으로 예상되어 이에 대한 국가적 대비가 상당히 중요하다고 할 수 있다.

나. 초소형 드론봇 활용 정보활동

국가사이버안보 측면에서 드론봇의 최첨단기술을 국가 정보활동 영역에 적용시켜 본다면 주요 정보 수집 및 방첩 업무 등에 활용 가능할 것이다.

특히 앞에서 설명한 다양한 초소형 드론봇을 활용한다면 사람의 직접 접근이 어려운 지역에서의 주요 정보 수집 활동이 가능해질 수 있을 것으로 보인다.

초현대적 정보 수집 활동의 무한한 상상력이 실현되어 이제 눈앞에서 현실로 펼쳐지는 것이다.

현재 세계 주요국 군에서는 군인이 초소형 비행체와 컴퓨터를 간단하게 휴대하고 다니면서 필요한 경우, 비행체를 미리 띄워 보내서 관심 지역을 정찰하여 탐지 정보를 실시간 송신하며 적진의 상황을 모두 파악한 후 작전을 수행하고 있다. 또한 초소형 비행체를 이용하면 도시 시가전의 경우에 있어서, 좁은 골목이나 건물과 건물 사이 비행, 환기구나 굴뚝을

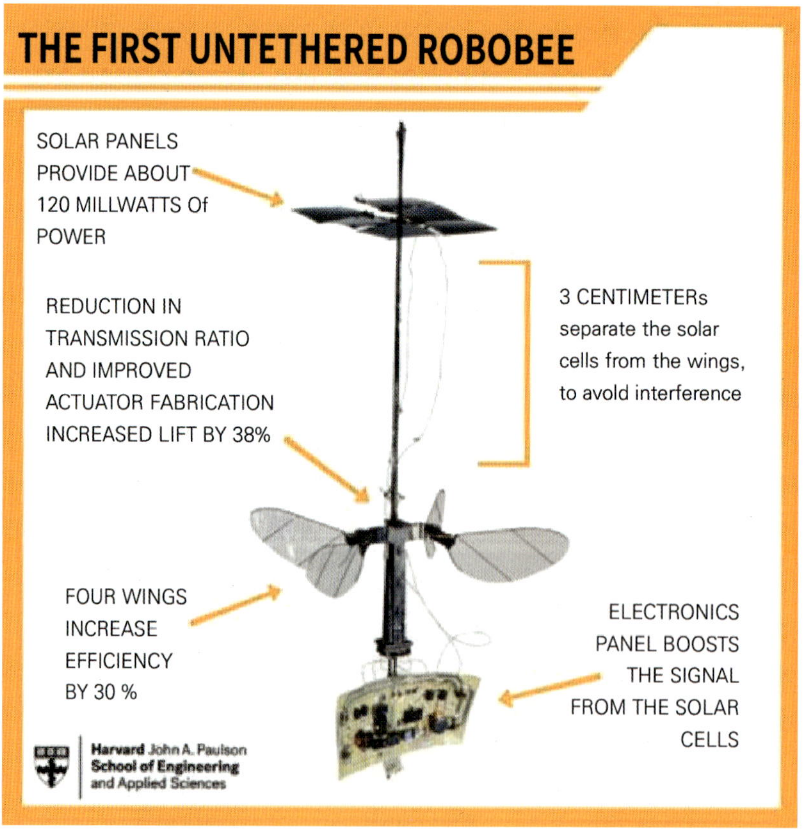

그림 3.32 태양광 에너지 활용 초소형 비행체 RoboBee

〈출처: seas.harvard.edu〉

통한 정탐 및 공격이 더욱 효과적일 것이다. 좀 더 공격적인 용도로는 순항미사일 또는 레이더 시스템 교란 장치로도 이용될 수 있다. 유인 항공기 개발 초기에는 군사적 목적의 정찰용으로 활용되다가 성능과 공격무기가 발달되면서 공격용으로도 확대되었듯이 초소형 비행체의 용도도 날이 갈수록 다양화되고 있다.

지금은 상상하기 어려운 특수 역할을 수행할 드론봇 개발로 새로운 개념의 드론봇 활용과 시장 형성이 예상되므로 이에 대한 대비가 더욱 중요해지고 있다.

또한, 외부 불순세력의 불법 해킹 등으로 국내 첨단기술이 유출되는 것을 방지하는 시스템을 강화하는 것과 함께 더욱 효율적으로 산업스파이 감시를 위해 기존 방첩 활동을 보완·발전시킬 수 있는 과학기술적 접근이 필요하다.

드론봇의 국내 첨단기술 해외유출 방지 활동 차원에서 드론봇의 첨단기술을 국가 방첩활동에 활용할 수도 있을 것이다. 이를 위해 드론봇에 적용되는 빅데이터(Data), 5G(Network), 인공지능(AI) 융합기술을 방첩 업무에 활용할 수 있는 구체기술 응용 방안에 대한 연구가 시급히 요구된다. 즉 과학기술 R&D를 방첩 업무 기법 개발에 적용시키는 것으로 기존의 휴민트 중심의 정보 수집체계를 AI 등 첨단기술을 활용한 OSINT 및 TECHINT 정보 수집체계로 발전시키는 것과 맥을 같이하여 지속적인 연구개발이 긴요한 것이다.

2 대 드론봇 운용

가. 드론봇 위험성

(1) 안티드론과 대 드론

드론의 위험성은 일반적으로 정해진 규정에 따르지 않거나 사전 승인받지 않은 상태로 불순 목적의 무허가 비행, 드론 카메라를 이용한 몰카 촬영 등 사생활 침해 등 각종 사고로 나타난다. 통상적으로 안티드론(anti drone)은 이러한 사생활 침입 범죄나 테러, 조작 미숙에 의한 사고를 일으키는 '문제 드론'을 무력화시키는 용도로 개발된 것을 말한다.

안티드론 활용에 대해 좀 더 구체적으로 설명하면 '특정 공역(空域)에 들어온 소형 물체를 탐지하여 이것이 드론인지 아니면 새 같은 여타 비행체인지를 식별해서, 만약 승인되지 않은 불순한 드론의 침입일 경우에는 이에 대해 대응(무력화 및 포획) 하는 것'을 의미한다. 즉 제한구역에 침범한 드론을 탈취·추적·차단하는 것이다.

이와 같은 드론의 '대응 행위'라는 점에서 볼 때 현재 사용이 보편화된 '안티' 용어보다는 '카운터'(對)라는 단어가 그 성격과 뜻을 정확하게 표현하는 것으로 보인다. '안티'(anti)

가 사전적으로 '어떤 대상에 반대하는 입장을 지닌 것' 또는 '좋아하지 않는 것' 정도의 의미라면, '카운터'(counter)는 통상 '반대, 역(逆)' 또는 '상대방이 공격해 올 때 역이용하여 공격하는 일'이라는 의미로 쓰이고 있기 때문이다.

따라서 이 책에서는 '안티드론'이란 용어보다는 '카운터 드론' 의미인 대(對) 드론 용어를 사용하고자 한다. 또한, 대 드론 부문에서 아직은 드론과 드론봇의 구분이 필수적이거나 보편적으로 쓰이지 않은 관계로 대 드론과 대 드론봇의 용어를 별도 분리하기보다는 특별한 구분이 필요하지 않는 이상 대 드론에 포함시켜 설명하는 것을 원칙으로 한다.

(2) 드론봇 테러 위협 및 공격

현재 드론봇은 테러 세력들에게 아주 유용한 비대칭 무기로 꼽히며, 실제로 이슬람국가(IS) 등 과격 단체들이 테러를 위한 사회 기반시설 침투에 드론봇을 활용하고 있다.

주요 사례를 보면 2016년 10월 시리아에서 IS의 자폭용 드론봇 공격으로 인해 4명의 사상자가 발생했으며, 일본 총리 관저 옥상에서 정체불명의 드론이 발견되기도 했다. 리우 올림픽 개막식에는 드론봇 3대가 주 경기장 상공에서 발견돼 진압 헬기 3대가 출동한 바 있다. 시리아 자폭용 드론은 상업용 드론이 테러에 사용된 최초 사례로 기록되기도 한다.

국내에선 드론 비행 금지구역인 공항 주변에 드론이 날아드는 사건이 발생하기도 했는데, 국가 전략 인프라 시설 같은 중요시설은 드론이 날아와도 통제가 쉽지 않아 육안으로 확인할 수밖에 없는 현실이고, 육안으로 확인되어 드론을 포획한다 해도 드론 조종자 색출이 쉽지 않은 것이 문제이다.

해마다 드론의 활용도 및 기술 수준이 향상됨에 따라 드론을 활용한 불법적 행위 건수가 증가하고 피해 정도가 심각해지는 추세로 앞에서 언급한 사례 외에도 2015년 이후 발생한 주요 불법적 공격행위로는 다음과 같은 것들이 있다.

- 2015년 1월 미국 백악관 건물에 소형 드론 충돌 사건으로 지름 약 61cm 크기의 상업용 드론이 백악관 건물 남동쪽 부분에 충돌
- 2018년 12월 런던 개트윅 공항 활주로 인근에 미확인 소형 드론의 침입으로 36시간 동안 항공기 700여 편의 운항 차질 발생
- 2019년 9월 사우디아라비아 아브콰이크(Abqaiq)와 쿠라이스(Khurais) 원유생산 기지를 10여 대의 드론봇이 공격하는 사건 발생

더구나 2020년 초에는 미군이 이란 혁명수비대 군사령관 '가셈 솔레이마니'를 드론봇으로 사살하면서 군용 드론의 위험 및 파괴력에 대한 관심이 더욱 높아졌다. 특히 주목되는

그림 3.33 미 무인 폭격기 드론봇 그레이 이글
〈출처: 내셔널가드〉

점은 드론 조종을 사건 현장인 이라크 바그다드 공항 인근에서 한 것이 아니라, 공항에서 1만 2000km 떨어진 미국 서부 네바다주에서 조종했다는 사실이다. 또한, 당시 CNN 방송 등에 의하면 목표물의 실시간 동선을 추적해 공격하는 이른바 '임기 표적(Target of Opportunity)' 방식으로 공격이 이루어졌다고 한다.

미군이 솔레이마니 사살에 사용한 드론봇 'MQ-9 리퍼(Reaper)'는 '하늘의 암살자' 또는 '헌터 킬러' 등의 별칭으로 불리며 장시간 고고도 체공이 가능하고 목표물을 특정하여 타격할 수 있다.

미국 현지에서 실시간 원격조종이 가능한 것은 인공위성을 활용하기 때문으로 미 본토의 공군기지에서 명령 신호를 보내면 해당 신호가 인공위성을 통해 드론의 인공위성용 안테나에 전달되는 방식이다.

리퍼의 전신인 미군의 'MQ-1 프레데터(Predator)'는 위성 기술을 적용한 최초 드론봇으로 알려져 있다. 1990년대 중반 첫 비행 성공 이후 2000년대 아프가니스탄 전쟁, 오사마 빈 라덴 제거 작전 등 중요한 작전을 수행하면서 정찰용에서 공격용으로 개조되기 시작했다.

더 나아가 이제는 드론봇 한 대가 단독으로 작전을 펼치는 것이 아니라, 드론 여러 대가 무리를 지어 공습에 나서는 것이 본격화될 전망이다. 미 국방부 산하 국방고등연구계획국(DARPA)은 '그렘린'이라는 소형무인기를 개발 중으로 수송기를 통해 그렘린 수십 대가 뿌려지면 이들이 그룹으로 한 팀이 되어 작전을 수행하는 개념이다.

디지털맵 기반으로 영상 항법이 가능한 이런 자율비행 군집 드론봇이 가장 치명적인 공격용 드론봇으로 대두하고 있는 것은 다양한 탐지 장비와 무력화 기술이 복합된 대응책 마련이 시급한 이유이기도 하다. 실제로 2019년 9월 중동 반군 세력의 사우디 석유 시설 공습에 드론봇 10대가 동원된 것으로 알려졌는데, 만일 각 드론봇에 3kg 폭탄이 실렸다고 가정하고 10대가 동시에 벌떼 공격을 가한다면 30kg 폭탄 투하와 마찬가지의 가공할 위협이 될 것이다.

미국산 드론봇의 기술적 우위에 맞서 중국산 드론봇도 '가성비'를 내세워 도전하고 있는데, 미국이 동맹국을 제외하고는 드론봇을 수출하지 않는 것과 달리, 중국은 중동 등지에 드론봇을 적극적으로 판매하고 있어 주목된다.

현재 중국 군용 드론봇의 대표 모델은 중국항공우주연구원(CAAA)이 개발한 '차이훙(彩虹) CH-5', '윙룽(翼龍) GJ' 등으로, 아랍에미리트(UAE)는 중국으로부터 도입한 무인기 윙룽으로 리비아 반군 도시를 타격하기도 했다.

한편, 대 드론봇은 앞에서와 같은 국가 전략 인프라 방어나 군사 작전 목적 면에서의 활용뿐만이 아니라 비군사적이라고 할 수 있는 우리 일상 속의 사생활 침해, 폭력 무기화 및 밀수 등 앞으로 민간 영역에서 발생 빈도가 높아질 드론봇 범죄에도 대응할 수 있도록 해야 한다.

나. 대 드론봇 기술 특징

앞에서 본 바와 같이 드론봇이라는 '창'이 나날이 날카로워짐에 따라 '방패'격인 대 드론봇 기술에 대한 수요도 커지고 있다. 미 국방부의 경우 대 드론봇 기술개발에만 연간 약 9억 달러(1조 원)를 지출하고 있는 등 인공지능을 적용한 첨단화·소형화로 진화해 가는 드론 기술에 맞서 대 드론봇 기술도 빠르게 발전해 가는 추세이다.

대 드론봇 기술 시스템은 '탐지→식별→무력화(포획/격추) 및 조종자 추적' 단계로 이루어지는데, 이를 크게 나누어 보면 '탐지 및 무력화'가 핵심 부문으로 대 드론봇 기술 또한 이것에 의해 살펴볼 수 있다.

(1) 탐지 기술 분류 및 특징

대 드론봇 탐지 기술은 센서를 통한 방식이 대표적이며 이에 대한 기술별 특징을 설명해 보자면 다음과 같다.

첫째, 음향탐지 센서이다. 드론봇이 동작할 때 로터의 회전으로 인해 발생하는 특유의 소음을 탐지하는 기술로 소음이 많은 환경에서는 탐지하기 어렵다는 단점이 있다.

그림 3.34 대 드론봇 장비 및 운용 개념 이해

〈출처: google.com〉

둘째, 방향 탐지 센서 방식이다. 드론봇의 조종 신호는 2.4GHz와 5.8GHz 대역을 주로 사용하는데, 이때 탐지 센서를 이용하여 해당 대역 신호의 방향과 위치를 파악해 조종자 및 비행체의 위치 추정이 가능하게 된다.

셋째, 영상 센서를 통한 방식이다. 가시광선 영역과 적외선 열화상 영역의 영상정보를 활용해 움직이는 비행체를 탐지하는 기술로 먼 거리에 떨어져 있는 비행체를 탐지하기 위해서는 렌즈 줌을 통한 망원 상태에서 바라봐야 하고 이 상태에선 시야각이 좁아지는 만큼 보통 위협체의 대략적인 위치정보 전달이 가능한 센서와 연동하여 운용된다. 주·야간 동시 활용을 위해 EO(Electro Optic) 장비와 IR(Infrared) 장비를 같이 운용하기도 한다.

넷째, 레이더 센서 방식이다. 스스로 에너지를 방사하는 센서로 특정 대역 RF 신호를 송출하고 표적에서 반사되는 신호를 수신하여 탐지하게 된다. 날씨, 온도, 주야 상관없이 안정적인 탐지 성능을 보장하는 전천후 센서라는 점과 다른 센서와 비교해 최대 탐지 거리가 길다는 장점이 있다.

(2) 비행 무력화 기술 분류 및 특징

대 드론봇 시스템에서 탐지된 위협체가 드론봇으로 확인된 경우 여러 무력화 장비를 이용하여 비행체를 격추하거나 포획, 추락시키는데 이런 무력화 기술의 분류 및 특징은 다음과 같다.

첫째, 전파 교란을 통해 비행체를 무력화하는 방법으로 대 드론봇 기술 중 가장 많이 거론된다. 재밍, 스푸핑 등 비 물리적 차단 방식으로 조종 신호를 받는 전파 대역에 방해 전파를 방사하여 비행체의 제어 능력을 무력화하는 기술이다. 현재 가장 널리 사용되고 있으나 경로 계획에 의해 자율비행 중인 비행체의 경우에는 전파 교란에 의한 방해 효력이 작다는 단점이 있다.

둘째, 비행체에 직접 물리력을 가해 파괴하는 드론봇 파괴 기술이다. 접근하는 비행체를 향해 산탄총을 발사하여 격추시키는 방법과 레이저 빔으로 비행체에 충격을 주어 격추시키는 기술로 나눈다.

셋째, 포획 기술이다. 주로 지상에서 발사하는 그물망을 활용해 포획하는 방법이나, 비행체의 중량에 따라 제한적으로 사용될 수밖에 없는 단점이 있다.

(3) 드론 방어 시스템 '드론 돔'

2018년 12월 영국 개트윅 공항 활주로 주변에 갑자기 정체불명의 드론 2대가 나타났다. 이로 인해 30시간 이상 동안 760대 항공기 운항이 차질을 빚고 이용객 12만 명의 발이 묶이는 대혼란이 발생했다. 영국 국방부는 이 사건을 계기로 이스라엘 보안기업 라파엘이 개발한 드론 방어 시스템 '드론 돔'을 공항에 배치한다.

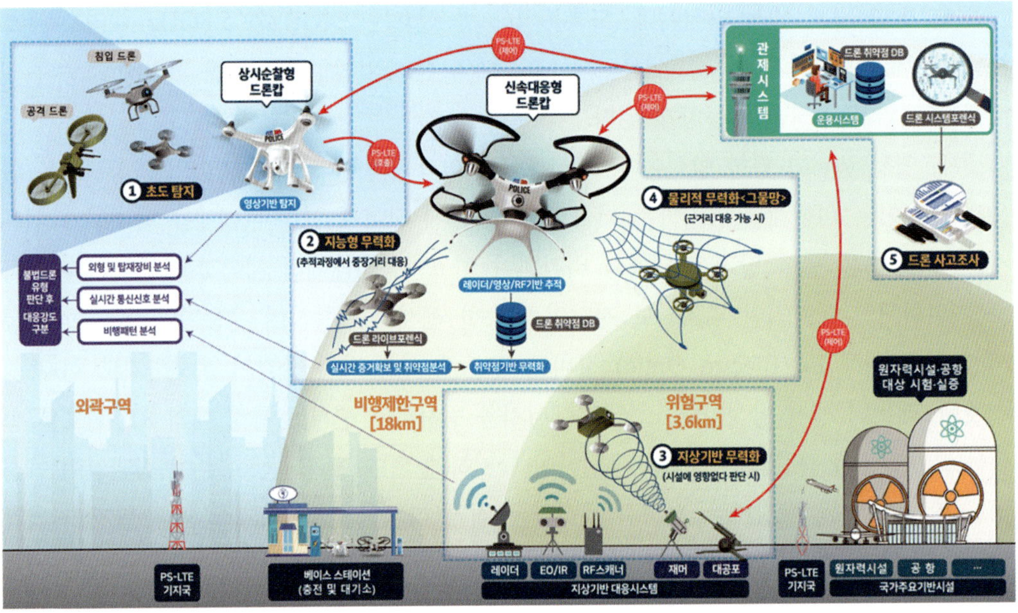

그림 3.35 드론캅과 레이더 시스템이 불법드론을 감시 · 무력화하는 과정
〈출처: 과기정통부〉

드론 돔은 침입 드론이 공항 주변에 접근하면 위치를 감지해 격추하고 조종자의 위치까지 알아내 체포할 수 있는 방어 시스템으로 열화상 카메라, 위치 추적기, 드론 격추 장비 등으로 구성되어 있다. 열화상 카메라는 적외선 센서로 공항 반경 50km 지역의 드론 비행을 24시간 감시할 수 있고, 드론 전용 추적기는 중국 DJI 제품으로 드론의 모델번호, 비행 속도, 위치 등을 파악할 수 있다. 드론 격추기는 침입 드론에 방해 전파를 발사해 추락시키는 방법을 사용한다.

(4) 드론캅 개발 사업

우리 정부는 2025년까지 목표로 '불법 드론 지능형 대응기술 개발 사업' 일명 '드론캅' 개발 사업을 추진한다. 여기에서 불법 드론이란 불법 촬영 및 해킹이나 대량살상무기를 장착해 공공시설 테러를 목적으로 하는 드론을 말한다.

이 사업에서 '탐지 - 식별 - 분석 - 무력화 - 사고조사'로 이어지는 불법 드론 대응 시나리오는 다음과 같다.

① **(초도탐지)** 비행제한구역(18km)에서 상시순찰형 드론캅 및 인근 지상 장비를 통한 불법 드론 초도 탐지

(공중 식별) 탐지된 불법 드론은 상시순찰 드론캅에 의해 1차 탐지 · 식별되어 해당

불법 드론 정보를 지상 장비 및 신속대응형 드론캅으로 전송

② **(지능형 무력화 - 공중 소프트킬)** 신속대응형 드론캅은 불법 드론의 2차 탐지 · 식별 및 취약점 분석 후 지능형무력화장치(스푸핑 · 제어권 탈취 등)를 이용해 침입 불법 드론을 무력화 및 공격지연 시도

③ **(지상 기반 무력화 - 지상 하드킬)** 비행금지구역(3.6km) 이내 불법 드론이 도달 시, 공중 무력화(지능형무력화, 포획)를 시도하고 불가할 경우, 지상 무력화 장비(재머 · 대공포 · 지향성 에너지 무기 등)를 이용하여 사정거리 내 접근한 불법 드론에 대해 무력화 시도

④ **(물리적 무력화 - 공중 하드킬)** 위험시설 내 근접한 불법 드론에 대해 신속대응형 드론캅은 공중무력화장치(그물망 포획 등)를 이용해 무력화 수행(최후 수단으로서 근거리 접근이 요구됨)

⑤ **(드론 사고 조사)** 포렌식 기반 불법 드론 증거 분석(하드웨어 해체, 메모리 복원기술, OS/FC 분석기술, 조종자 추적기술 등)을 통한 수사 진행

다. 대(對) 드론봇 산업기술 동향

대 드론봇(드론)의 국내외 기술 개발 현황과 산업 동향에 대해 주요국의 대표 제품 기능을 중심으로 알아보면 다음과 같다.

(1) 미국

(가) 드론실드

드론실드(Drone Shield)는 드론 비행음 감지 등 첨단 탐지 기술을 보유하고 있다. 드론 센트리(Drone Sentry)의 경우 1.5km 레이더 · 200m 음향 감지 · 1km 전파 감지 · 열상 감지 등 다양한 시스템으로 구성되어 있으며, 드론 재머와 장거리 음향탐지 센서도 탑재가 가능한 통합 탐지 · 무력화 시스템이다.

이들 드론 통합 탐지 시스템으로 무인기를 감지한 후에는, 드론 재밍 시스템 '드론 건(Drone Gun)'으로 무력화가 가능하다. 드론 건은 대상 무인기 주파수를 직접 재밍하여 조종자에게로 돌려보내거나 그 자리에서 강제로 수직 착지시킨다. 무인기를 파손시키지 않는 기술로 과학적인 무인기 조사와 내부 데이터 확인도 가능하다.

(나) 드론디펜더

드론디펜더는 지상 조종사 관제와 드론의 GPS 기능을 마비시키는 전파 발사를 통해 드론 강제 착륙을 유도한다. 드론 무력화에 걸리는 시간은 0.1초 이내로 400M 안에 있는 모든 드론의 제압이 가능한 것으로 알려져 있다.

(2) 유럽 등 지역

(가) 독일 드론트랙커

드론트랙커(DroneTracker)는 영상센서와 음향센서를 연동시켜 최대 400m 거리에서 출몰한 드론을 탐지·식별할 수 있으며, 기존 단일 센서 제품보다 탐지율과 오작동률을 개선했다.

(나) 영국 스카이펜스

스카이펜스는 시설 주변 600m 내 드론 비행을 감지하고 건물 상공에 강한 전기장을 만들어 드론의 신호 수신을 차단해 날지 못하게 한다. 영국 교도소에서 드론을 통해 마약 등 반입 불허 품목이 들어오는 사례가 늘자 이 시스템을 도입했다.

(다) 이스라엘의 드론스파이 대응 기술

이스라엘 네게브벤구리온 대학 연구진은 2018년 비행 로봇이나 무인 항공기(드론)의 공중 감시에 대응할 수 있는 신기술을 개발했다. 이들은 드론에서 스트리밍되는 이미지가 작은 조명 영역으로 구성되는 것을 알아내어 이 영역을 픽셀이라 부르고 픽셀의 색상변화를 확인한 것이다. 그리고 간단한 라디오 스캐너를 활용해 드론이 현재 감시 중인지 아니면 동영상 녹화 중인지의 탐지가 가능한 방법이다.

이것은 무선 신호를 가로채기 위해 별도 장비가 필요하지 않으며, 무선카드 내장된 PC만으로도 드론의 와이파이 신호 탐지가 가능한 것으로 평가된다.

(3) 우리나라

(가) STX의 '대 드론 통합솔루션'

우리나라 STX가 개발한 다중센서 통합솔루션으로 구현하는 '탐지 - 식별 - 무력화'의 자동 공중방어 시스템(드론탐지 시스템과 전파교란 장비를 묶어서 단일 드론탐지 솔루션의 단점을 보완한 대 드론 체인)이다.

(나) 유콘시스템의 드론 킬러

유콘시스템의 드론 킬러는 드론과 직접 충돌해 추락시키는 방법을 사용하는 대 드론으로 최대 시속 180km로 표적 드론을 향해 날 수 있다.

(다) 두타기술의 대 드론 시스템

두타기술이 개발한 레이더 탐지 및 카메라 확인을 거쳐 방어 장비로 제압하는 시스템으로서 방어 장비는 유효사거리 10~20m의 그물총과 전파방해장치 재머를 사용한다.

대 드론봇산업 및 시장을 한마디로 전망하자면 '밝다'는 것이다. 드론봇을 활용하는 산업 분야가 빠르게 성장하고 개인 사용자까지 늘어나면서 반대급부로 이에 대응한 안전장치 수요도 급속히 증가할 것이기 때문이다.

실제로 '마켓스 앤드 마켓스'(Markets & Markets)에서는 2022년까지 대 드론봇산업 시장이 11억 4000만 달러(약 1조 3600억 원) 규모로 성장할 것으로 예상하고 있고, 미국 '글로벌뷰리서치'는 대 드론봇 시장이 2019년 8600억 원으로 집계됐으나 2026년에는 5조 4000억 원 규모로 성장할 것이라고 전망했다.

라. 대 드론봇 제도 개선

현대전에서 무기체계의 핵심이 계속 진화하고 있으며 조만간 그 중심을 드론봇이 차지할 것으로 본다. 앞에서도 언급한 것처럼 드론봇은 사우디 원유시설 폭격, 미국의 솔레이마니 제거 등 중요한 군사 작전에서 광범위하게 사용되고 있다.

드론봇은 4차 산업혁명 선도 기술로서 긍정적 요인도 많지만 이에 못지않게 안전 위협 같은 부정적 요인도 무시할 수 없는 것이다.

특히 우리로서는 북한군이 저비용·고효율의 비대칭 무기로 이용할 가능성도 있어서 국가 중요시설에 대한 드론 공격 방호체계 구체화, 대 드론 전문 조직·인력 확보와 함께 민군간 공동 연구와 기술 개발 공유가 필요하다.

또한, 드론봇 활용 분야가 군사용에서 일반 민간 수요 시장으로 폭넓게 확산되면서 미래 먹거리 산업으로 드론봇이 부상하고 있으나, 이러한 시장 성장 추세에 비해 보안 문제 등 관련 제도적·기술적 준비는 아직 미미한 수준이다.

이처럼 계속 증가하고 있는 각국의 주요 시설과 목표물 대상 테러 및 공격으로 인해 잘못된 '드론' 사용의 위험이 전방위로 확산이 되어가고 있음에도 불구하고 공격용 드론봇을 무력화시킬 수 있는 대 드론봇 기술이 현행법 틀에 묶여 제대로 사용되거나 발전되지 못하는 실정이다. 현재 다양한 드론 기종, 운영 방식에 대응이 가능한 대 드론봇 기술은 제대로 개발되지 못해 드론의 잠재적 위협이 상존하고 있는 것이다.

우리 현행법 체계에서는 드론봇을 무력화하는 대 드론봇 기술 대부분이 불법이기 때문에 공격용 드론봇을 막아야 하는 군과 경찰은 물론 대 드론봇 시스템 개발자들에게도 큰 부담으로 작용하고 있다.

드론봇은 통상적으로 낮은 비행고도에 저속비행을 하는 관계로 방공레이더 포착이 어려우며, 크기 또한 작고 열원도 없어 감시망을 뚫어버리기가 쉽다. 따라서 이런 공격용 드론봇에 대한 무력화 방법으로는 앞에서도 살펴본 것처럼 음파·레이더 등 다양한 센서를 활용해 드론봇의 접근을 탐지한 뒤 전파 교란으로 드론 조종을 방해하거나, 레이저 · 산탄총 등을 발사해 드론을 직접 격추해야만 가능한 것이다.

공격용 드론봇을 무력화시키는 '대 드론봇' 기술은 선진국에서는 이미 상용화된 지 오래이며, 국내 연구진들에 의해 지속적인 연구도 이뤄지고 있다.

실제로 우리 항공우주연구원과 한국전자통신연구원(ETRI) 등은 2021년까지 대 드론봇 감시센서를 개발한다는 계획을 세워 놓고 있고, 국토교통부 · 과학기술정보통신부 · 경찰청도 공동으로 드론 교통관리체계 구축사업을 추진 중이다.

드론봇 기술과 대 드론봇 기술은 서로 상반되는 특징을 가지고 있으나, 최근까지 드론봇 산업 활성화를 위해 대 드론봇을 위한 제도 및 기술 개발에 대한 지원이 미흡했던 것으로 보인다. 따라서 새롭게 개발 · 활용될 대 드론봇 기술들이 필요시에 정상적으로 적절히 사용되는데 문제가 없도록 정부와 국회에서의 제도 개선 마련과 관련 법률 제정은 긴요하다.

이런 맥락에서 2020년 11월에 국회 본회의를 통과한 '안티드론법'(공항시설법 개정안)에서 국가 공공기관의 비행 시설을 관리 · 운영하는 자의 허가를 받지 않은 초경량 비행장치가 공항 등에 접근하거나 침입한 경우 퇴치 · 추락 · 포획 등 항공안전에 필요한 조치가 가능하도록 명시한 것은 대 드론봇의 운용과 발전에 있어 진일보한 토대가 될 것으로 보인다.

3 드론봇 미래방위체계

가. 미래방위체계 중심 드론봇

'국방 분야의 드론봇'에서 언급된 것처럼 한국 드론봇산업은 방위산업 중심으로 본격적으로 시작했다고 해도 과언이 아니다. 방위산업 중에서도 지금까지는 원거리 · 근거리용의 정찰 드론이 주를 이루어 왔다.

그러나 최근에는 공격 체계(중대급 · 대형 공격 드론)와 지원 체계(통신중계 드론봇 및 전자전 드론봇), 그리고 대 드론봇으로 대표되는 탐지 · 요격 체계 등과 같이 드론 관련 방위체계가 세분화되어 발전하고 있으며, 궁극적으로는 이 책에서 계속 강조하고 있는 것처럼 인간 역할을 대신할 로봇 기능이 장착된 드론봇으로 꽃을 피울 것으로 예상한다.

드론봇 방위체계의 당위성과 필요성에 대해서는 세 가지 핵심 이유를 들어 설명할 수 있다.

첫째, 인간이 직접 전투를 수행하는 것에 대한 현실적 한계이다. 현재 우리 군의 병력이 2018년 기준 48만3천 명에서 2022년 36만5천 명으로 지속 감소 추세에다 인간 생명 존중 의식은 더욱 강화되고 있기 때문이다.

둘째, 전장 공간이 지금까지의 육해공 3차원에서, 앞으로는 우주와 사이버 공간까지의 5차원으로 확대되는 것과 함께 초연결 및 인공지능 무기체계 확산이 이루어지고 있다는 것이다. 이에 따라 전투 주체의 변화도 불가피해져 과거 인간 중심에서 현재의 유무인 복합 전투 수행 시기를 지나게 되면 미래에 궁극적으로는 무인 중심의 사이버 · 전자전이 일상화될 것이다.

셋째, 전투 수행 패러다임 변환으로 과거의 관찰 · 판단 · 결심 · 행동 단계별 순차적 대응 전투 수행에서 앞으로는 관찰 · 판단 · 결심 · 행동 대응이 동시 · 통합적으로 이루어지는 패러다임으로의 변환이다.

따라서 이런 전투 수행 환경하에서 무엇보다도 드론봇 기술 격차가 미래 전쟁의 최종 승패를 결정하게 될 것이다.

인구 감소로 인한 전반적인 병력 감소 때문에 전력체계 개편이 불가피한 한국 군대에 있어 드론봇은 좋은 해결책이 될 것이다.

국방부는 2019년 발표한 '2020~24년 국방 중기계획'을 통해 2019년말 58만여 명인 병력을 22년말까지 50만 명으로 감축할 것이라고 했다. 이러한 병력 감소가 전력 약화로 이어지지 않도록 간부 중심의 전력 보강과 전력체계 개편을 추진할 예정인데, 드론봇은 전력 개편 주요 요소에 들어간다.

드론봇의 국방 분야 발전 동향을 살펴보면 크게 정찰 체계(원거리 · 근거리 정찰 드론), 공격 체계(중대급 공격 드론 및 대형 공격 드론 등), 지원 체계(통신중계 드론, 전자전 드론), 탐지 · 요격 체계(대 드론 및 레이더 요격체계 등)로 나눌 수 있다.

국방부는 '드론봇 체계 사업'을 통해 기존 감시정찰 업무에 더하여 타격용, 통신중계용, 수송용 등 다양한 기능을 보유한 드론과 드론봇을 확보할 계획이다.

드론봇을 활용한 방위체계는 우리의 휴전선과 해안선 방어에서 더욱 강점을 가질 것으로 본다. 정찰 · 감시 업무 소요 인력을 절감하고 드론과 병력을 결합하게 되면 인력 운용에 있어 최소 1.5배 이상의 효과를 거둘 수 있을 것으로 예측되고 있다. 특히 드론봇은 현 유인항공기 사용 시의 예산을 1/20로 절감할 수 있으며, 유인항공기의 구입, 항공기 조종사의 양성에 드는 비용을 감안하면 절감 효과는 더욱 커지게 될 것이다.

드론봇은 전력 열세를 극복할 수 있는 비대칭전력으로도 주목받고 있다. 미래학자 피터 싱어와 《월스트리트》 저널 기자 출신 어거스트 콜의 2015년 소설 《유령 함대(Ghost Fleet)》는 중국의 군집드론이 하와이의 미군 기지를 공격하는 상황을 가상해서 묘사하고 있는데, 여기에서의 공격용 드론봇과 그 방어를 위한 대 드론봇 부문이 미래 방위체계의 핵심 요소가 되는 것이다.

그림 3.36 낙도 및 해안선 방위 군사용 드론봇 개념도
〈출처: 여시재〉

우리나라도 비대칭전력을 확보한다는 측면에서 드론봇을 이용한 전력체계 운용이 요구되고 있다. 특히 서남해안을 중심으로 퍼져있는 낙도 및 해안선 방위에 드론을 적극 활용할 필요가 있다. 해안선 방위를 위한 드론봇 전력체계는 드론봇의 안전성 확보를 위해 반드시 필요한 시험 비행의 경험을 축적한다는 측면에서도 긍정적인 효과를 갖는다. 드론봇 전력체계가 정착될 경우 수많은 섬으로 이루어진 인도네시아, 필리핀 등 동남아 국가들에 우리의 전력체계를 수출하는 방위산업의 새로운 모델이 될 수 있을 것이다.

한편, 한국과 미국은 2016년 10월에 미래 전장을 누빌 '전투 로봇'과 인공지능 자율 기술을 공동개발하기로 협력한 바 있다. 당시 우리 방위사업청은 착용형 근력증강 로봇 기술 개발에 착수했으며, 미국 국방고등연구계획국(DARPA)은 "미래 전장에서는 효율적 군용 로봇을 개발하는 쪽이 이길 것"이라며 AI 및 로봇공학을 기초로 다양한 로봇 무기체계 개발에 박차를 가하기 시작했다.

앞으로 미래 상륙전에서 해안 목표지점에 먼저 오르는 것은 미국의 정예 해병대가 아니라 표적을 향해 날아오는 수십 대의 소형 드론봇이 될 것이다. 미 해병대가 보유한 '저비용 무인기 군집기술'(LOCUST)을 이용, 군집 드론을 미래 상륙전의 선봉으로 하는 통합전술 작업 추진을 시작했기 때문이다.

이렇듯 미래전은 로봇 중심의 자동 무기체계 간 전투가 될 것이란 예측 속에 세계 국방 선진국들은 국가 차원에서 총력을 기울여 투자하고 있다. 미국은 이미 무인로봇 등의 개발에 5억 달러 이상을 투자했으며, 러시아 또한 전투 로봇을 미사일 기지에 배치할 계획인 것으로 알려져 있다.

나. 우리군 드론봇 분야 민군협력 강화

우리 국방부 방위사업청은 2018년에 산업통상자원부, 과학기술정보통신부와 함께 드론·로봇 분야 시장 선점과 국방력 강화 목적의 협력방안을 마련했는데, 민·군 연구개발 협력, 국방 분야 시범 운용 활성화를 위한 인프라 구축, 국방 분야 수요창출 지원의 세 가지 측면에서 추진한다는 것이다.

단기적으로는 상용 드론·로봇의 국방 분야 시범 운용을 적극 지원하고, 중기적으로는 민과 군이 공동으로 활용이 가능한 드론·로봇을 개발하며, 장기적 미래형 드론·로봇 개발을 위한 핵심기술의 개발을 지원하기로 했다.

이와 관련 우리 정부는 민간에서 진행되고 있는 드론·로봇 관련 연구개발(R&D) 성과를 군에 적극 제공하고, 관련 기업이 신기술을 국방 분야에서 시범적으로 운용할 수 있도록 지원함으로써 새로운 시장을 선점하는 선순환 생태계를 구축할 수 있도록 노력할 계획이다. 특히 방위사업청에서는 국방 분야에서 필요로 하는 드론·로봇 기술의 개발을 위해 민간의 성숙한 기술을 최대한 활용하고, 이 과정에서 드론·로봇의 국방시험장(Test-bed)을 제공하는 등 적극 지원한다는 입장이다.

한편, 드론봇 분야 민군협력 관련 특별히 강조하고 싶은 것은 우주개발 경쟁 본격화로 인해 우리나라를 포함한 주요국의 국방 및 정보활동 영역이 우주 공간으로까지 계속 확대되는 상황에서 아무런 공간제약 없이 인간 활동을 대신할 수 있는 드론봇의 역할이 더욱 중요해지고 있다는 사실이다.

통상 정보활동은 HUMINT(인적정보)와 TECHINT(인공위성과 정찰기 등을 활용한 기술정보)로 이루어지는데 현재 우주 정보활동은 TECHINT로 얻게 되는 IMINT(영상정보)라고 볼 수 있다. 그러나 드론봇 기술 발달로 우주 공간에서의 드론봇 활용이 본격화되면 우주 공간 근접 영상 수집은 물론 필요 시 대상물 직접 접촉과 특정 작업 활동도 가능해진다는 것이다. 이런 점에서 미국 우주군(USSF)이 창설 1년 만에 미 정보공동체(IC)에 가입한 사실은 시사하는 바가 크다고 본다.

결론적으로 우리나라 드론봇 분야에서 민군 및 정보기구 간 상호 협력에 대한 새로운 지평 개척 필요성이 계속 커지고 있어 이에 적극적으로 대비해야 할 것이다.

K-Dronebot for Human Flourishing

04

K-드론봇, 미래를 열다

제1절 | 한국 미래산업을 주도하는 K-드론봇

K-드론봇은 가혹한 환경에서도 택배 수송이나 실종자 수색 등과 같은 주어진 임무를 수행할 수 있는 강건한 시스템을 갖춘 한국형 드론봇이어야 한다. 초속 12m 강풍을 극복할 수 있는 항공역학적 디자인이 적용된 기체 형상과 시간당 5mm 정도의 강우 환경에서도 비행할 수 있는 기능도 갖추어야 한다. 국내에서 생산된 드론의 국제 기술 경쟁력은 ICT 관련 분야 기술은 대등한 편이나 타 분야 원천 기술 수준은 미국이나 독일, 그리고 신흥 강국 중국 등의 세계 최고 기술 대비 65% 정도라고 과학기술정보통신부는 무인이동체 원천기술 개발사업 보도자료를 통해 발표했다.

이미 드론봇 택배 사업을 선점하려는 해외 기업들이 가혹한 대기 환경을 극복하고 택배 업무를 수행할 수 있는 다양한 형상의 드론봇을 적극적으로 개발하여 제품화하고 있다. 드론봇 택배 사업을 주도하려는 아마존과 DHL은 강풍 환경에서도 택배 업무를 수행할 수 있는 날개 부착형 수직이착륙 고속이동 드론을 개발하여 성능 검증을 하고 있다. 아마존 사는 전통적인 쿼드콥터 드론에 날개와 추진 프로펠러를 부착하여 강풍 환경에서 더 빠른 배송을 위한 드론봇과 무인자동차와 협업할 수 있는 배달 시스템 연구개발에 박차를 하고 있다.

그림 4.1 민간용 멀티콥터형 드론의 SWOT 분석

〈출처: 건국대 스마트드론연구소〉

독일의 글로벌 물류 기업 DHL은 2013년부터 아마존보다 빠르게 택배 드론봇 연구를 시작하였고 쿼드콥터를 강풍 환경에서 택배 서비스를 할 수 있는 형태로 형상을 개조하여 악천후 환경에서도 안정적으로 서비스하기 위하여 수직이착륙과 고속이동 기능이 가능한 틸트 날개 부착형 드론봇 기종을 개발하고 있다.

현재 세계 소형 멀티콥터 민간 시장의 70% 정도를 장악하고 있는 중국산 멀티콥터 드론에 대한 SWOT 분석을 하면 그림 4.1과 같으며, 특히 초속 10m 이상의 강풍에서 임무 수행이 거의 불가능한 단점이 있다.

이러한 미래 드론봇 개발 경쟁에서 우리가 우위를 차지하려면, 악천후 환경에서도 운용이 가능하고 수직이착륙 고속이동과 함께 우리의 앞선 ICT 기술이 활용된 한국형 드론 제품 개발이 매우 중요하다. 인공지능, 사물인터넷, 가상현실 등의 신기술이 적용된 한국형 드론은 경찰이나 소방대원 등 전문가 특수 임무 수행에 크게 도움을 줄 것이고 드론봇 택배 시장에서 주목을 받을 수 있을 것이다.

건국대 스마트드론연구소는 K-드론봇의 구현을 위하여, 6개의 로터로 구성된 수직이착륙 고속이동 틸트 드론봇(그림 4.2)에 대한 연구개발을 수행해왔다. 국내 고유 디자인 기반의 '다단 틸트 플라잉 카'로 2017년 미국특허를 취득하였고, 현재 관련 제품을 개발하고 있다. 수직이착륙 고속이동 틸트 드론봇은 6개의 로터로 헬리콥터처럼 수직이착륙이 가능하고, 4개의 멀티콥터형 로터로 자세 안정을 취하며 2개의 주 로터를 틸트하여 주 날개의 양력으로 고속이동 고정익 비행을 할 수 있어 회전익 비행 모드의 멀티콥터 드론보다 에너지 효율도 높일 수 있는 장점을 가지고 있다(그림 4.3). 주 날개를 부착하여 고속이동 기능과 내풍성을 높일 수 있도록 하였고, 플로터를 부착하여 수상 운용도 가능하다. 신소재를 활용한 초경량 구조물과, 초소형/초경량 비행제어 컴퓨터, IoT 네트워크 개념의 드론 운용 시스템

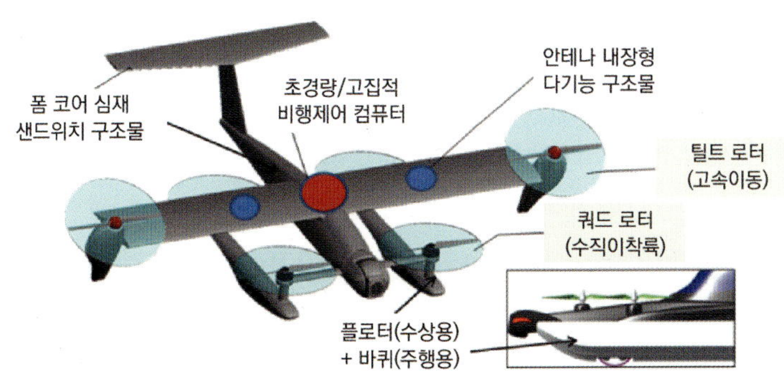

그림 4.2 한국형 수직이착륙 고속이동 틸트 드론봇 개념도
〈출처: 건국대 스마트드론연구소〉

➤ 수직이착륙, 멀티콥터형 드론봇의 비행 시간, 거리, 속도 2배 이상 향상
➤ 자율 비행 및 자동 수직이착륙 기능 보유, 전기모터-배터리 시스템
➤ 기존 2-틸트로터 비행체와 비교 안정성 향상과 가격경쟁력 확보

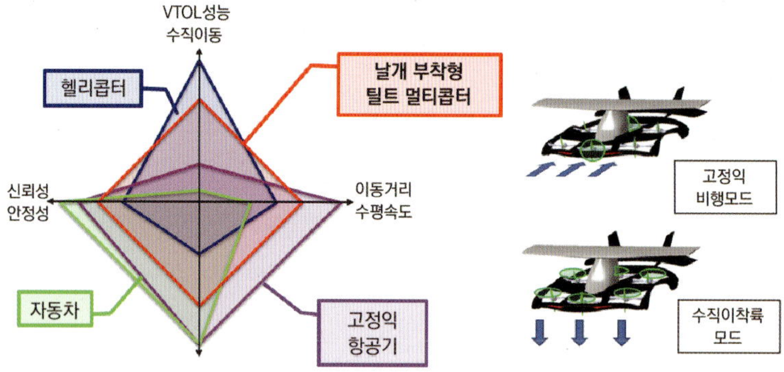

그림 4.3 한국형 수직이착륙 고속이동 틸트 드론봇의 특성과 장점
〈출처: 건국대 스마트드론연구소〉

을 구성하여 최고 수준의 신개념 드론봇 제품이 되도록 노력하고 있다.

악기상 환경에서도 안정적인 운용이 가능한 한국형 틸트 드론봇이 출시되어, 주야를 막론하고 기혹한 환경에서 임무를 수행할 수 있다면, 사이버 네트워크 통신 시스템과 연계된 한국형 수직이착륙 고속이동 드론봇은 4차 산업혁명을 주도할 수 있을 것이다.

제2절 | 한국형 인공지능 K-드론봇

드론봇 제작에서 응용 서비스로 급속히 확장되는 드론봇 산업의 변화에 대응하고 미래 국제 드론봇 시장 선점을 위해 국내 드론봇을 고부가가치 서비스 시장의 주역으로 확대할 필요가 있다. 특히 드론봇에 빅데이터(Big Data), 5G 이동통신, 인공지능(AI) 기술을 접목한 새로운 드론봇 서비스 모델의 창출이 한국의 미래 먹거리를 위해 매우 중요하다. 선진국의 경우 인공지능 로보틱스 기술에 기반한 재난대응 장비와 시스템 개발, AI 무인전투기 자율비행을 위한 인식/제어/유도 분야 인공지능 드론 레이싱 대회(록히드마틴 팰콘 챌린저) 등에 박차를 가하고 있다.

첨단 정보통신기술을 융합한 새로운 드론봇 서비스를 개발, 실증하는 DNA+드론 기술

개발 사업(2020~24년)이 본격 추진되고 있다. 이 사업의 컨소시엄은 ETRI를 비롯한 3개 공공연구기관과 카이스트 등 3개 대학, 그리고 통신사(KT, LGU+)·드론제작사 및 인공지능 전문기업(아크릴 등) 등 19개 기업으로 이루어진 총 25개 기관이 참여하고 있다. 컨소시엄은 5G를 활용하여 실시간 획득한 임무 데이터를 인공지능학습·추론으로 분석하고, 비(非)가시권 자율·군집 비행 기술이 적용된 응용 서비스를 제공하는 개방형 플랫폼을 구축해 나갈 계획이다.

특히, 2024년까지 실종자 수색 및 순찰을 위한 폴리스 드론봇, 국지 홍수 및 수질오염 감시를 위한 수자원 드론봇, 인공지능 정밀방제 및 생육관리를 위한 스마트 팜 드론봇, 셀타워 및 고층 구조물 관리를 위한 구조물 드론봇 등 4개의 서비스 모델을 개발하여 실증할 계획이다. 국토지리정보원의 보유 데이터(위성·항공·공간)와 연계를 통해 데이터를 확보하고, 센서 데이터 모델링과 표준화를 추진하는 한편, 음영지역 극복을 위한 스몰셀 기술 적용, 항공안전기술원(5G 드론 비행시험장) 및 통신사 네트워크를 연계한 드론 운용 실증, 5G 드론운용을 위한 임무 관제 플랫폼 구축도 병행한다. 아울러, 서비스 모델별 맞춤형 인공지능 모듈과 분산학습, 이동객체 인식·추적 엣지 인공지능 등 차세대 인공지능 기술을 한국과학기술정보연구원(KISTI) 슈퍼컴 고성능 가속기 시스템을 기반으로 개발하여 드론봇에 적용할 예정이라고 과학기술정보통신부는 2020년에 발표했다.

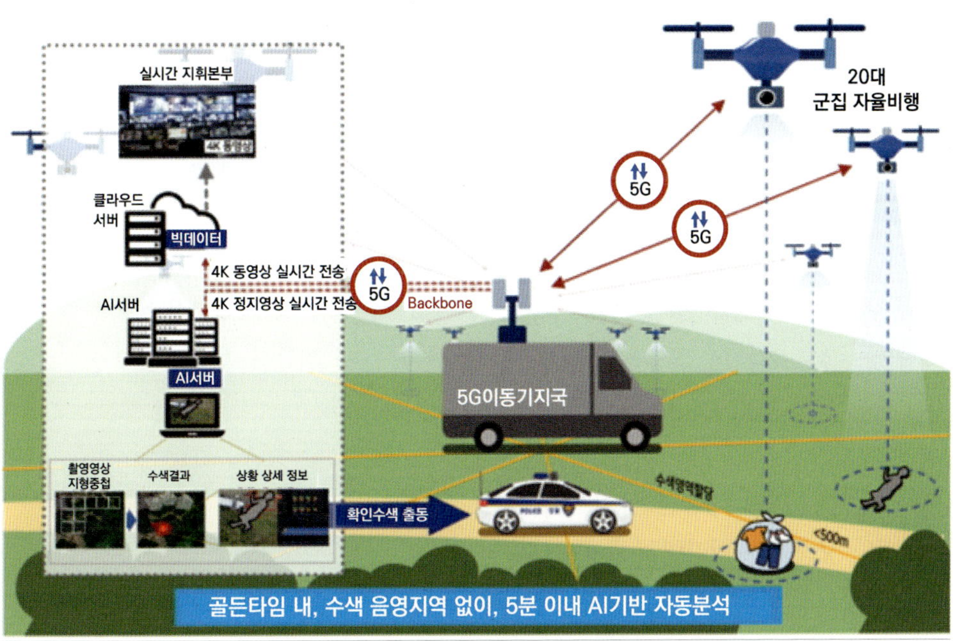

그림 4.4 5G 드론봇 대표 서비스 모델인 폴리스 드론봇(실종자 수색 및 순찰)
〈출처: 과학기술정보통신부 2020. 4. 29. 보도자료〉

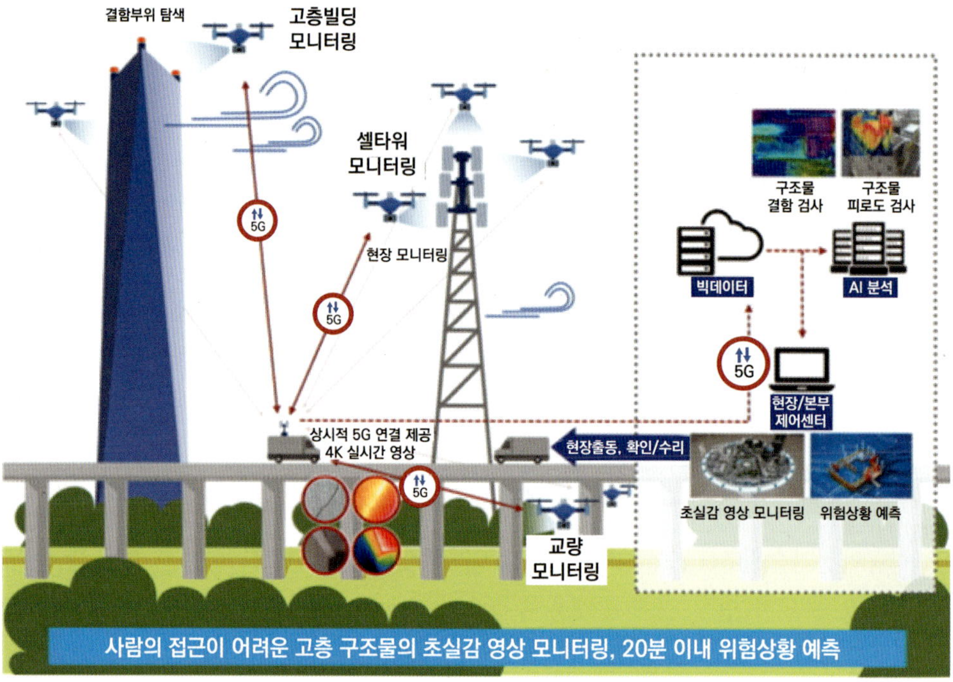

그림 4.5 고층 구조물 관리 드론봇 서비스 모델
〈출처: 과학기술정보통신부 2020. 4. 29. 보도자료〉

드론봇 자율비행 구현을 위한 핵심 인식 AI 기술로는 다음 사항이 중요하다.

- 자세 및 고장 파악 등 내부 상태 인식
- 바람이나 장애물 감지 등 외부 환경 인식

인식을 바탕으로 바람직한 판단 AI 기술로는 아래와 같은 것이 있다.

- 제어: 구동기 명령을 생성(PID, 적응제어, 강인제어 등)
- 유도: 이동 경로를 생성(지점 이동, 로봇팔의 이동, 장애물 회피 등)
- 전략: 유도보다 더 추상적인 결정. 현재 AI가 가장 취약한 분야
- GPS 음영 환경에서 항법: 지형참조항법

외란/이상상황 제어 성능을 높이기 위하여

- 측풍, 상승풍등 외란대처 능력을 평가
- 일부 모터의 고장에 대처(6개 모터/로터 이상)
- 돌출 장애물 회피

등을 위한 인공지능 자율비행 기술확보가 매우 중요하다.

2018년부터 과학기술정보통신부는 자연·사회재난으로부터 국민의 생명 및 재산보호를 위한 노력의 일환으로 인공지능 드론봇 활용을 위한 인공지능 R&D 그랜드 챌린지 경연대회를 진행하고 있다. 이 경연대회에서는 국가적 대형 복합재난 대응역량 강화를 위해 지능정보기술을 활용하여

① '재난관련 상황 및 지식을 종합적으로 탐색하고, 통합적 판단을 통해 잠재적 위험요소를 추론'하고

② '골든타임 확보를 통한 인명구조 혹은 골든타임의 획기적인 증대를 목적으로 하는 AI 드론봇 제어'에 대한 연구를 도전 문제로 선정하였다.

2019 인공지능 R&D 그랜드 챌린지 과제로 '드론봇을 활용하여 다양한 복합재난에 대응할 수 있는 기본 인지지능 SW 기술 개발' 트랙은 4종류로 다음과 같다.

[트랙①: 상황인지] 드론으로 촬영된 동영상의 내용을 이해하고 분석하기

⇒ 주어진 동영상에서 특정 인물, 사물 혹은 건물을 찾아라.

[트랙②: 문자인지] 드론으로 촬영된 대규모 이미지에서 문자 제시하기

⇒ 주어진 간판, 표지판, 광고판, 이정표, 상품 등의 이미지 내에서 한글(단어수준)을 유추하라.

[트랙③: 청각인지] 드론으로 취득된 음성정보에서 구조요청 소리를 듣고 구분하기

⇒ 스테레오 채널로 주어지는 사람의 구조요청 소리를 듣고 발원방향을 추정한 뒤, 이를 남녀노소의 4개 클래스로 구분하라.

[트랙④: 제어지능] 제시된 사양을 만족하는 드론봇을 활용하여 주어진 장애물 세트를 완전 자율비행으로 통과하기

⇒ 장애물 세트는 미로, 창문, 나무, 기둥(폴), 테니스 네트, 강풍 등의 조합으로 구성

KAIST 전기 및 전자공학부 심현철교수 연구팀이 2019년에 이어 2020년에 열린 '2020 인공지능 그랜드 챌린지 경연대회' 제어지능 트랙에서 우승을 차지했다. 이 대회는 복잡한 실내 환경에서 드론이 안전하게 비행해 조난자에게 물품을 전달하는 시나리오를 전제로 진행됐다.

그림 4.6 KAIST 인공지능 비행 드론봇

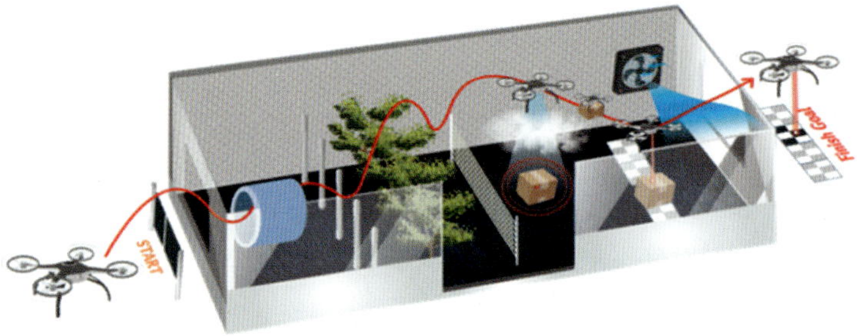

그림 4.7 복합재난에 대응하는 드론봇의 기본 인지지능 SW기술 개념도

표 4.1 복합재난기 대응하는 드론봇의 기본 인지지능 SW기술의 과제 항목

실내미션 (제한시간 7분)	1. 이륙	고정 · 이동 중인 출발패드에서 이륙
	2. 벽/창문통과	벽에 있는 창문이나 파이프를 반드시 통과
	3. 장애물 지역 통과	다수의 폴, 나무 숲, 네트 사이를 통과
	4. 터널 지역 통과	어두운 사각 단면 터널 통과
	5. 강풍 지역 통과	강한 팬 바람 지역 통과
	6. 물품 낙하	운반 중인 물품을 정해진 곳에 낙하
	7. 정밀 착륙	주어진 사이즈의 목표에 정확히 착륙

벽, 창문, 그물 3개, 숲, 터널, 움직이는 블라인드가 있는 창문, 강풍 구간에서 정해진 위치에 구호 물품 전달하기, 착륙 지점에 자동 착륙하기로 구성된 장애물 환경을 극복할 수 있는 인공지능 드론을 개발해 임무를 수행하는 방식이다. 심교수 연구팀은 자체 개발한 실시간 정밀 측위 시스템과 고속 비행제어 시스템, 복잡한 임무수행이 가능한 자체 개발 비행제어 시스템을 활용하여 임무를 모두 수행하였다. 또한 이 팀은 2019년 12월 미국 록히드마틴에서 주관한 '알파 파일럿 대회(AlphaPilot — Lockheed Martin AI Drone Racing Innovation Challenge)'에서 3위라는 성과를 거두었다. 2019년 알파 파일럿 대회 우승은 네덜란드의 MAVLAB 팀, 준우승은 스위스의 UZH Robotics and Perception Group이 차지하였다.

정부가 노력하고 있는 DNA + 드론 기술 개발 사업과 인공지능 R&D 그랜드 챌린지 경연대회 등을 통하여 인공지능 드론봇 기술이 축적되고 ICT 네트워크 기반 한국형 AI 드론봇 서비스 플랫폼이 제시될 것이다. 다양한 AI 드론봇 제품과 다수의 드론봇을 운용하는 네트워크 플랫폼 시스템의 성능을 한국의 미래 스마트시티에서 검증하여 패키지 상품으로 제시하면 국내 관련 시장의 활성화는 물론 해외 수출 증대에도 크게 기여할 것이다.

제3절 | 항공모함보다 신개념 드론봇 모함이 필요한 한국

신개념 한국형 IoT 드론봇 제품 확보 후, 국방과 국가 재난안전 관리 임무 수행을 염두에 둔 한국 고유의 모자(母子) 분리형 캐리어 드론봇과 드론봇 모함 개발도 제안해 본다.

항공모함 개념을 적용한 대형 모드론봇에 다수의 자드론봇이 탑재되어 장거리 목표 지점까지 이송한 후, 목표지점에서 자드론봇이 분리되어 임무를 수행하는 캐리어 드론봇 시스템이 한국과학기술연구원 센서시스템연구센터 이택진박사 팀에 의하여 개발되었다. 소형 멀티콥터 드론은 좁은 지역에서 수직이륙하여 임무 수행이 용이하나 비행시간이 짧고 비행거리에 제한이 있다. 건국대 스마트드론연구소, ㈜엑센스, ㈜한국헬리콥터, ㈜U3로보틱스와 협력하여 6대의 자드론 자동 비행이 가능한 캐리어 드론봇(그림 4.8) 시스템을 개발하여 1차 시제품을 계룡대 활주로에서 2020년 10월 성공적으로 시연하였다. 소형 드론봇의 비행거리를 획기적으로 개선하기 위하여 탑재하중량 30kg의 대형 캐리어 드론봇을 개발하였고 윗면 갑판에 6대의 자드론봇을 탑재하였다. 6대의 드론봇들의 군집 비행은 여러 대의 수동비행이 아닌 다수의 드론봇을 정확한 시간에 정밀하게 계산된 위치로 이동을 가능하게 하는 자동 군집 비행 기술의 응용으로 이루어졌다.

군집 비행 시스템을 갖추기 위해서는 매우 정밀한 위치 측정과 예측 위치를 계산하는 알고리즘 모두가 중요하다. 이를 이용하면 드론봇이 주변 드론봇 및 환경과 상호작용하여 사용자가 원하는 임무를 수행하도록 하는 군집 단위의 제어를 할 수 있다. 각각의 자드론봇 착륙 지점을 정하고, 착륙 지점과 이륙 고도를 지상통제시스템(GCS; Ground Control Sysyem)에 입력한다. GCS에 입력된 착륙 지점 및 이륙 고도는 자드론봇 시동 시 각 자드론의 비행제어컴퓨터에 입력된다. 모드론봇이 이륙하여 자드론봇 이륙 장소에 도달 후 호버

그림 4.8 5대 자드론을 탑재 자동 비행 가능한 모자 분리형 캐리어 드론봇 시제품

링을 시작하면 자드론봇이 이륙을 하여 모드론봇 기준으로 각각 설정된 좌표로 이동한다. 각각 설정된 좌표에서 호버링 비행을 하는 동안 모드론은 정해진 착륙 지점으로 이동하고, 모든 자드론봇은 설정된 착륙 지점으로 이동한 뒤 자동 착륙한다. 자드론봇의 군집 비행 시스템의 구성은 그림 4.9와 같다. GCS는 각 자드론봇과 다대일 통신을 한다. GCS로 비행 임무 설정을 하고 각 자드론봇에 임무 할당을 하면 각 자드론봇은 할당 받은 비행 임무를 수행한다. GCS로 이착륙, 임무 비행, 대기 등의 명령을 자드론봇에 실시간으로 줄 수 있고 자드론봇은 GCS의 명령을 받으면 그 명령을 수행한다. 각 자드론봇이 비행 중 이상이 생겼을 경우를 대비하여 자드론봇 3대당 1개의 조종기를 할당하였으며 GCS보다 조종기에 제어 우선권을 할당하였다.

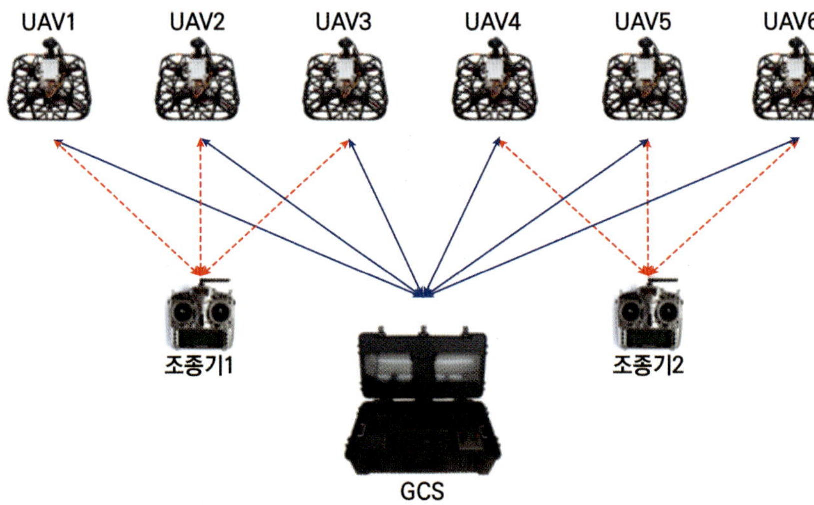

그림 4.9 자드론봇(무게 2.0kg, 크기 0.4m) 군집 비행 시스템 구성도

〈출처: 건국대 스마트드론연구소〉

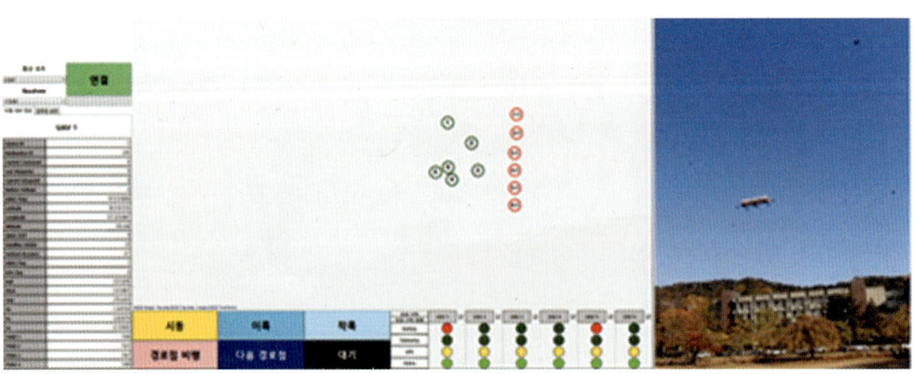

그림 4.10 6대 자드론봇 군집 비행 시험 과정 요약

〈출처: 건국대 스마트드론연구소〉

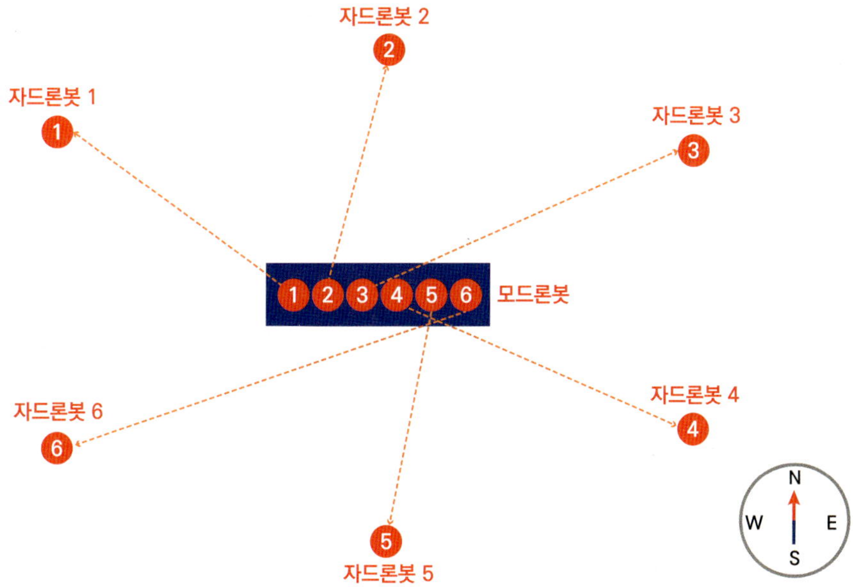

그림 4.11 자드론봇의 군집 비행 과정

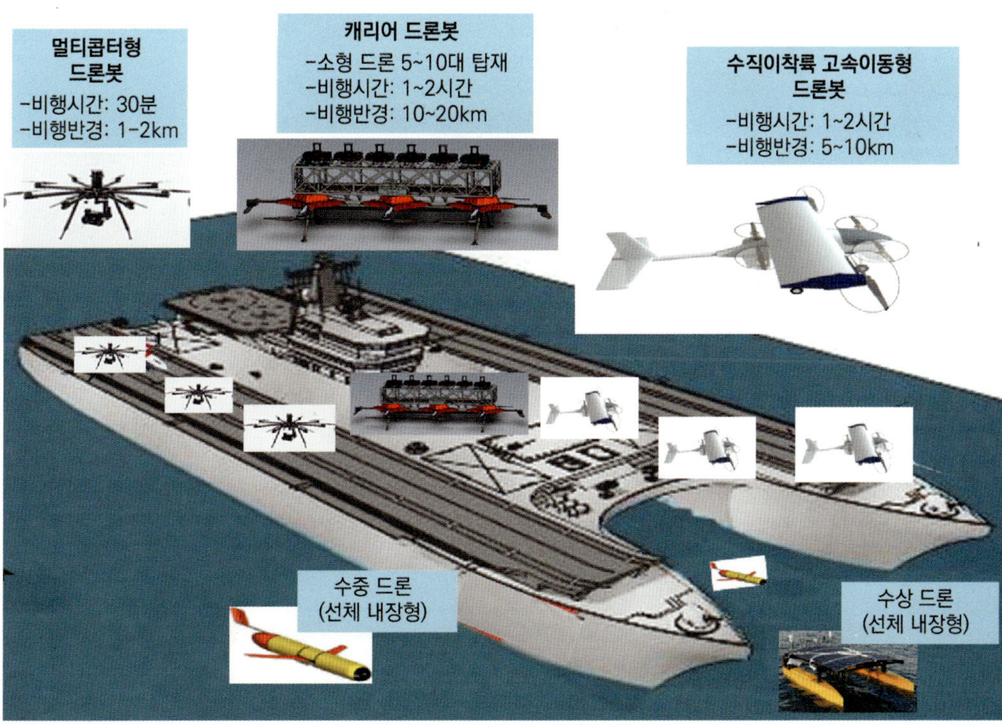

그림 4.12 드론봇 모함에서 공중 드론봇과 수상/수중 드론봇이 운용되며 임무 수행을 할 수 있는 캐리어 드론봇 개념도
〈출처: 건국대 스마트드론연구소〉

현재 설정된 자드론봇의 비행 시험은 이륙 후 모드론 기준으로 각각 설정된 좌표로 이동한 뒤 설정된 착륙 지점으로 이동 후 착륙을 하는 것이다. 임무는 위의 임무 이외에도 사전에 설정하는 것에 따라 다양한 임무 수행이 가능하다.

캐리어 드론봇 시스템은 대규모 재해 상황에서 여러 대의 자드론봇을 활용한 긴급 탐색에 이은 구호품 전달을 할 수 있고 테러나 군 작전 등 유사 상황 대비 특수 임무 수행이 가능하다.

다수의 공중 드론봇과 수상 및 수중 드론봇과 캐리어 드론봇을 탑재한 민군 겸용 드론봇 모함을 서해, 남해, 동해 및 중요 해안가나 대형 댐 내수면에 배치하고 민간용의 경우, 평상시에는 환경 감시 모니터링, 대기 및 수질 자료 수집 등의 임무를 수행하다가 재난 위급 상황이 발생할 경우 신속한 정보를 수집하여 확실한 대처 방안을 결정한 후, 즉각적으로 대응을 할 수 있을 것이다.

그림 4.13 드론봇 모함에서 드론봇이 운용되며 임무 수행을 할 수 있는 개념도
〈출처: 건국대 스마트드론연구소〉

제4절 | K-드론봇, 육해공을 누벼라

드론봇의 활용 범위가 확대되면서 지상 및 수상에서 수직이착륙이 가능하며 공중에서 시속 100km 이상으로 이동 가능한 드론봇의 필요성이 커지고 있다.

건국대 스마트드론연구소는 과학기술정보통신부의 무인이동체 핵심기술 개발 사업으로 '육해공 겸용 무인이동체 개념 설계 및 구현 가능성 검증' 연구를 수행하여 지상 및 수상에서 저속 이동을 하면서 수직이착륙이 가능하고 공중에서 고정익 모드로 고속 비행이 가능한 드론봇을 연구개발하였다. 활주로가 없는 직경 5m 이내의 지면이나 수면에서 6개의 로터로 수직 이륙하여 2개 로터를 틸트하여 고속이동할 수 있는 드론봇이다.

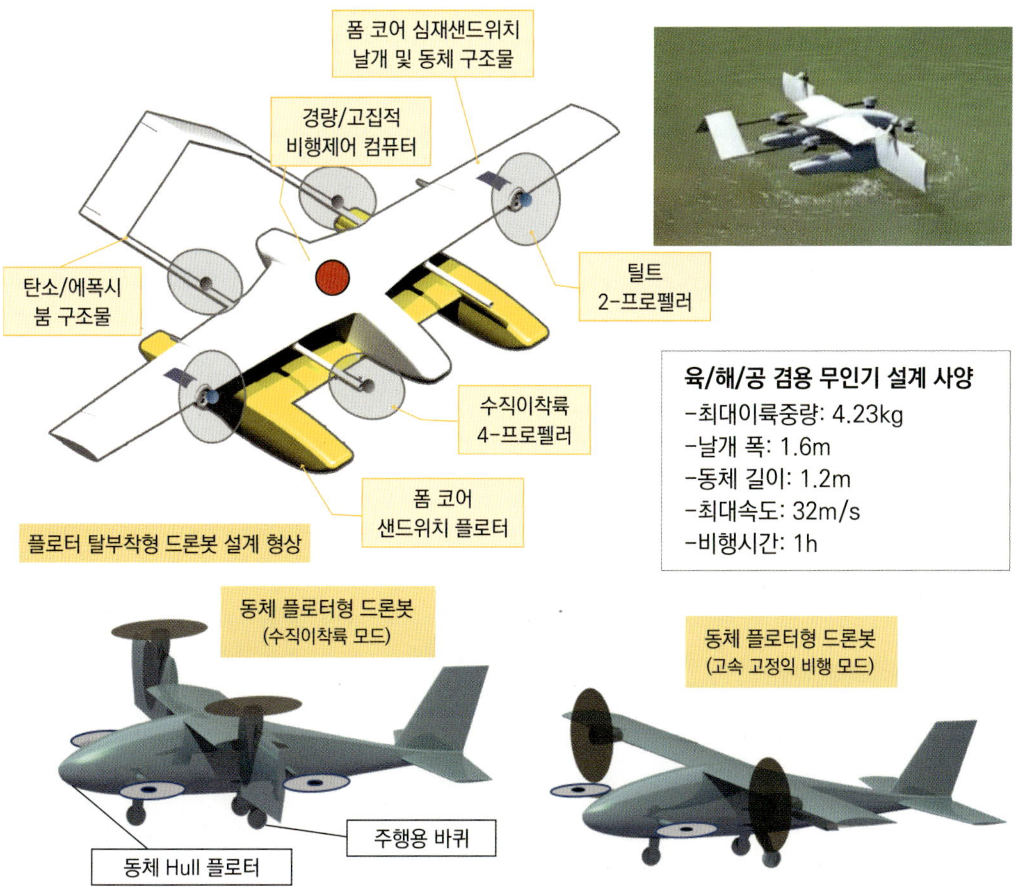

그림 4.14 건국대가 개발한 육해공 겸용 드론봇 설계 형상과 제원

〈출처: 건국대 스마트드론연구소〉

그림 4.15 K-드론봇의 수상 저속 이동 모드와 수직이착륙 비행 모드

플로터와 랜딩 기어를 탈부착할 수 있는 구조로 지상 및 수상에서 저속 이동과 수직이착륙이 가능한 드론봇 제품 형상 설계를 하였고, 나셀에 연장 날개를 부착하여 고정익 비행 시 양력을 증대할 수 있도록 설계하였다.

기체의 경량화 및 구조적 안정성을 높이기 위해, 금속소재에 비해 무게당 강도 비율이 높은 섬유강화 복합소재를 활용하였다. 기체의 외피 및 내부 구조물과 플로터에는 탄소섬유강화 플라스틱(CFRP)과 유리섬유강화 플라스틱(GFRP)을 사용하였으며, 주날개보(main wing spar)와 붐(boom)에는 탄소섬유강화 플라스틱(CFRP)을 적용하였다. 섬유강화플라스틱 박판 외피 내부를 초경량 폼코어(foam core)로 채운 샌드위치 구조로 만들어 변형과 파손에 대한 구조적 안정성을 제고하면서에 수상에 추락하였을 경우에도 수면에 부유하여 회수가 가능한 구조물로 설계(건국대 보유 특허: 수면에서 부유할 수 있는 구조물을 구비한 드론, 한국 특허 등록번호: 10-2032051, 2019)하였다. 이 경우 기체의 일부 손상은 발생할 수 있지만 드론봇에 탑재된 중요 제어 컴퓨터와 고가 센서를 회수할 수 있다.

2개의 틸트로터가 가능한 통합 제어 컴퓨터도 개발하였다. 틸트로터 드론봇의 회전익 모드 제어를 수행하기 위해 자세/고도 제어를 위한 FCC를 자체 설계하고 제작하였고 필요에 따라 센서 또는 특수 작업 기능 추가가 가능하도록 하였다.

최대 이륙중량 4.2kg, 날개 길이 1.6m의 육해공 겸용 드론봇을 제작하여 지상에서의 수

그림 4.16 K-드론봇의 수상 추락시 부유 모드, 주요 부품 회수가 가능함

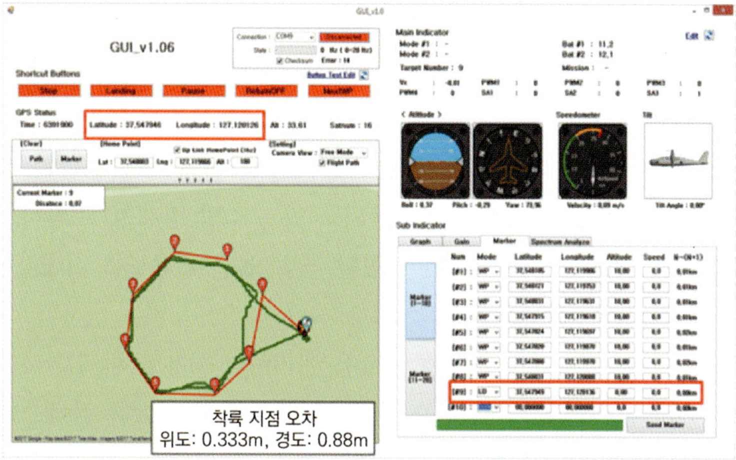

그림 4.17 GPS 좌표 경로지점에 대한 회전익 모드 자율비행 시험 제어 정보 화면

직 이착륙 시험 결과 모터 출력 50% 정도에서 수직이륙 및 호버링이 가능하며 개인 조절을 통해 안정적으로 자세를 유지하는 것을 확인하였다. 비행 시험을 통하여 회전익 모드에서 8개의 GPS 좌표 경로지점을 설정하여 각 경로 지점을 1.5m 오차 거리 이내로 비행할 수 있음을 확인하였다. 고정익 모드에서 6개의 경로지점에 대한 자율비행 시험을 수행하였으며 10m 이내의 거리 차(고도 포함)로 수렴하는 제어 성능을 확인하였다.

파고가 없는 잔잔한 수면 환경에서 수상 이동 후 수직 이착륙과 공중에서 저속으로 전진 이동하는 시험을 하고, 모터보트로 인공 파도를 생성하여 파고가 있는 수면 환경에서의 수상 저속 이동 및 수직 이착륙을 성공적으로 수행하였다. 파고는 시험 전 비행영역 수면 아래 파랑계를 설치하여 측정하였고, 측정결과 최대 파고는 약 0.4m로 측정되었다. 개발품의 수상운용 시험 결과, 수상에서의 저속 이동 및 수직 이착륙 성능이 검증되었으며, 파고가 다소 발생하는 환경에서도 운용이 충분히 가능한 것을 확인함으로써 육상 및 공중뿐만 아

그림 4.18 육해공 겸용 K-드론봇의 수면 이착륙과 인공 파도 환경에서 비행 모습

〈출처: 건국대 스마트드론연구소〉

니라 수상 운용도 가능하여, 육해공 겸용 드론봇의 활용도를 넓일 수 있음을 확인하였다.

활용 방안 중, 산림 및 수자원의 감시정찰 임무는 활동범위가 수십km 이상으로 매우 넓고, 필요할 경우 수상에서 임무를 수행해야 하며, 강풍 등의 악기상 조건하에서의 운용이 가능해야 하는 점에 있어, 육해공 겸용 드론봇이 해당 임무 수행에 적합한 수단이라고 할 수 있다. 현재 전국적으로 500개소 이상 운용되고 있는 소방 방재청, 소방서, 경찰청, 환경청 등에 육해공 겸용 드론봇 운용 체계가 도입될 경우, 높은 활용도를 기대할 수 있을 것으로 예상된다.

삼면이 바다로 이뤄진 한반도에서 해양 자원을 관리하며 활용할 수 있는 드론봇 기술 적용도 중요하다. 2018년 해양수산부는 '오션 드론 555' 비전 발표를 통해 '드론을 활용한 해양수산 현장업무 혁신 방안'을 마련한 바 있다. 향후 2022년까지 그림 4.19와 같이 우리나라 전 해역에 500대의 드론을 배치하는 내용에 육해공 겸용 드론봇 기술과 운용 시스템을 적용하면 사업 결과가 훨씬 더 좋아질 것이다.

이 연구개발을 통해 확보된 기술은 민간 분야뿐만 아니라 군사 분야에서도 한국군의 특수 임무 수행 지원을 위한 군용 드론봇의 개발에 활용 가능할 것으로 보이며, 제품의 성능 및 기술성숙도를 높여 해외 판매로 이어질 경우, 수출을 증대에 기여하고 국산 드론의 국제적 인지도를 높일 수 있을 것으로 기대된다.

그림 4.19 해양수산부의 '오션 드론 555' 비전 발표에서 구상하고 있는 드론봇 활용 방안

제5절 | 새로운 도심항공교통 체계를 창출하다

향후 10년 이내에 미래 공상과학 영화 '블레이드 러너'와 같이 빌딩 숲 사이로 소형 택시가 날아다니는 시대가 도래할 것이다. 도심항공교통(UAM; Urban Air Mobility)은 대도시권 지상교통혼잡 문제를 해결할 수 있는 대안으로 도시 상공 하늘길 출퇴근을 가능하게 할 차세대 교통수단으로 주목받고 있다.

도심항공교통이란 도심지 내 수직이착륙이 가능한 드론봇을 활용하여 도시권역 교통 혼잡 문제를 해결할 수 있는 차세대 3차원 교통수단이다. 도시 권역 30~50km의 이동거리를 비행 목표로 하고 있는 도심항공교통은 승용차가 1시간 걸리는 거리를 단 20분 만에 도달할 수 있는 혁신적인 교통서비스다. UAM은 인구밀도가 높고 도심 자동차 교통 체증 문제가 심각한 대도시에 적합한 미래 교통수단이다. 전 세계적으로 UAM 산업과 시장에 대한 공격적인 예측을 하고 있는 데 모건스탠리는 2040년까지 UAM 시장이 1700조원 규모로 성장한다고 예상하고 있다. 이 규모는 2021년 2000조원의 전세계 자동차 시장 규모의 85% 수준이다.

최근 UAM이 상당히 주목을 받게 된 근본적인 이유는 관련 기술의 발달과도 연관되어 있다. 과거 개념구상이나 시험 수준에 머물던 개인용 비행기(PAV)가 최근 드론봇과 소형 항공기 관제 기술의 발전으로 새로운 국면을 맞이하고 있다. 특히, 드론봇의 수직이착륙 기술인 VTOL(Vertical Take-Off and Landing) 기능과 제어 및 군집 항법 기술의 발달로 공

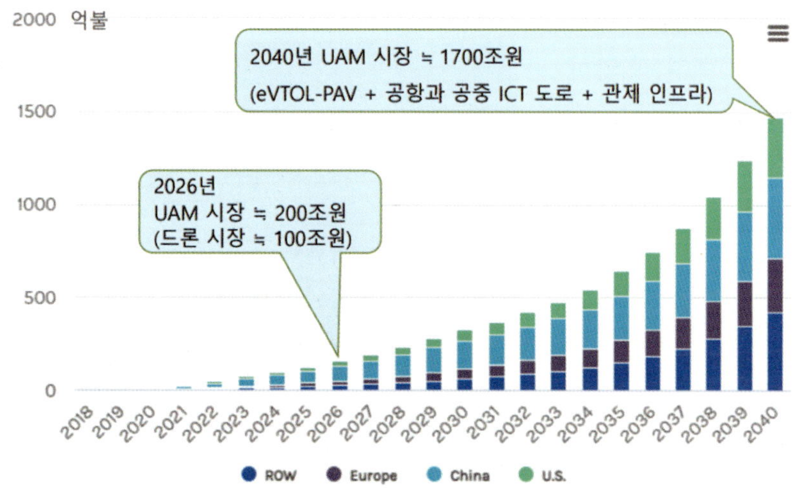

그림 4.20 모건스탠리가 예측한 2040년까지의 UAM 시장 규모

간이 협소한 도심에서도 별도의 활주로 없이 수직으로 기체를 띄울 수 있게 됐다. 또한 전기로 구동되는 전력구동 기술과 배터리 기술이 빠르게 발전하고 있어, 대도시 도심에서도 효율적으로 활용 가능한 UAM 서비스 시장이 형성되고 있다.

1 UAM용 유인 드론봇 개발 현황

독일 볼로콥터(Volocopter)는 독일의 앞선 드론봇 관련 기술을 적용하여 2011년에 두 사람이 탈 수 있는 드론봇을 개발하였다. 인텔과의 협업을 통해, 18개의 로터가 달린 비행체로 15분 비행이 가능한 VC 200을 2018 CES에서 선보였고, 2019년에는 유럽의 EASA SC-VTOL-01 비행 요구 기준을 만족시켰다. 현재까지 두바이 도심 상공에서 30분간 비행 시연을 하는 등 지난 10년 동안 1100억 원 정도를 유인 드론봇 개발에 투자하며 유인 드론봇 서비스 시장을 선점하려고 노력하고 있다.

그림 4.21 2011년에 개발하여 현재까지 비행하고 있는 2인승 유인 드론봇 〈출처: www.volocopter.com〉

중국 이항(Ehang)는 2016년 세계 최대 가전 박람회 CES에 드론봇택시 모델을 전시하며 관심을 크게 집중시켰다. 그 후에 중국 정부의 전폭적 지원과 대형 투사 유치를 기반으로 연구개발과 수천 번의 시험비행을 집중적으로 수행하며 관련 기술과 경험을 가장 풍부하게 축적하고 있다.

그림 4.22 2020년 11월 '이항 216' 드론봇택시의 한강 서울 상공 시연 장면 〈출처: 조선일보 DB〉

그림 4.23 2019년 미국 워싱턴에서 개최된 Uber's Elevate 정상회의에 전시된 Bell Nexus 하이브리드 eVTOL
〈출처: 게티 이미지〉

미국 우버(Uber)는 매우 적극적으로 드론봇택시 서비스 사업 투자를 하고 있으며 2023년 상용화를 목표로 미국항공우주국(NASA)과 통신사 AT&T와 협업하고 있다. 우버는 VTOL형 드론택시를 개발하고 있으며 2023년에 드론봇택시 서비스를 시작한다고 발표하였다.

보잉(Boeing)의 PAV 담당 부서 NeXt는 Aurora Flight Science 사와 공동으로 eVTOL 개념의 자율비행 PAV를 설계, 1:4와 1:10 축소형 프로토타입를 제작하였으며 2019년에 첫 시험 비행을 수행하였다. 그러나 시험비행 중 계기 고장으로 인해서 기체가 대파되었고, 이후 Boeing 737 사고와 COVID19 등으로 인한 재정 손실로 인해서 PAV 프로젝트가 현재 중단된 상태이다. 날개폭 8.53m, 동체 길이 9.14m이고, 한 번 충전으로 80km 비행이 가능한 전기식 수직이착륙(eVTOL) 모델이다.

그림 4.24 미국 보잉 사 PAV
〈출처: Boeing 사〉

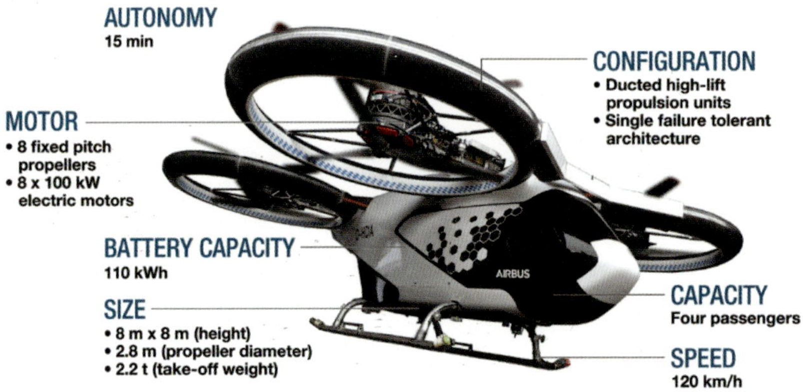

그림 4.25 2019년 5월에 처녀 비행을 한 에어버스의 eVTOL CityAirbus 설계 형상
〈출처: www.airbus.com/innovation/zero-emission/urban-air-mobility〉

그림 4.26 Lilium Jet 사 PAV
〈출처: Lilium Jet 사〉

에어버스(Airbus)는 2023년 전후에 전기 동력의 드론봇을 출시할 계획이다. 현 구상은 4명이 탑승하여 15분간 시속 120km로 이동 비행하는 것이다. 덕트 내에 8개의 로터를 내장하여 400kg의 부양력을 낼 수 있는 전기 동력 수직이착륙 유인 드론봇을 개발하고 있다.

독일 회사인 Lilium Jet는 2017년 4월에 PAV의 시험비행을 성공적으로 마쳤다. 드론봇은 수직으로 이착륙하고, 제트기처럼 추진하는 '세계 최초의 전기 동력에 의해 수직 이륙/착륙하는 제트 모델'이라는 점을 강조하고 있다.

구글 설립 멤버 중 하나인 래리 페이지(Larry Page)의 재정지원으로 2010년에 설립된 키티 호크(Kitty Hawk)는 Kitty Hawk Flyer라는 프로토타입 eVTOL을 설계하고, 2016년에 프로토타입 제작을 시작했다. 총 8개 로터를 장착한 Flyer의 순항속도는 시속 20마일로 약 20분 정도 비행할 수 있으며, 특히 해수면 저고도 비행이 가능하다고 알려져 있다. 이후

그림 4.27 Kitty Hawk Flyer(왼쪽 위), Cora(오른쪽 위), Tiltrotor Heaviside(아래)
〈출처: https://www.kittyhawk.aero〉

2018년 Kitty Hawk Flyer 시제품 모델을 FAA Part 103 인증을 위해 개발했는데, 프로토타입과는 달리 총 10개 로터를 장착하였다. 2020년까지 총 25,000회 이상의 시험 비행을 성공적으로 수행한 것으로 알려져 있다. 키티 호크는 또한 2018년에 2인승 eVTOL Cora 시제품을, 2019년 10월에 1인승 tiltrotor eVTOL Heaviside를 개발 공개했다. Canard /

그림 4.29 Q-Starling 설계 형상, 이착륙시 추력시스템
〈출처: https://samadaerospace.co.uk/docs/brochure.html〉

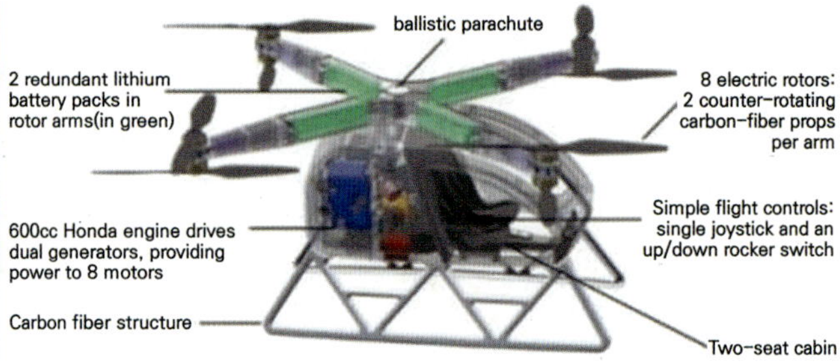

그림 4.28 eVTOL SureFly
〈출처: https://www.moog.com〉

Swept-forward Main / Tail Wing 형상의 Heaviside는 주날개에 6개, 카나드에 2개로 총 8대의 로터가 장착되었다. 이착륙시 총 8개의 로터, 전기 모터 및 하우징은 벨 V-280 틸트 로터 항공기와 유사하게 수직 비행을 위해 함께 기울어져 있고, 수평비행시 수평모드로 변환된다. Heavisid는 헬리콥터보다 100배 더 조용하고 빠르며 무게는 Cessna의 약 1/3 정도라고 주장하고 있다.

뉴욕에 있는 무그(Moog)에서 개발된 SureFly는 eVTOL이며, 2017년 파리 에어쇼에서 첫 공개되었고, 2018년 첫 시험비행이 이루어졌다. 하중 1100lb, 2인승인 SureFly는 8개의 독립 모터로 작동되는 로터, 백업 배터리 전원 시스템, 비상 사태 발생시 안전하게 착륙할 수 있는 낙하산를 장착했으며, 가스엔진(200hp) 발전기와 병렬 배터리팩이 있어 비행 중 배터리 충전 기간 제한 없이 최대 100km 비행할 수 있다. 상용화될 경우 판매 가격은 20만 달러 미만으로 예상된다.

영국에 있는 하이브리드 eVTOL 항공기개발 회사인 SAMAD Aerospace는 2020년 9월 Q-Starling 개발계획을 발표했다. Q-Starling은 모든 기체가 초경량 탄소 섬유로 제작되며, 2인승 수직이착륙(VTOL) 가능한 하이브리드 PAV 형상으로, 길이 8.08m, 날개 길이 7.92m, 최대 이륙 중량 1040kg, 순항속도 250km/h, 최고 속도 300km/h, 항속거리 약 500마일로 알려졌다. Q-starling 동력은 하이브리드 시스템 터보 발전기로 바이오 디젤 또는 항공연료로 작동되며, 수직 비행모드에서 대구경 호버팬이 추력을 공급, 기존 비행모드에서 터보 제트로 변환되어 추력을 공급한다.

해외에서 다양한 형태로 개발 중인 PAV를 추진 형태별로 분류해 보면 표 4.2와 같다. 이중 날개가 없는 멀티콥터형은 배터리 성능의 혁신적 변화가 없는 한, 단시간 비행쇼를 위한 PAV로는 가능하나 유인 드론봇 실용화 상품으로는 경쟁력이 부족하다고 할 수 있다.

표 4.2 PAV 추진 형태별 분류

구분	Vectored Thrust (틸트로터)	Lift + Cruise (고정익 · 회전익 복합)	Wingless (Multirotor) (멀티로터)
형상			
형상적 특징	- 틸트 시스템 탑재 (동일 추진부) - 세 가지 비행모드 (고정익, 회전익, 천이비행) - 높은 전진비행 효율 - 낮은 제자리비행 효율	- 독립적 고정식 추진부 구성 - 세가지 비행모드 (고정익, 회전익, 천이비행) - Vectored thrust 보다 수직이착륙이 용이 - 높은 전진비행 효율	- 회전익으로 구성 - 단일 비행모드(회전익) - 높은 제자리 비행 효율 - 상대적으로 높은 안전성 - 낮은 전진비행 효율

〈출처: 국토교통부, 2020년 6월 2일 보도자료〉

다양한 형상의 유인드론봇에 대한 기술 개발 과정에서 연구팀과 시기에 따라 통용되는 용어가 지속 변화되어왔는데 표 4.3은 이 내용을 보여주고 있다.

표 4.3 PAV 기체와 서비스 관련 용어 및 개념

구분	용어	시기	사진	개념 및 주요내용
기체	플라잉 카	'80년대~		· 도로주행 · 비행 겸용 교통수단이나 하늘을 나는 교통수단의 대명사로 통용
기체	PAV (Personal Aerial Vehicle, 개인용 비행기)	'00년대~		· 개인 소유가 가능한 수준으로 소형화 및 조종이 단순화된 비행체를 의미
기체	eVTOL (전기동력 수직이착륙기)	최근		· 전기동력 활용(소음↓) 및 수직이착륙(활주로 필요없음)하는 비행체 의미
서비스	드론택시	'15년~	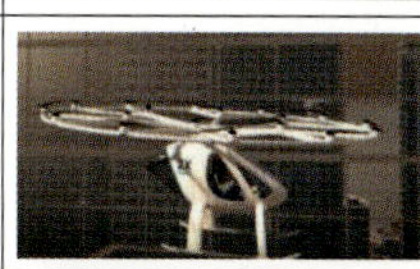	· 무인조종 · 자율비행(인건비↓)을 전제로 한 대중교통 서비스 의미
서비스	UAM (도심 내 항공교통수단)	최근		· 도심 내 항공교통 서비스를 의미하며, eVTOL기체 활용을 내포

〈출처: 국토교통부, 2020년 11월 11일 보도자료〉

건국대 스마트드론연구소 기반 벤처 기업 ㈜엑센스는 2014년 유인 드론봇과 관련해 국내 특허 '다단 틸트 멀티 로터 플라잉 카(대한민국 특허 등록 번호 10-1386959)'를 등록하였고 2017년 국내기업으로서 최초로 플라잉 카 관련 미국 특허 'Multi-Stage Tilting and Multi-Rotor Flying Car, US Patent No. 9,682,772 B2'을 취득한 후 후속 연구개발을 활발하게 추진하고 있다.

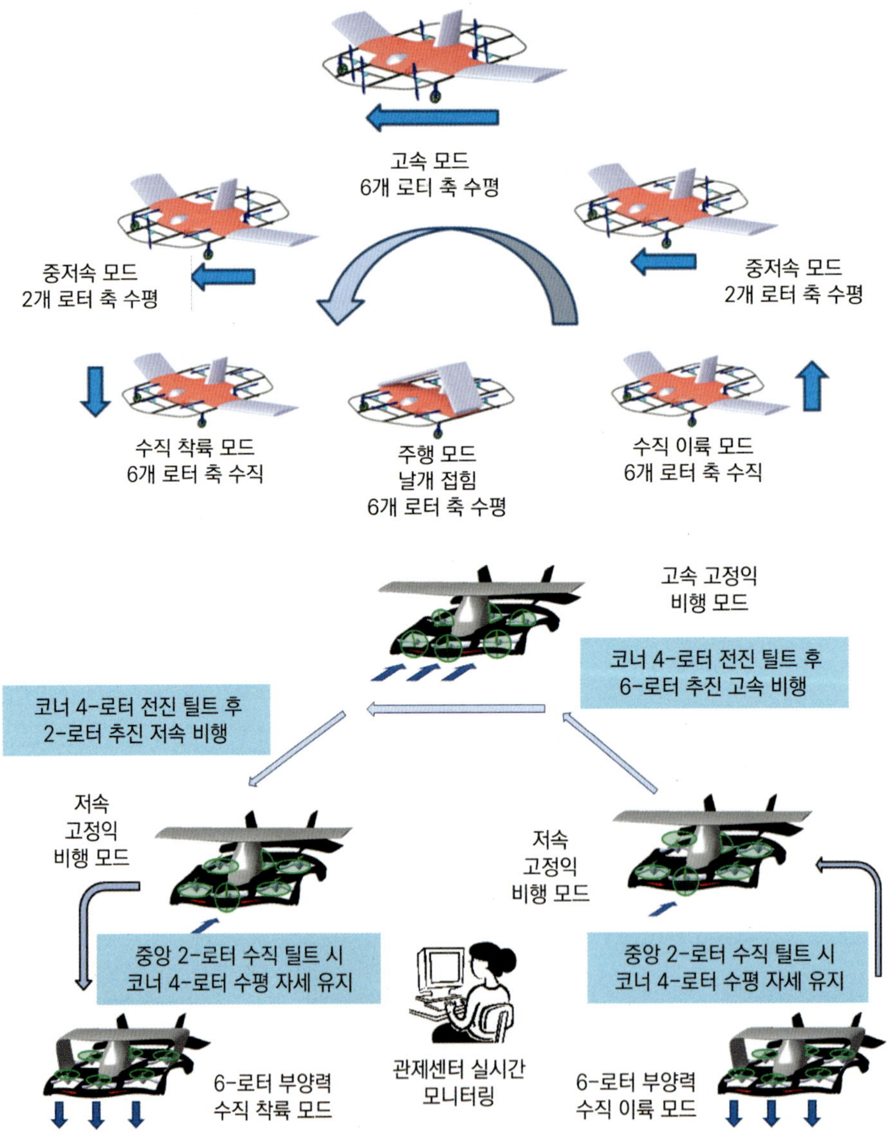

그림 4.30 다단 틸트 멀티 로터 플라잉 카 운용 개념도

〈출처: 건국대 스마트드론연구소〉

2 UAM 운용 시스템 개발 현황

국토교통부와 서울특별시는 2020년 11월 서울 여의도에서 K-드론시스템을 활용하여 드론배송·택시 등 도심항공교통 기술 현황에 대한 실증행사를 개최했다. K-드론시스템은 다수 드론봇의 안전운항을 지원하는 관제시스템으로 드론봇 배송 및 드론봇택시를 위한 핵심 연구 과제이며, 2020년 인천·영월에 이어 최초로 서울 도심 내에서 종합 실증을 실시했다. 이 행사에서는 2020년 봄에 오스트리아 도심 상공에서 비행 시연에 성공한 중국 '이항 216' 유인 드론봇이 사람 대신 20kg 쌀포대 4개를 싣고 한강공원~마포대교 일대 1.8km 거리를 7분간 두 바퀴를 비행하였다. 서울시는 오는 2025년 드론봇 택시 서비스 상용화를 위하여 미래 교통수단을 적극적으로 마련하기로 했다. 드론봇 택시 서비스를 이용하면 잠실 둔치에서 김포공항까지 12분 정도 걸릴 것으로 예상된다.

이 행사에서 한화시스템은 미국 오버에어와 공동 개발 중인 개인비행체(PAV) '버터플라이'의 1/3 축소 모형을 공개하였다. 버터플라이는 전기식 수직이착륙 고속이동 유형으로 저소음·고효율의 최적속도 틸트로터 기술이 활용될 예정이다. 한화시스템은 한국공항공사와 드론봇택시가 뜨고 내릴 수 있는 도심항공교통용 터미널 '버티포트(vertiport)'의 상위 개념인 '버티허브(verti-hub)'를 김포공항에 만들겠다는 구상을 밝혔다.

우버와 Humphreys & Partners 사는 2018년 Ride-Hailing 사의 제2회 엘리베이트 컨퍼런스에서 여러대의 eVTOL 드론택시가 수직이착륙을 할 수 있고 매시간 4000명 이상의 승객을 수용할 수 있는 친환경 도심공항 복합 건축물 단지 'Beehive Skyport' 설계안을 공개했다.

그림 4.31 한화시스템이 미국 오버에어와 공동 개발 중인 버터플라이의 실물 모형 〈출처: 한화시스템〉

그림 4.32 한화시스템·한국공항공사·김포공항이 추진하는 '버티허브' 조감도 〈출처: 한화시스템〉

그림 4.33 Humphreys & Partners 사의 'Beehive Skyport' 설계안, 여러 대의 eVTOL 드론봇택시가 수직이착륙을 할 수 있는 친환경 도심공항 복합 건축불 단지 〈출서: https://www.theverge.com〉

그림 4.34 Gensler 사가 설계한 Uber Los Angeles Skyport 설계(안)

우버는 그림 4.34와 같은 'Uber Los Angeles Skyport'를 구축하여 2023년에 도심 드론봇택시 공항 서비스를 시작할 계획이다. 이 스카이포트는 기존의 버스터미널이나 기차역과 같이 자동차로 접근이 용이한 주요 간선 도로와 연결되어 있고 자전거나 스쿠터와 같은 개인용 이동체로도 접근이 가능하여 주위 주요 위성 도시와 연결되는 드론택시 허브 역할을 할 수 있도록 설계되었다. 또한 전기자동차나 수소자동차의 에너지 충전 시설도 수용하고 있다.

2020년 1월, 현대자동차는 우버와 함께 세계 최대 소비자가전전시회(CES)에서 드론봇 택시를 공개하였다. 드론봇 택시 기체 개발의 경우, 초창기에는 독일의 볼로콥터(Volocopter) 사, 중국의 이항과 같은 스타트업 업체들이 주도하였다. 이후, 현대자동차, 도요타 등 글로벌 자동차 제조업체들과 에어버스, 보잉과 같은 기존 항공기 제조업체들까지 가세해 기체 개발 분야에서 빠른 진전이 이루어지고 있다. 특히, 앞서 언급한 현대차는 올해 CES에서 우버와 협력해 PAV 컨셉의 S-A1 기체를 공개하며 2028년도 상용화 계획을 밝혔고, 우버는 '우버 엘리베이터'라는 자회사를 통해 PAV 개발 및 상용화 부분에서 앞서가고 있다.

2021년 1월 현대자동차그룹은 영국 기업 어번에어포트(Urban-Air Port)와 영국 중부 코번트리시에 세계 최초로 조성되는 도심항공모빌리티(UAM) 공항 건설에 참여한다고 발표하였다. 이 UAM 공항은 현대자동차그룹이 2028년 상용화를 목표로 개발 중인 드론봇택시와 중대형 물품 배송용 드론봇 등의 이착륙이 가능한 교통 허브의 역할을 목표로 하고 있다. 이 도심공항 사업은 최근 영국 정부가 공모한 항공 시스템 개발 사업 '퓨처 플라이트 챌린지(Future Flight Challenge)'의 최종 사업으로 낙점됐다. 어번에어포트는 향후 5년간 세계 200곳에 도심공항 에어원 구축을 목표로 하고 있다.

그림 4.35 드론봇택시 UAM 가상 이미지
〈출처: 현대 MnSOFT〉

그림 4.36 영국 코번트리시에 구축할 UAM 공항 '에어원' 구상도 〈출처: 현대자동차 영국법인〉

도심 상공에서의 비행은 국가별로 비행이 가능한 구역과 제한구역, 비행 고도 등에 대한 규정이 서로 다르다. 따라서 도심에서 원활한 비행을 위해서는 공역에 대한 다양한 정보들을 제공할 수 있는 공역 지도가 필요하다. 앞으로 UAM의 안전한 비행을 위하여 개발될 공역지도는 단순히 기체의 현재 위치를 보여주는 것에서 한발 더 나아가 다양한 동적인 요소 정보들을 3차원 공간에 세밀하게 제공해야 할 것이다. 예를 들어, 기존의 2차원 지도에선 볼 수 없는 도심의 건물 높이, 풍향, 비행 가능 고도 등 다양한 정보가 담겨야 한다. 특히 자동비행 기반 UAM 시스템에서 이러한 공역지도 데이터는 효과적으로 활용될 수 있다. 현재 드론의 조작방식은 2차원 지도상에 장애물에 대한 사전 정보가 없기 때문에 드론이 센서를 통해 자체적으로 장애물을 피해야 한다. 자율비행이 아닐 경우, 조종사가 장애물을 인지한 경우에도 장애물을 피해 경유지와 목적지를 설정하여 수동으로 경로를 계획해야 하는 번거로움이 존재한다. 그러나 3차원 공역지도를 기반으로 한 '비행경로탐색 엔진'이 개발되면 이러한 문제가 해결될 수 있다. 3차원 공역지도가 설계된 비행경로탐색 엔진에 출발지와 목적지를 입력하면 비행가능 고도와 건물 높이 등을 계산해 설정된 경로에 따라 드론봇이 목적지까지 안전하고 효율적으로 이동할 수 있게 하기 때문이다.

그림 4.37 UAM 기체 조종석 내부 가상 이미지
〈출처: 현대 MnSOFT〉

유인 드론봇은 기체/부품 제작, 유지보수(MRO), 운항/관제, 인프라, 서비스 및 보험 등 종합적인 산업생태계를 형성할 것이다. 유인 드론봇 세계 시장 규모는 2040년까지 730조 원(국내 11조 원)에 달할 것으로 전망된다(그림 4.38).

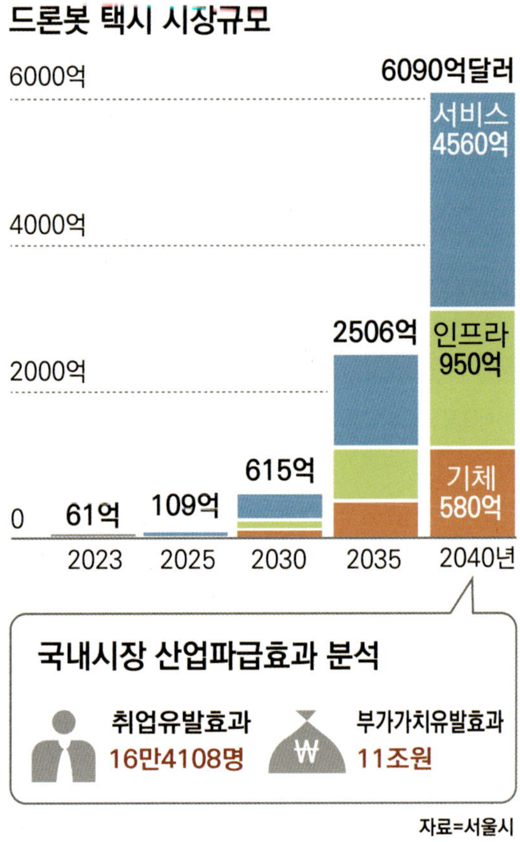

그림 4.38 드론봇택시 시장규모 예측 그래프

국토교통부는 2020년부터 K-드론봇 시스템의 운용고도 150m를 현재 헬기 운용고도 300~ 600m까지 확대해 전자적 비행계획을 제출 · 승인, 비행체-통제센터-관계자 사이에서 비행 상황 모니터링 · 공유가 가능하도록 할 예정이다. 도심항공교통용 터미널(Vertiport)의 건축과 관련된 구조, 충전, 비상착륙 설비 등에 대한 안전기준은 민관합동으로 마련해나가고, MRO(기체 유지보수 · 정비), 조종사 자격도 기준을 탐색 · 구체화하며, 중장기적으로 자율비행용 항공분야 인공지능 인증방안도 마련해나갈 계획이다.

2025년에는 도심항공교통 상용화 이전, 시험 · 실증단계에서 규제 없이 비행할 수 있도록 드론법에 따른 특별자유화구역을 지정 · 운용할 예정이다. 특히, 한국형 실증사업(K-UAM 그랜드챌린지) 단계적 추진계획에 따라 안전성이 입증된 기체 · 설비는 실제 운항환경에서 실증할 수 있도록 도심지를 포함한 실증노선도 2024년부터 지정하여 운용할 계획이다.

도심항공교통이 실현되면 이동시간의 혁신적 단축으로 도시 내/간 경계가 허물어지고, 효율적인 시간 활용으로 사람 · 집단의 네트워크 향상이 기대된다. 교통혼잡이 심한 수도권을 기준으로 저감 가능한 시간 및 사회적 비용은 70% 수준에 달할 것으로 전망된다.

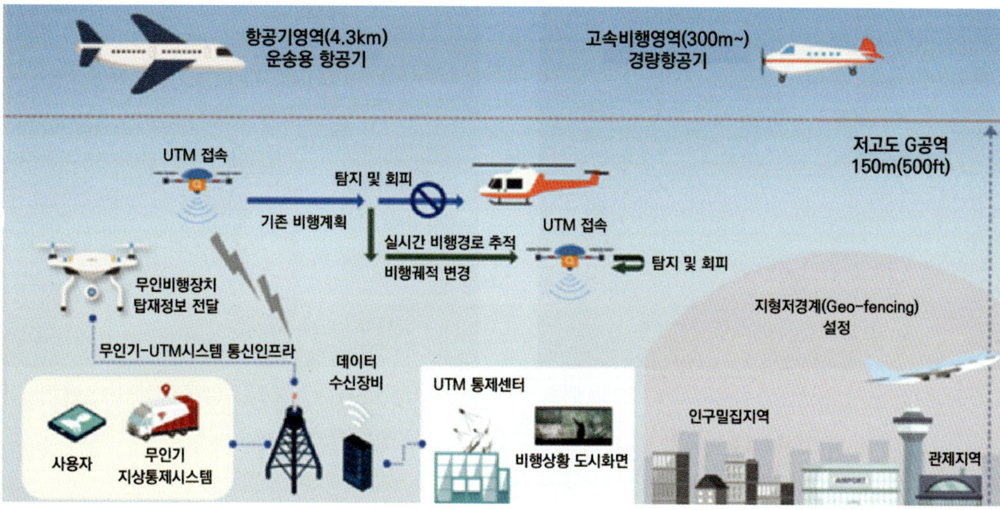

그림 4.39 한국형 도심항공교통 K-UAM 운영 개념도

2020-2024년	2025-2029년	2030-2035년	2035년 이후
준비기	**초기**	**성장기**	**성숙기**
· 이슈·과제 발굴 · 법·제도 장비 · 시험·실증	· 일부노선 상용화 · 도심 내·외 거점 · 연계교통체계 구축	· 비행노선 확대 · 도심 중심 거점 · 사업자 흑자 전환	· 이용 보편화 및 호출형 서비스 · 도시 간 이동 확대 · 자율비행 실현

그림 4.40 한국형 도심항공교통 K-UAM 단계별 추진전략
〈출처: 현대 MnSOFT〉

그림 4.41 한국형 도심항공교통(K-UAM) 수도권 실증노선 구상도
〈출처: 국토교통부〉

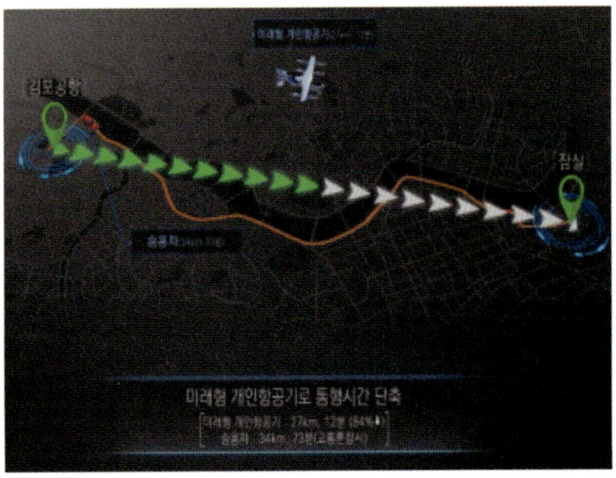

'김포공항→잠실' 소요시간 / 승용차 대비 84% 단축

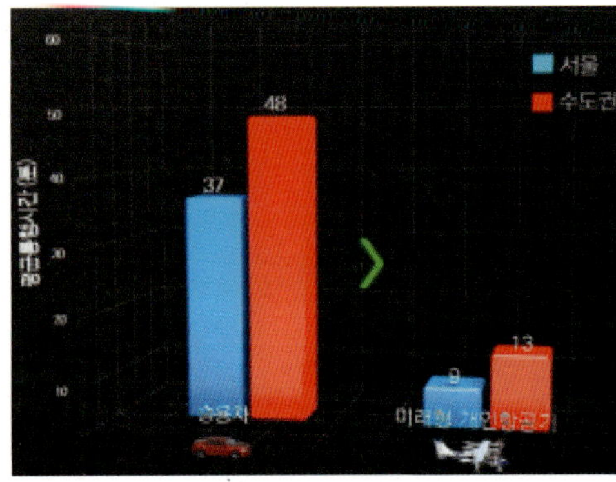

(서울시내) 37→9분(76%↓) / (수도권) 48→13분(73%↓)

그림 4.42 한국형 도심항공교통 K-UAM 사례 예시와 통행 시간 예측

〈출처: 국토교통부〉

3 한강의 기적을 상징하는 UAM Verti-Port 인프라 단지 제안

한강의 기적은 대한민국에서 한국 전쟁 이후 급격한 경제 성장을 나타내는 상징적인 용어이다. 한국경제의 고도성장은 '라인강의 기적' 못지않은 '한강의 기적'을 만들었다. 1953년 67달러이던 1인당 국민소득은 2020년 3만1000달러로 세계 10대 경제국으로 인정받는 기적이 일어났다. 우리 국민들은 '보릿고개'로 대변되는 절대 빈곤으로부터 벗어났고, 예상

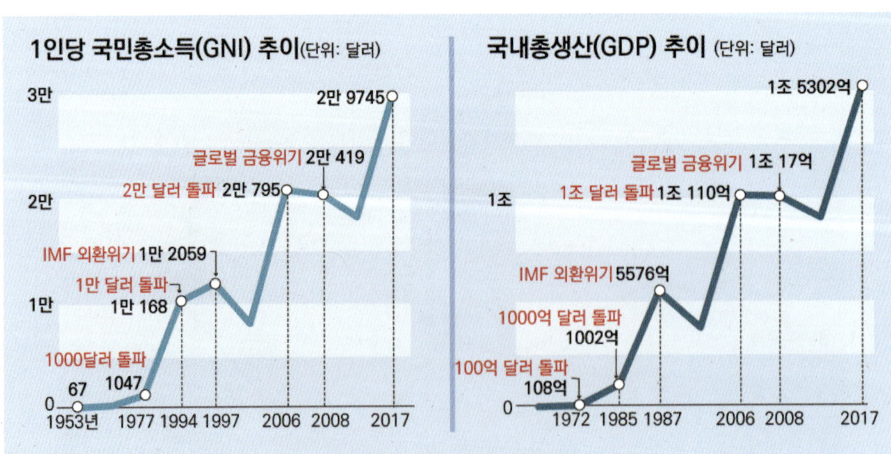

그림 4.43 1953년 이후 1인당 국민 총소득과 국내 총생산 증가 추세

〈출처: 한국은행, 산업통상자원부〉

그림 4.44 인천공항과 김포공항과 직통 비행 드론봇 택시를 운영할 수 있는 UAM 도심 공항 개념도

을 뛰어넘는 경제성장률은 세계의 이목을 끌기에 충분했다. 돌이켜 보건대 6차에 걸친 경제 개발 5개년 계획 제도는 60년대 초의 경제사정을 고려할 때 불가피하고 올바른 선택이었다. 이를 통해 우리는 한강의 기적을 이루었을 뿐 아니라 정치적 민주화 토대와 선진국을 향한 도약의 발판을 마련한 것이다. 뿐만 아니라 정치적 민주화와 국제적으로 인정받고 있는 한류 문화도 이룩함으로써 신흥 선진국으로 인정받고 있다.

현재 한강의 기적을 상징하는 랜드마크 건물은 없다. 서울의 한강변 도로 올림픽(88)대로와 강변북로 주요 거점을 복개하고 '한강의 기적'을 상징하는 랜드마크 건축물로 구축하여 여러 대의 드론봇 택시가 수직이착륙할 수 있는 UAM 복합건물 단지를 운영하는 미래 대형 사업을 제안해 본다.

그림 4.45 서울 한강변 주요 도로 위에 설치할 UAM 도심 공항 주요 위치

한강 도심공항 복합단지는 자동차 휴게소로도 활용하며 드론봇 택시에서 내린 사람이나 물품이 다른 전기차나 친환경 대중교통수단으로 옮겨탈 수 있는 환승시설도 구축하면 그 효용성이 더욱 높아질 것이다. 5G 이상의 통신망을 활용한 드론봇 관제센터, 전기차 충전소, 수소 연료 공급소, 택배물류 환승시설 등의 수용도 인프라 단지의 복합 기능성을 높일 것이다. 주상복합 건물로 하여 2세를 가진 젊은 세대가 우선 주거하며 드론봇을 활용한 전문 서비스, 드론봇 관련 국제 컨퍼런스와 경연대회, K-팝과 연계된 문화 예술 공연 등의 활동을 할 수 있도록 하면 인구 감소와 주택난 해소에도 기여할 것이다. 수소 발전소와 태양광발전 시설을 겸비하여 에너지 독립 건물로 운영하여 국가의 그린 뉴딜 정책의 일환으로 추진하면 탄소 저감 정책에도 기여할 것이다.

UAM은 인구밀도가 높고 도심 자동차 교통 체증 문제가 심각한 대도시에 적합한 미래 교통수단으로 UAM 관련 최신 기술을 확보하여 최고 수준의 국산 제품을 생산하고 유통하며 수많은 유인 드론봇(드론봇 택시)을 5G 이상의 첨단 통신기술로 운영할 수 있는 관제 시장의 선점, 관련 인프라 구축 등은 우리의 미래 산업으로 매우 중요하다.

제6절 | 재난상황의 히어로, K-드론봇 시스템

국가 재난재해 신속 대처 드론봇 시스템을 제시해 본다. 언제 어디서 어떠한 위기상황이 발생하더라도 신속하고 정확한 정보를 수집해 확실한 대처 방안을 결정한 후 즉각적으로 대응작전을 수행할 수 있는 3A3F(Anytime · Anywhere · AnyDisaster · Fast Sense · Fast Decision · Fast Reaction) 시스템의 구축이 그것이다.

이는 전국 중요 거점에 다수의 육 · 해 · 공 드론봇을 배치해 어떠한 위급 상황이 발생할 경우라도 무인 시스템으로 운영되는 거점 로봇들을 즉각 출동시켜 위기상황에 대처하자는 구상이다. 즉 실무 지휘자부터 필요 시 국가 최고 통수권자까지 통신 정보망을 통해 상황발생 지역의 동영상 송출 등으로 필요한 정보를 공유하면서 신속하게 대응할 수 있는 민 · 군 겸용 첨단 장비 시스템을 만들어 낼 수 있다.

정보 수집을 위한 수단으로는 드론봇이 가장 유용하게 활용될 수 있다. 드론봇은 공간 이동이 자유로워 전국 주요 거점에 배치돼 상황 발생 시에는 수분 내에 출동할 수 있다. 수 km 반경 지역의 정보 수집을 할 수 있는 비둘기 크기의 소형 드론부터 20km의 상공에서

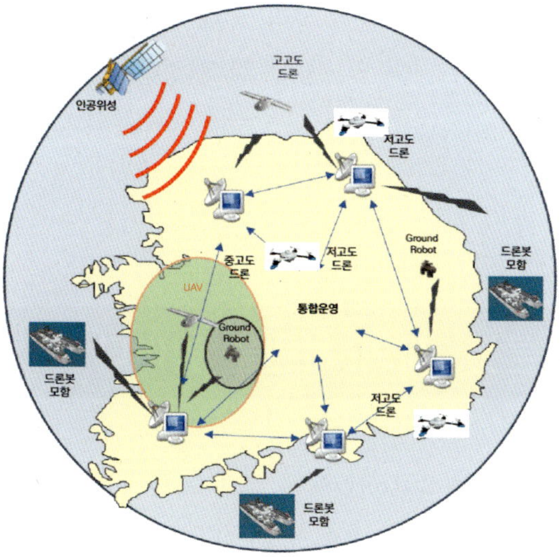

그림 4.46 국가 재난 대처를 위한 최신 통신 시스템과 연계된 다수 드론/드론봇 운용 개념
〈출처: 건국대 스마트드론연구소〉

광역 정보 수집이 가능한 글로벌 호크급의 대형 무인 항공기까지 다양한 크기의 드론이 필요한 용도에 따라 고도별로 운용될 수 있다. 자율 이동이 가능한 무인 차량이나 수중·수상 드론봇도 투입될 수 있다. 심해(深海)에서 운용되는 무인 잠수정이 크기별로 개발돼 실용화가 된다면 천안함 사건 수습 때 발생했던 고(故)한준호 준위의 희생과 같은 고귀한 인명 피해도 줄일 수 있다.

이를 위해선 세계 최고 수준으로 발달된 우리의 정보통신기술과 통신망 인프라에 자유롭게 공간을 이동하는 다양한 크기의 무인 동초(動哨) 드론봇들을 연계하는 첨단 장비 시스템이 시급하다. 필요한 정보를 최대한 빨리 수집·공유하고 위기조치 지휘통제부가 상황 판단을 정확히 할 수 있는 시스템을 우리 기술로 구축한다면 이는 세계 최초로 민간 ICT기술이 접목된 국가 안전관리 시스템이 될 것이다.

과학기술정보통신·국방·행정안전·지식경제·국토교통·교육부 등 관련 기관 전문가들이 서로 협동해 기존의 아날로그 대처 시스템에서 벗어나 새로운 디지털 기술 개념의 3A3F 민·군 겸용 시스템을 구축할 수 있는 절호의 기회가 찾아왔다. 우리의 영토를 테스트 베드로 활용해 효과를 검증한다면 3A3F 민·군 겸용 시스템은 우리 국가 안보, 국민 안위에 결정적으로 기여하게 된다. 동시에 새로운 국가종합 안전관리 기술과 산업을 창출해 향후 세계시장에 수출하는 것도 가능하다.

우리의 영토를 테스트 베드로 하여 신개념 복합 IoT 드론봇과 우리의 앞선 정보통신시스템으로 구성된 재난 안전 관리 시스템에 대하여 그 성능을 한국이 먼저 입증하고 실제로

그 시스템을 제품화 한다면, 이 시스템은 우리 국가 안보, 국민 안위에 결정적으로 기여함은 물론, 신개념 종합 안전관리 기술 및 산업으로 인정받아, 4차 산업 수출 상품으로 내세울 수 있을 것이다.

제7절 | K-드론봇, 삶의 차원을 높이다

'4차 산업혁명'이라는 용어는 2016년 세계 경제 포럼에서 언급되었으며, 정보 통신기술 기반의 새로운 산업 시대를 대표하는 용어가 되었다. 컴퓨터, 인터넷으로 대표되는 3차 산업혁명에서 한 단계 더 진화한 혁명이다.

4차 산업혁명은 인공지능, 사물인터넷, 빅데이터, 가상현실(VR), 모바일 통신기기 등 첨단 정보통신기술이 기존 산업과 서비스에 융합되거나 드론, 로봇, 생명, 나노 기술 등 여러 분야의 신기술과 결합되어 경제·사회 전반에 융합되어 혁신적인 변화가 나타나는 기술 혁명으로, 지능 정보기술이 실세계 모든 드론 및 로봇 제품·서비스를 네트워크로 연결하며 사물을 지능화하고 있다.

또한 4차 산업혁명은 초연결(hyper-connectivity)과 초지능(super-intelligence) 특성으로 인하여, 기존 산업혁명보다 더 넓은 범위에 더 빠른 속도로 크게 영향을 끼치고 있다. 드론봇이

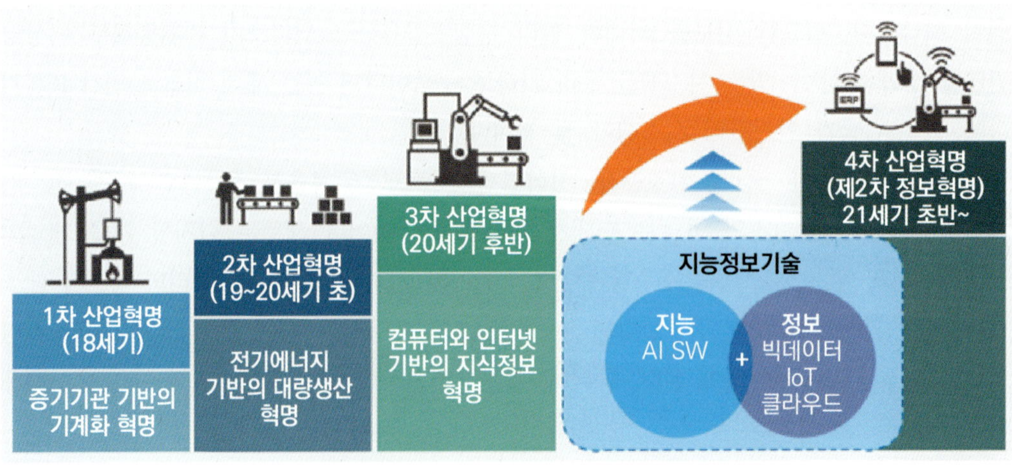

그림 4.47 1~4차 산업혁명 개념 설명도

〈출처: 한국정보통신기술협회〉

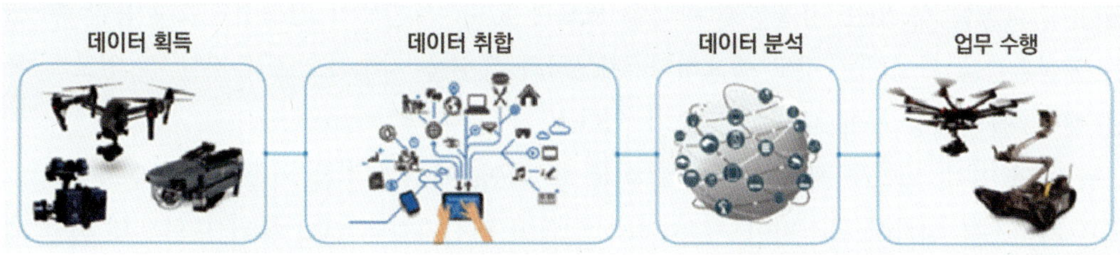

그림 4.48 IoT 드론을 통한 데이터 취합/분석/임무 수행 개념도
〈출처: KARI 무인이동체 사업단〉

4차 산업혁명의 대표 산업 제품으로 주목받고 있는 이유는 드론봇이 컴퓨터로 제어되며, 주위 환경을 탐지하고 인식하며 직접적인 작업을 수행하는 가상 사이버 물리 시스템을 대표하기 때문이다.

지금까지의 사이버 물리 시스템이 디지털 통신에 의하여 제어되는 CNC 머신, 청소로봇 등이 매우 제한적인 기능과 능력에 머물렀다면, 드론봇과 자율주행 자동차는 인공지능을 바탕으로 더 확대된 작업공간과 임무 범위에서 임무를 수행하게 될 것이다.

드론봇이 인간의 생활에 더욱 밀접하게 결합하고, 상업적·경제적으로 성공하기 위해서는 그림 4.49와 같은 중요 기술을 완성해야 한다. 먼저 자율지능의 적극적인 도입이 필요하다. 현재 드론은 외부 조종사의 실시간 조종에 대부분 의존하고 있다. 드론봇의 활동영역을 확대하기 위하여 인간의 조종 업무 부담을 줄여주기 위해서 드론봇이 비행하며 스스로 판

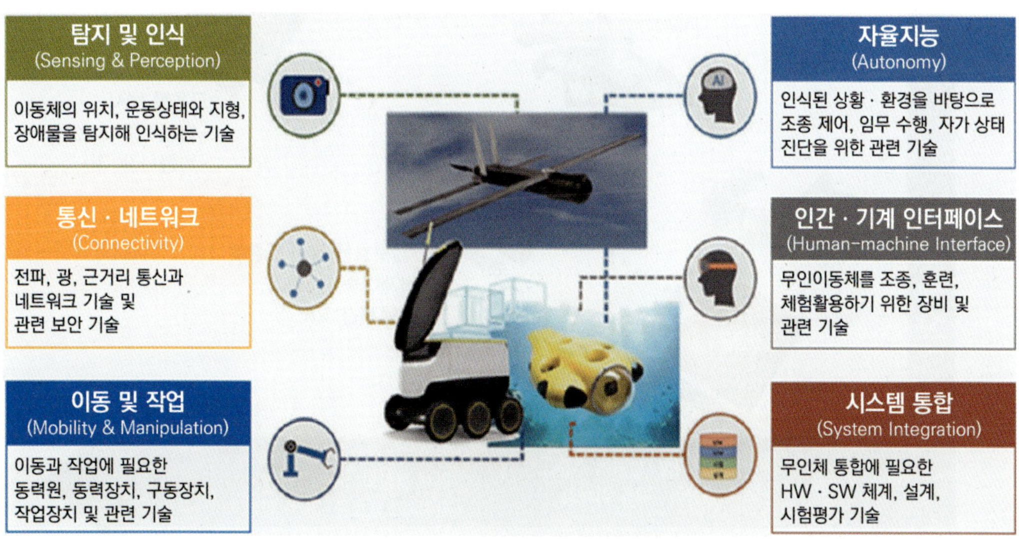

그림 4.49 미래 드론봇 6대 기술 분야
〈출처: KARI 무인이동체 사업단〉

단하고, 작동할 수 있는 자율성을 확대할 필요가 있다. 드론봇이 안정적으로 운용할 수 있는 통신환경을 확보하는 것도 중요하다. 지상국과 통신을 지속적으로 유지할 수 있도록 통신 재밍, 불법해킹 등에 대비할 필요가 있다.

탐지 및 인식, 인간/기계 인터페이스, 이동 및 작업, 시스템 통합 기술도 드론봇의 완성도 높은 서비스를 위하여 필수적인 기술이다. 그 외의 핵심기술로 전기 동력 드론봇을 위한 배터리 기술의 개선도 비행시간 연장을 위하여 매우 중요하다. 현재 소형 드론의 리튬/폴리머 배터리를 활용한 최대 비행시간은 30분 정도이다. 리튬/폴리머 배터리의 에너지 밀도를 두 배 이상으로 향상시키거나, 연료전지와 배터리를 결합한 하이브리드형 동력원 등의 개발이 필요한 이유이다.

신개념 형상과 신소재를 활용한 신기술 적용 드론봇 연구개발을 위하여 그림 4.50과 같이 무인 드론봇에서 유인 드론봇까지 확장할 수 있는 중장기 드론봇 개발 로드맵을 제시해 본다. 우리의 발전된 ICT 기술을 기반으로 한 초소형/초경량 비행제어 컴퓨터 하드웨어, IoT 드론 시스템을 구성하고, 다양한 인공지능 운용 소프트웨어를 적용하여 운용한다면, 4차 산업 혁명 시대의 드론 시장을 우리가 주도할 수 있을 것이다.

그림 4.50 무인 드론봇에서 유인 드론봇까지 갈 수 있는 K-드론봇 개발 로드맵

〈출처: 건국대 스마트드론연구소〉

드론, 로봇, 인공지능, 사물인터넷, 빅데이터, 모바일 통신기기, 신소재 기술들이 융합되어 차별화된 K-드론봇이 개발되어야 할 것이다. 한국 주요 지역 테스트베드에서 5G 이상의 한국형 통신망을 활용하여 그 성능이 세계 최고 수준으로 검증되면 우리의 국방, 재난, 사회 문제 등을 해결할 수 있는 K-드론봇으로 주목받게 될 것이다. 또한 5G 이상의 한국형 통신망과 결합된 다양한 K-드론봇 상품들이 국제 시장에서 명품 패키지로 판매되어 한국의 미래 산업경제의 효자 상품 역할을 할 것이다.

부록

A | 회전익형 멀티콥터와 고정익 항공기 비행 원리

회전익형 멀티콥터 비행체는 그림 A.1과 같이 로터가 4개 이상 부착된 비행체이고 고정익 항공기는 주날개와 꼬리날개, 동체, 추진 장치 및 조종면으로 구성된 비행체이다.

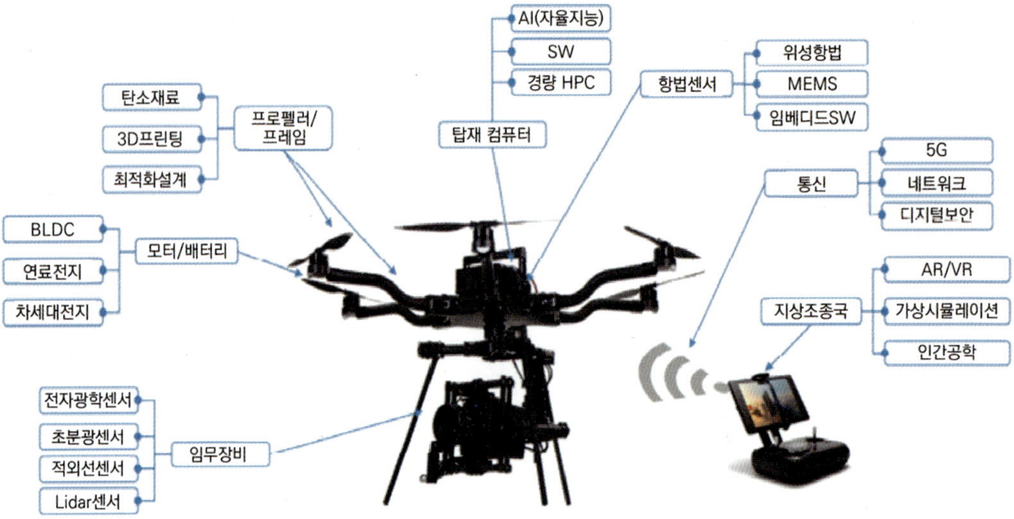

그림 A.1 회전익형 멀티콥터 비행체와 구성품

〈출처: KARI 무인이동체 사업단〉

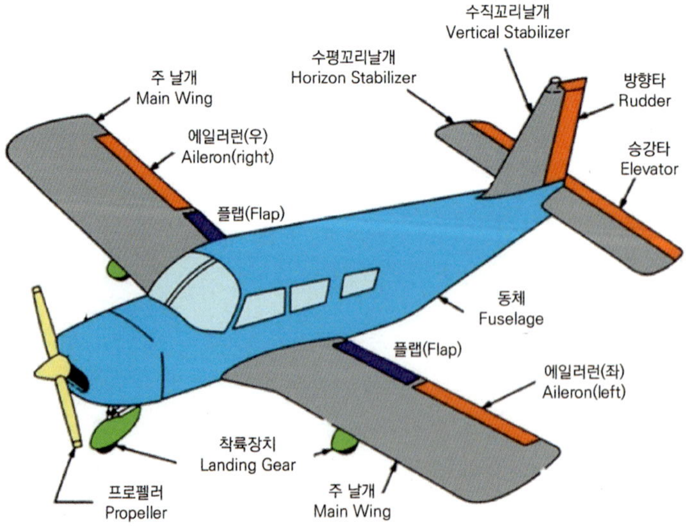

그림 A.2 고정익형 비행체와 구성품

쿼드콥터형 드론 비행체는 로터가 4개가 부착된 비행체이며, 로터를 회전시켜 발생하는 양력으로 뜨는 데 비하여 고정익 항공기는 프로펠러의 추진력에 의하여 항공기의 전진 속도가 증가하며 주날개에서 발생한 양력으로 뜨는데, 비행체에 작용하는 주요 힘은 그림

쿼드콥터에 작용하는 힘

- 쿼트콥터가 등속 수평 비행할 경우에 작용하는 주요 힘
  수평 추진력 = T $sin(\alpha)$ = D $sin(\alpha)$ 수평 항력,
  수직부양력 = T $cos(\alpha)$ = W 기체 무게
- 제자리 비행할 경우, 추력 T = W 기체 무게, 수평 추진력 = 수평 항력 = 0

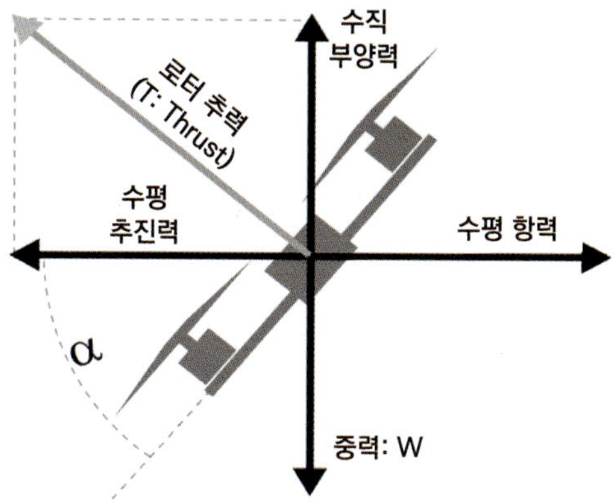

고정익 항공기에 작용하는 힘

- 고정익 항공기가 등속 수평 비행할 때 작용하는 4종류의 주요 힘
  추력 T = D 항력, 양력 L = W 기체 무게
- 상승각 α로 비행을 할 경우
  수평 추진력 = T $cos(\alpha)$ = D $cos(\alpha)$ + L $sin(\alpha)$,
  수직부양력 = T $sin(\alpha)$+ L $cos(\alpha)$ = W 기체 무게

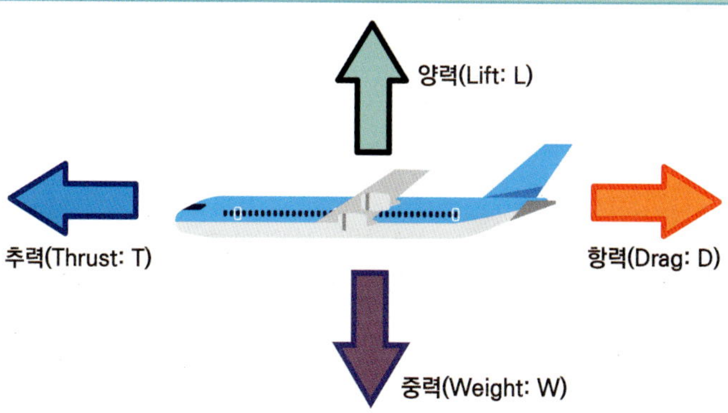

그림 A.3 쿼드콥터와 고정익 항공기에 작용하는 주요 하중

A.3과 같다.

쿼드콥터형 드론 비행체가 제자리에서 정지 비행(hovering)을 하면서 상승해야 할 경우, 로터 4개의 회전수를 동일하게 높이면 되고, 하강해야 할 경우 로터 4개의 회전수를 동일하게 낮추면 된다. 고정익 비행체의 경우 제자리에서 상승과 하강은 불가능하고, 수평꼬리날개의 승강타(elevator)를 올리면 전진하며 상승하고, 승강타를 내리면 전진하며 하강하게 된다.

쿼드콥터형 드론 비행체는 제자리에서 정지 비행을 하면서 방향 회전을 할 때도 프로펠러의 회전수를 조절하는데, 회전하는 각 프로펠러의 각운동량(angular momentum)의 차이를 이용

쿼드콥터의 상승/하강

- 쿼드콥터가 제자리(hovering) 비행 중 모터의 출력을 동일하게 높이면 4개 로터의 회전수가 증가하여 기체는 수직 상승을 하게 된다.
- 쿼드콥터가 제자리(hovering) 비행 중 모터의 출력을 동일하게 낮추면 4개 로터의 회전수가 감소하여 기체는 수직 하강을 하게 된다.

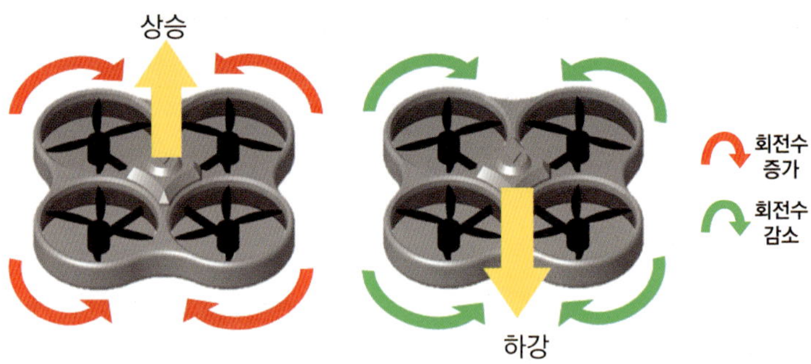

고정익 항공기의 상승/하강

- 항공기의 추력을 높이며 승강타를 위로 올리면 전진 비행하며 서서히 비행 고도를 높일 수 있다.
- 항공기의 추력을 낮추며 승강타를 아래로 내리면 전진 비행하며 서서히 하강하게 된다.

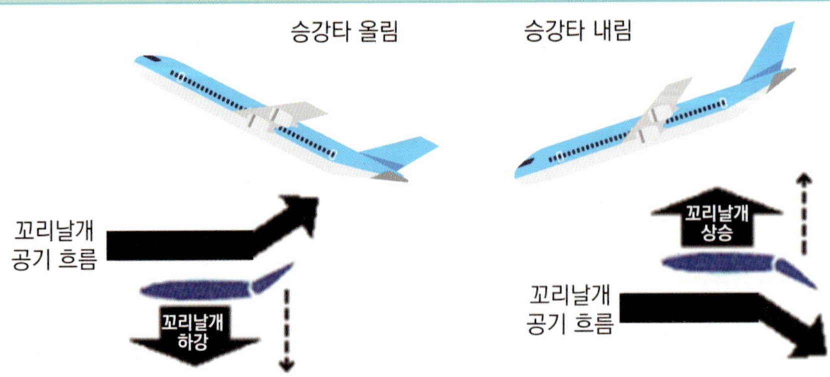

그림 A.4 쿼드콥터와 고정익 항공기의 상승과 하강 원리 설명도

하여 원하는 기체 회전력을 얻을 수 있다. 고정익 비행체의 경우 제자리에서 방향 회전은 불가능하며 그림 A.5와 같이 보조날개를 활용한 선회비행으로 방향 전환을 할 수 있다.

쿼드콥터의 제자리 회전

- 쿼드콥터가 제자리 비행 중 아래 그림의 좌상과 우하 로터의 회전수를 높이고 좌하와 우상 로터의 회전수를 낮추면 기체는 왼쪽 방향으로 회전한다.
- 쿼드콥터가 제자리 비행 중 아래 그림의 우상과 좌하 로터의 회전수를 높이고 좌상과 우하 로터의 회전수를 낮추면 기체는 오른쪽 방향으로 회전한다.

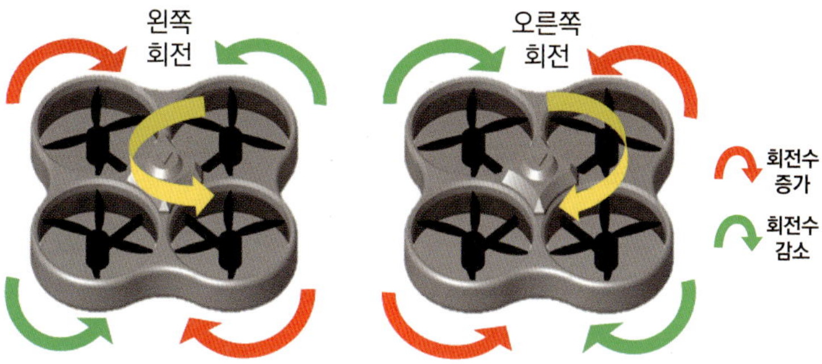

고정익 항공기의 방향 전환 선회 비행

- 방향타를 오른쪽으로 회전시키며, 우측 에일러런을 위로, 좌측 에일러런을 아래로 작동시키면 오른쪽으로 선회 비행한다.
- 방향타를 좌측으로 회전시키며, 우측 에일러런을 아래로, 좌측 에일러런을 위로 작동시키면 왼쪽으로 선회 비행한다.

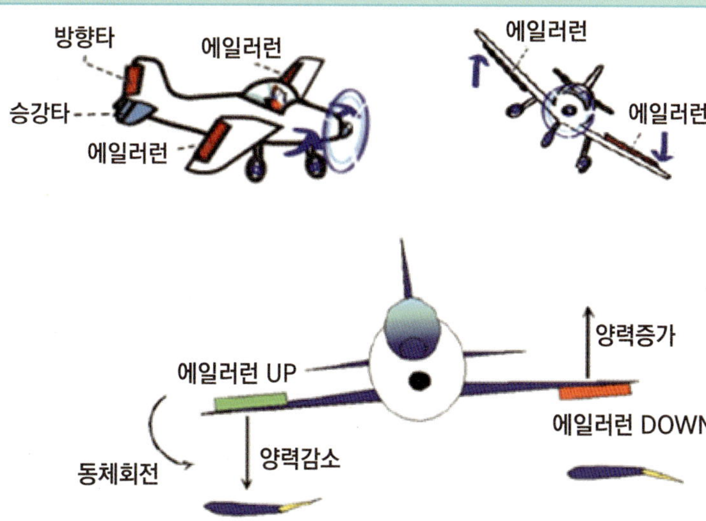

그림 A.5 쿼드콥터와 고정익 항공기의 방향 전환 원리 설명도

B | 날개 양력 발생 원리와 예측 방법

항공기 날개, 헬리콥터 로터 블레이드, 프로펠러 등의 에어포일(airfoil) 주위에 공기가 흐를 때 양력이 발생한다. 날개가 공간에서 일정한 받음각으로 전진할 때, 그림 B.1과 같이 날개 주위에서 공기의 흐름이 날개 아래 방향으로 바뀌며 날개 주위 공기를 아래 방향으로 가속 시키는 작용력의 반작용으로 날개에 전달되는 힘이 날개 양력이다.

양력의 발생 원리를 어느 하나의 법칙이나 원리로 간단하게 설명하기는 어렵다. 양력의 크기를 예측하기 위하여 물리적 법칙이나 원리를 적용하여 계산하려는 노력이 지난 1세기 이상 진행되어왔다.

그림 B.2와 같이 날개 윗면의 공기 흐름과 아랫면의 흐름이 동시에 꼬리에 도착한다는 가정에 기반한 베르누이(Bernoulli, 1700~1782) 원리*로 날개의 양력 발생을 쉽게 설명할 수는 있지만, 이 원리로 예측된 양력은 풍동 실험에서 측정된 값과 비교하면 크게 차이나는 경우가 많다.

베르누이 방정식의 원래 형태는 다음과 같다.

$$p + \frac{\rho v^2}{2} + \rho g h = \text{canstant}$$

여기서,

- v는 유선 내 한 점에서의 유동 속도
- g는 중력 가속도
- h는 기준면에 대한 그 점의 높이
- p는 그 점에서의 압력
- ρ는 유체의 밀도

실제로 시스나(Cessna) 150 경비행기가 베르누이 원리만으로 충분한 양력을 얻어 순항하려면 그림 B.3과 같이 에어포일의 윗면 길이가 아랫면보다 30% 커야 하는데, 실제 항공기 에어포일(NACA 2412)과 상당히 다르다.

---

* 비압축성 비점성 유동이고 외부와의 에너지 교환이 없을 때, 유체의 흐르는 속도가 증가하면 그 부분의 압력이 낮아지고, 속도가 감소하면 압력이 높아진다.

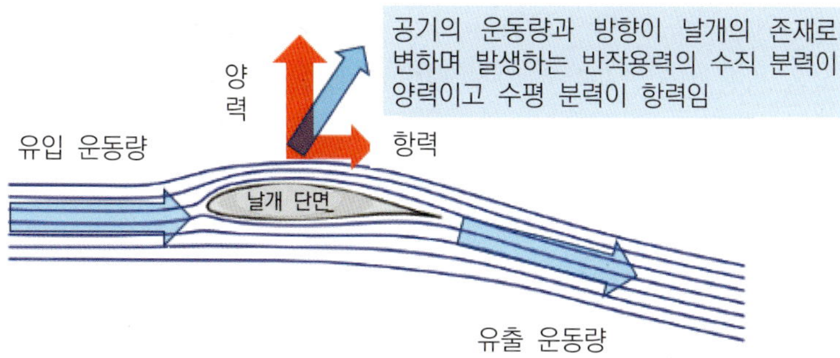

그림 B.1 날개가 일정한 받음각으로 전진할 때, 날개 이후의 공기 흐름이 변하는데, 이 공기 흐름 운동량 변화의 반작용으로 날개에 양력이 발생함

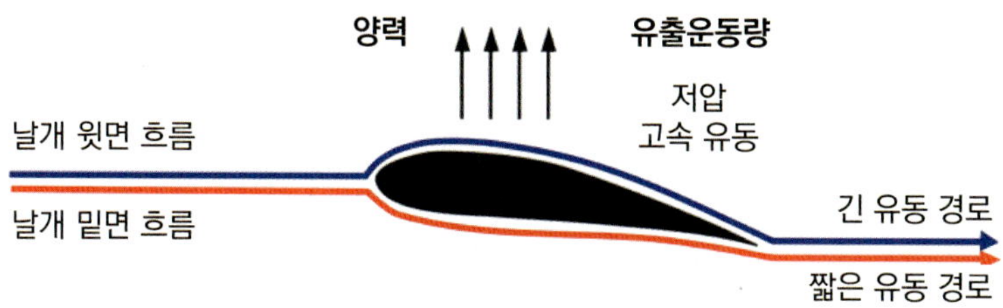

그림 B.2 날개 윗면의 흐름과 아랫면의 흐름이 동시에 꼬리에 도착한다는 가정에 기반한 베르누이 원리로 날개의 양력 발생을 설명하는 개념도

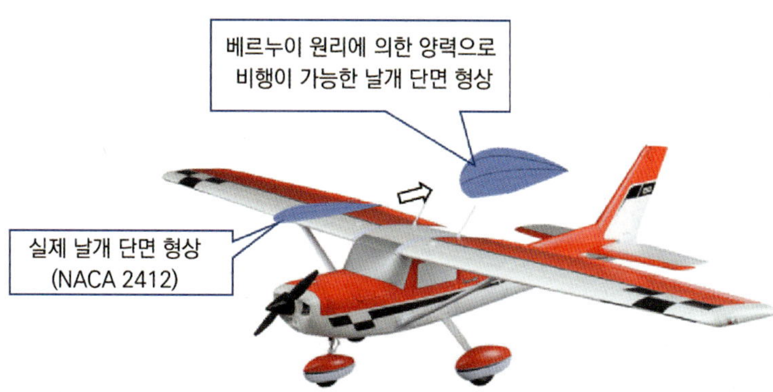

그림 B.3 시스나 150 경비행기가 베르누이 원리만으로 충분한 양력을 얻어 순항하려면 실제 항공기 에어포일(NACA 2412)과 상당히 다른 윗면 길이가 아랫면보다 30% 큰 에어포일을 사용해야 해서 항력이 크게 작용하여 정상 비행이 거의 불가능함

뉴턴(Isaac Newton, 1642~1727)이 직접 양력 발생 이론을 제시하지는 않았지만, 뉴턴의 운동방정식을 활용하면 받음각을 가진 평면 날개가 공기 내에서 전진할 때, 양력이 발생할 수 있음을 설명할 수 있다. 뉴턴의 제2법칙은 가속도에 의한 힘에 대한 것으로 "물체의 운동량의 시간에 따른 변화율은 그 물체에 작용하는 힘과 같다."

$$F = m\frac{dv}{dt} = ma \ \ [N]\ \ [kg \cdot m/sec^2]$$

여기서,

- F는 물체에 작용하는 알짜힘이고,
- m은 물체의 질량이며
- a는 물체의 가속도이고,
- v는 물체의 속도이며,
- p= mv은 물체의 운동량으로 정의된 물리량이다.

평판 날개가 공간에서 일정한 받음각으로 전진할 때, 그림 B.4와 같이 평판이 공기의 흐름을 평판 아래 방향으로 향하도록 하며 평판이 받은 공기 흐름 반작용력의 분력들이 날개의 양력과 항력이다.

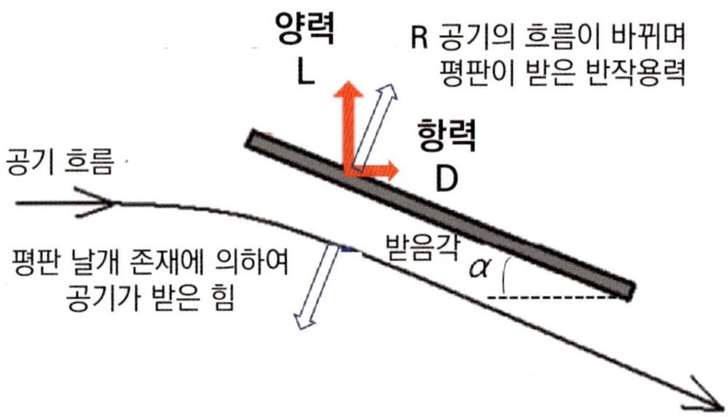

그림 B.4 평판 날개가 공간에서 일정한 받음각으로 전진할 때, 평판이 공기의 흐름을 아래 방향으로 향하도록 하며 평판이 받은 반작용력의 분력이 날개의 양력과 항력임

일정한 받음각으로 이동하는 평판에 작용하는 공기력 R은 다음과 같다.

$$R = \rho V^2 S \sin^2(\alpha)$$

여기서, ρ는 공기 밀도

V는 날개 이동 속도
S는 평판의 면적

그림 B.4에서 양력은

$$L = R\cos(\alpha) = \rho V^2 S\sin^2(\alpha)\cos(\alpha)$$

이다. 실제로 시스나 150 경비행기가 평판 주날개로 속도 196km/h, 받음각(α) 5°로 등속 순항할 경우, 공기 유동의 반작용으로 발생한 주날개 평판의 양력은 406kg으로, 평판 주날개의 반작용만으로 충분한 양력을 얻으려면 그림 B.5와 같이 평판 주날개 면적이 실제 주날개 면적의 1.8배 이상 되어야 한다.

날개 주위를 흐르는 공기 경계층의 점성을 고려한 나비에-스토크스(Navier-Stokes) 미분 방정식을 활용하면 날개의 양력을 상당히 더 정확하게 예측할 수 있다. 날개면 부근 경계층의 흐름은 흐름 형상에 따라 층류 흐름(laminar flow)과 난류 흐름(turbulent flow)으로 구분된다. 층류 유동은 인접한 유체층 사이에 거시적인 혼합이 없는 상태로 단순한 유선(strean line) 흐름이다. 난류 흐름의 경우는 불규칙적인 3차원 운동을 한다. 난류 흐름에서는 층류 유동에 비해 유속의 변화가 클 뿐만 아니라, 불규칙한 흐름으로 인해 마찰항력이 상당히 발생한다.

$$\rho\frac{D\vec{V}}{Dt} = -\nabla p + \rho\vec{g} + \mu\nabla^2\vec{V}$$

여기서, ρ는 공기밀도
V는 공기 속도
p는 압력
g는 단위체적 가속도

공기 입자와 날개가 처음 접촉하는 시점에 날개 표면을 지나는 흐름은 층류였다가 뒤로 이동할수록 공기의 점성에 의하여 난류로 바뀐다. 층류에서 난류로 옮겨가는 부분을 천이(transition)라고 한다. 날개에서 천이가 일어나는 위치는 레이놀즈수, 공기흐름의 속력 및 날개의 형태 등에 따라서 달라진다. 공기가 고체 표면을 따라 흐를 때, 물체 표면 인근에 형성된 경계층이 받음각의 증가로 인해 물체 표면으로부터 분리되는 현상이 일어나는 경우가 대부분이다. 이러한 흐름 현상을 박리(flow separation)라 하고, 박리가 일어나는 지점을 박리점(separation point)이라고 한다. 박리가 일어난 이후의 날개 후반 영역에 군집 와류(tubulance flow)로 형성된 모양의 불규칙한 공기 흐름이 존재하는데 이러한 공기 흐름을 웨이크(wake)라 한다(그림 B.6).

그림 B.5 시스나 150 경비행기(최대이륙중량 726kg, 날개 면적 15m^2)가 평판 주날개로 속도 196km/h, 받음각(α) 5°로 등속 순항할 경우, 공기 밀도(ρ) 1.293kg/m^3 유동의 반작용으로 발생한 주날개 평판의 양력은 406kg으로, 평판 주날개의 반작용만으로 충분한 양력을 얻으려면 평판 주날개 면적이 실제 주날개 면적보다 훨씬 커야 함

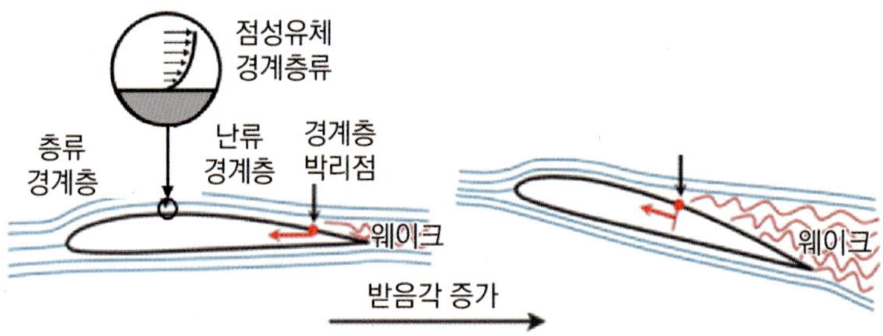

그림 B.6 에어포일(Airfoil) 부근에서 공기 입자와 날개가 처음 접촉하는 시점에 날개 표면을 지나는 흐름은 층류였다가 뒤로 이동할수록 공기의 점성에 의하여 난류로 바뀌며 받음각이 클 경우, 박리(flow separation)가 일어나고 박리점 이후에 웨이크(wake)가 발생함.

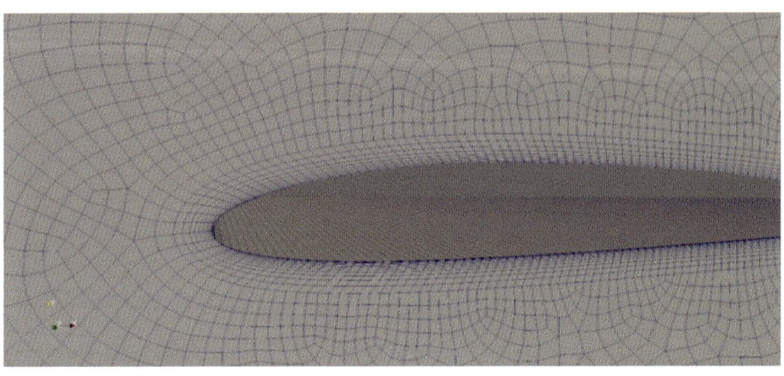

그림 B.7 NACA 2412 날개 단면 압전 부근 공기 흐름 공간의 전산유체해석을 위한 격자 구조 사례

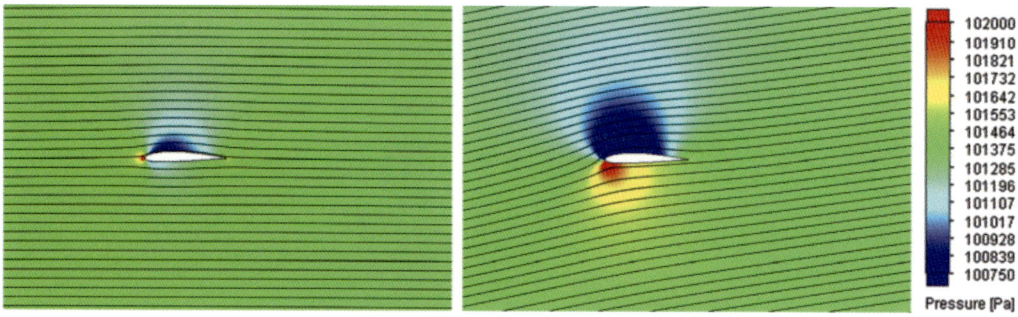

그림 B.8 전산유체 해석을 통하여 얻은 NACA 2412 날개 주위의 공기 압력 분포
[받음각 0°(좌), 받음각 10°(우)]

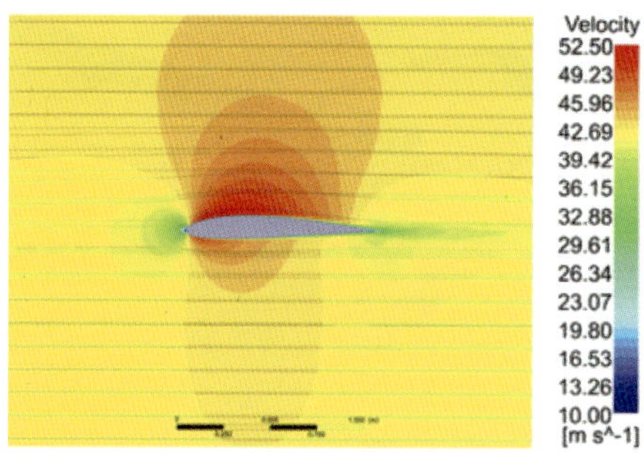

그림 B.9 전산유체 해석을 통하여 얻은 NACA 2412 날개 주위의 공기 속도 분포(받음각 0°)

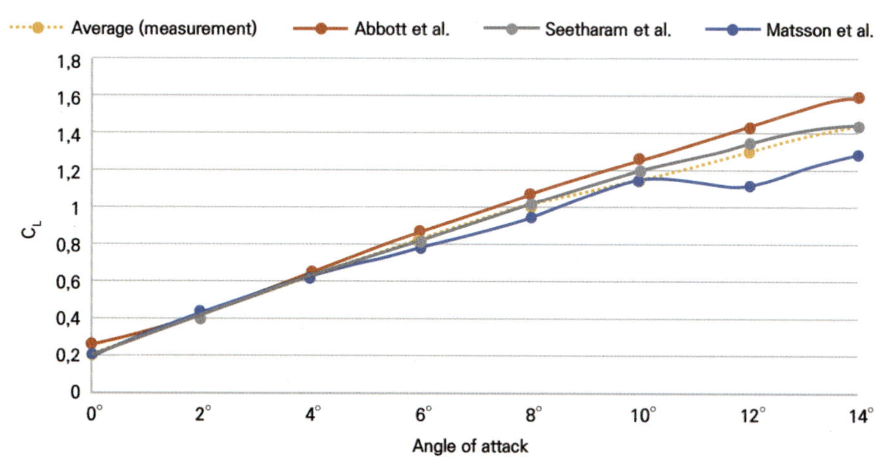

그림 B.10 NACA 2412 날개의 받음각 변화에 대한 풍동 실험 측정치와 전산유체해석 방법으로 예측한 양력 결과
〈출처: Comparing different CFD software with NACA 2412 airfoil, Progress in Agri. Eng. Sci. 16, 2020, 25-40〉

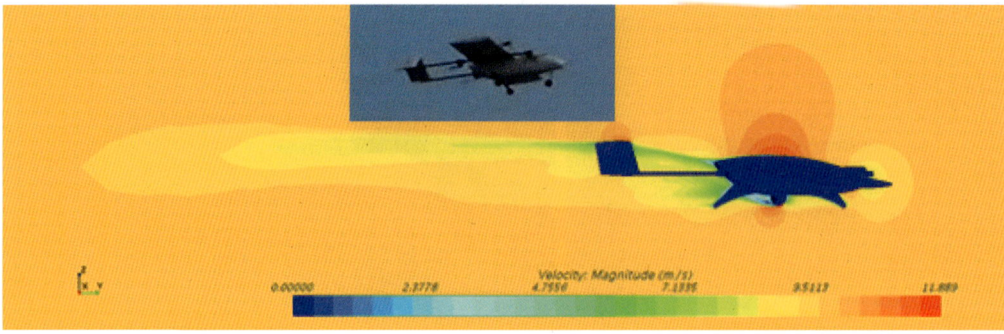

그림 B.11 육해공 겸용 무인 비행체의 전산유체해석에서 얻은 속도 분포도(비행 속도 5m/s)
〈출처: 건국대 스마트드론연구소〉

그림 B.12 육해공 겸용 무인 비행체의 전산유체해석에서 얻은 압력 분포도(비행 속도 5m/s)
〈출처: 건국대 스마트드론연구소〉

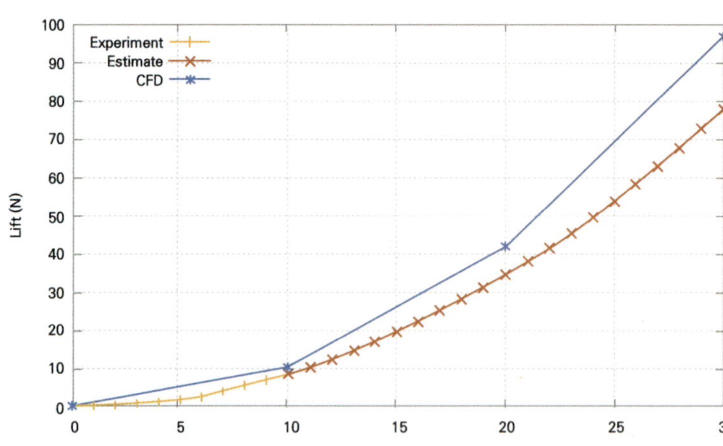

그림 B.13 육해공 겸용 무인 비행체의 풍동 시험 측정치와 전산유체해석에서 얻은 양력 비교
〈출처: 건국대 스마트드론연구소〉

지난 50년 동안 컴퓨터의 급격한 발달로, 나비에-스토크스 미분방정식과 같이 복잡한 수식을 컴퓨터 계산 방법으로 근사치 해석을 하여 날개의 양력과 항력을 90% 이상 정확하게 예측할 수 있게 되었다. 전산유체해석 방법을 활용하여 비행체의 형상을 최적 설계할 수 있어 종전의 풍동시험을 통한 설계 비용을 대폭 줄이고 있다. 전산 유체 해석에서 정확한 결과를 얻으려면 수치해석 모델뿐만 아니라 계산을 위한 격자도 잘 설계해야 한다. 그림 B.7과와 같이 날개 단면 주위의 공간을 유한격자(finite mesh)로 잘라서 잘게 잘린 공간의 연속적인 흐름을 묘사할 수 있다. 격자를 많이 넣어 아주 잘게 쪼갠다면 더 정확한 결과를 기대할 수 있으나, 계산량이 많아져 더 많은 연산량을 요구하게 된다. 현재 많이 활용되고 있는 전산유체해석 소프트웨어에서는 날개 경계층 인접 부분은 격자를 조밀하게 만들고 그 외 부분은 넓게 만들어 좀 더 정확한 예측 결과를 얻도록 하고 있다. 그림 B.8은 전산유체 해석을 통하여 얻은 NACA 2412 날개 주위의 압력 분포이고 그림 B.9는 속도 분포를 보여주고 있다. 그림 B.10은 NACA 2412 날개의 받음각 변화에 대하여 풍동 실험으로 얻은 양력 측정치와 여러 가지 전산유체해석 방법으로 예측한 결과를 비교하고 있는데 전산유체해석 결과가 받음각 10° 이내 범위에서 양력을 오차 10% 이내로 예측할 수 있음을 보여주고 있다.

2000년 이후 슈퍼컴퓨터의 등장으로 항공기의 날개와 동체 형상을 합친 삼차원 형상에 대하여 양력과 항력 등을 예측할 수 있는데, 풍동시험 결과와 상당히 유사하여 새로운 항공기 설계 과정에서 막대한 비용이 드는 풍동시험 과정을 대폭 줄이고 있다.

건국대 스마트드론연구소는 "육해공 겸용 무인이동체 개념 설계 및 구현 가능성 검증" 연구를 수행하며 무인 비행체 전체 형상에 대한 전산유체해석을 수행하였다. Star-CCM CFD 해석 프로그램을 활용하여 대칭형 기체의 반쪽 부분에 대하여 630만 개 그리드 메시를 만들고, K-omega Shear Stress Transport (SST) 난류 모델을 적용하여 계산한 결과 그림 B.13과 같이 풍동시험에서 측정한 양력의 20% 오차 이내로 전체 무인기의 양력을 예측할 수 있었다.

C | 무인비행장치 특별비행승인

무인비행장치로 야간에 비행을 하거나 육안으로 기체를 확인할 수 없는 범위에서 비행을 하고자 하는 경우, 사례별로 검토하여 제한적으로 야간 및 가시권 밖 비행을 허용하는 제도이다.*

항공안전법 법률 제16643호에 따라 시행일(20.5.27)부터 수수료 발생 및 특별비행 접수·승인업무가 국토교통부에서 지방항공청으로 이관되었다. 이 승인 절차는 다음과 같다.

특별비행승인 수행 절차

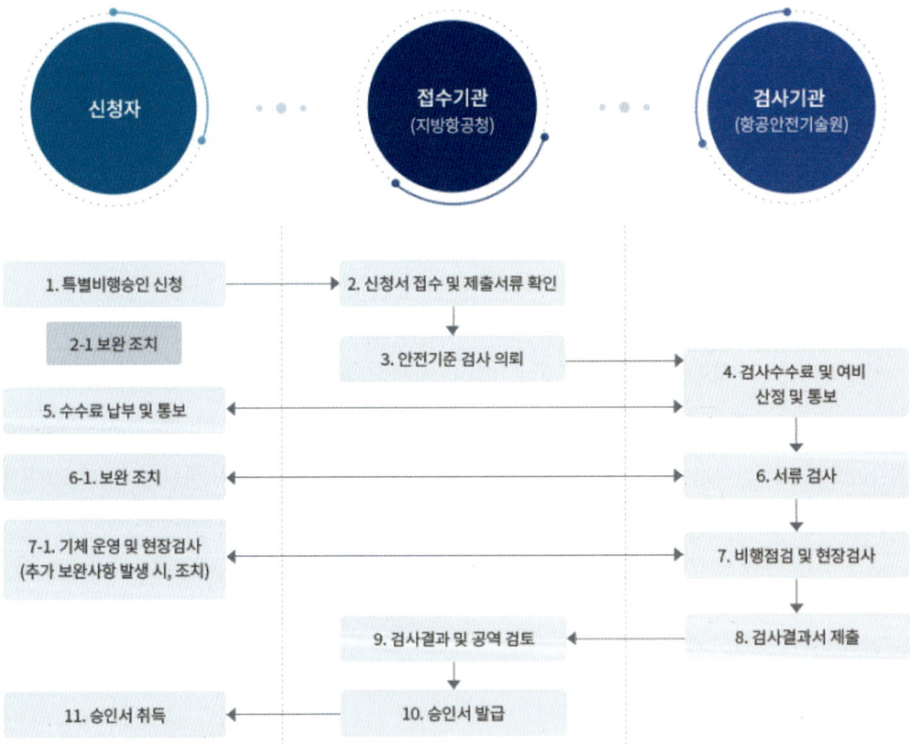

그림 C.1 무인 비행장치 특별비행승인 절차
〈출처: https://www.kiast.or.kr/kr/sub06_06_01_01.do〉

---

* https://www.kiast.or.kr/kr/sub06_06_01_01.do

1 무인비행장치 특별비행승인 절차 안내

- 드론 원스탑 민원포털서비스(https://drone.onestop.go.kr/)를 통하여 특별비행승인 신청
- 지방항공청에서 신청서 접수 후 항공안전기술원에 안전기준 검사 요청
- 항공안전기술원에서 검사수수료 통보 및 납부 확인, 안전성 검사(현장점검) 후 지방항공청으로 결과서 제출
- 지방항공청에서 최종 승인 후 기관 및 업체로 증명서 발송
- 기관 및 업체는 증명서 수령 후 특별비행승인 수행 가능
- 민원처리기한: 근무일 기준 30일(특별한 사정이 있는 경우 90일)

2 무인비행장치 특별비행승인 신청서류 작성 안내

가. 무인비행장치의 종류 · 형식 및 제원에 관한 서류

- 무인비행장치의 종류, 형식, 무게(최대이륙중량 및 자체중량), 크기 등 제원에 관한 서류(무인비행장치 전체 및 측면 사진을 포함하여 무인비행장치에 카메라 · GPS 위치 발신기 등이 장착되는 경우에는 그 종류 · 형식 및 무게 · 크기 등을 제원에 관한 서류를 함께 제출)

나. 무인비행장치의 성능 및 운용한계에 관한 서류(각 기체의 매뉴얼 참조)

- 기체 사용 및 성능설명서 등 기체 성능과 운용한계에 대한 정보 제공 서류 제출

다. 무인비행장치의 조작방법에 관한 서류(각 기체의 매뉴얼 참조)

- 수동 · 자동 · 반자동 비행기능 및 시각보조장치 등의 조작방법 사용설명 서류 제출

라. 무인비행장치의 비행절차, 비행지역, 운영인력 등이 포함된 비행계획서

- 실제 비행내용 확인이 가능하도록 아래 사항의 구체적 작성 필요
- 야간/비가시 비행 명시
- 최대비행고도, 1회당 운영시간, 비행기간, 장소, 비행횟수, 절차, 책임자, 운영인력 등을 포함한 비행계획서

• 비행경로(캡처된 지도에 표시), 관찰자 유무 및 위치(캡처된 지도에 표시), 비행금지구역 등 명시
• 자동안전장치(충돌방지기능), 충돌방지등, GPS 위치발신기 장착 명시

마. 안전성인증서(제305조제1항에 따른 초경량비행장치 안전성인증 대상에 해당하는 무인비행장치에 한정)

• 사용기체가 안전성인증 대상에 해당 시, 안전성인증서 제출

바. 무인비행장치의 안전한 비행을 위한 무인비행장치 조종자의 조종 능력 및 경력 등을 증명하는 서류

• 비행계획서에 명시된 조종자의 무인비행장치 조종 자격증 제출
• 자격증 미소지 시, 조종능력 및 경력을 증명하는 서류 제출

사. 해당 무인비행장치 사고에 따른 제3자 손해 발생 시 손해배상 책임을 담보하기 위한 보험 또는 공제 등의 가입을 증명하는 서류(「항공사업법」 제70조제4항에 따라 보험 또는 공제에 가입하여야 하는 자로 한정)

• 업체 또는 기체에 해당하는 보험 및 공제 가입증명 서류 제출

아. 비상상황 매뉴얼

• 사고대응 절차, 비상연락 · 보고체계 등

자. 무인비행장치 이 · 착륙장의 조명 및 장애물 현황에 관한 서류(이 · 착륙장 사진 포함)

차. 기타 서류(필요 시, 별도 요청)

3 특별비행승인 소요기간

• 국토교통부고시 "무인비행장치 특별비행을 위한 안전기준 및 승인절차에 관한 기준"에 따라 항공안전기술원 접수일로부터 25근무일 이내(새로운 기술에 관한 검토 등 특별한 사정(연구 · 개발용 기체 등)이 있는 경우에는 70근무일 이내에 특별비행 안전기준 적합 여부 검사결과를 지방항공청장에게 제출하는 것을 원칙으로 하고 있음.

• 접수순으로 수수료 납부 요청 · 서류검사 · 현장검사를 진행하며, 특별비행승인 신청이 몰리는 경우 소요기간이 길어질 수 있음.

4 검사수수료 안내

항목	비용
접수 · 검사 수수료	40,000원
현장검사여비	2인 · 당일 기준으로 항공안전기술원 여비 규정에 따름

※ 비용은 출장일수 및 검사환경, 장소에 따라 변경될 수 있으며 별도 부가세가 발생. 검사수수료 안내 – 항목, 비용 정보제공

5 항공안전법

가. 「항공안전법」 제129조제5항

• 제1항에도 불구하고 초경량비행장치 중 무인비행장치 조종자로서 야간에 비행 등을 위하여 국토교통부령으로 정하는 바에 따라 국토교통부장관의 승인을 받은 자는 그 승인 범위 내에서 비행할 수 있다. 이 경우 국토교통부장관은 국토교통부장관이 고시하는 무인비행장치 특별비행을 위한 안전기준에 적합한지 여부를 검사하여야 한다.

나. 「항공안전법 시행규칙」 제312조의2

• 항공안전법 제129조제5항 전단에 따라 야간에 비행하거나 육안으로 확인할 수 없는 범위에서 비행하려는 자는 별지 제123호의2서식의 무인비행장치 특별비행승인 신청서에 다음 각 호의 서류를 첨부하여 국토교통부장관에게 제출하여야 한다. 〈개정 2020. 5. 27.〉

1. 무인비행장치의 종류 · 형식 및 제원에 관한 서류
2. 무인비행장치의 성능 및 운용한계에 관한 서류
3. 무인비행장치의 조작방법에 관한 서류
4. 무인비행장치의 비행절차, 비행지역, 운영인력 등이 포함된 비행계획서
5. 안전성인증서(제305조제1항에 따른 초경량비행장치 안전성인증 대상에 해당하는 무인비행장치에 한정한다)
6. 무인비행장치의 안전한 비행을 위한 무인비행장치 조종자의 조종 능력 및 경력 등을

증명하는 서류

7. 해당 무인비행장치 사고에 따른 제3자 손해 발생 시 손해배상 책임을 담보하기 위한 보험 또는 공제 등의 가입을 증명하는 서류(「항공사업법」제70조제4항에 따라 보험 또는 공제에 가입하여야 하는 자로 한정한다)
8. 별지 제122호서식의 초경량비행장치 비행승인신청서(법 제129조제6항에 따라 법 제127조제2항 및 제3항의 비행승인 신청을 함께 하려는 경우에 한정한다.)
9. 그 밖에 국토교통부장관이 정하여 고시하는 서류

지방항공청장은 제1항에 따른 신청서를 제출받은 날부터 30일(새로운 기술에 관한 검토 등 특별한 사정이 있는 경우에는 90일) 이내에 법 제129조제5항에 따른 무인비행장치 특별비행을 위한 안전기준에 적합한지 여부를 검사한 후 적합하다고 인정하는 경우에는 별지 제123호의3서식의 무인비행장치 특별비행승인서를 발급하여야 한다. 이 경우 지방항공청장은 항공안전의 확보 또는 인구밀집도, 사생활 침해 및 소음 발생 여부 등 주변 환경을 고려하여 필요하다고 인정되는 경우 비행일시, 장소, 방법 등을 정하여 승인할 수 있다. 〈개정 2018. 11. 22., 2020. 5. 27.〉

- 제1항 및 제2항에 규정한 사항 외에 무인비행장치 특별비행승인을 위하여 필요한 사항은 국토교통부장관이 정하여 고시한다.

6 무인비행장치 특별비행승인 관련 서류

항공안전기술원(www.kiast.or.kr/kr/sub06_06_01_01.do)
드론 원스톱 민원 포털 서비스(https://drone.onestop.go.kr)
에서 다음과 같이 각종 신청 작성 안내와 서류를 다운 받을 수 있다.

- 무인비행장치 특별비행승인 신청 제출 서류
- 무인비행장치 특별비행승인 비행계획서
- 무인비행장치 특별비행승인 비상상황 매뉴얼
- 무인비행장치 제원표

7 무인비행장치 특별비행을 위한 안전기준 및 승인절차에 관한 기준 관련 특별비행 안전기준(제4조 관련)

국토교통부고시 제2017-748호

구분		주요 내용
공통사항		• 이/착륙장 및 비행경로에 있는 장애물이 비행 안전에 영향을 미치지 않아야 함 • 자동안전장치(Fail-Safe)를 장착함 • 충돌방지기능을 탑재함 • 추락 시 위치정보 송신을 위한 별도의 GPS 위치 발신기를 장착함 • 사고대응 비상연락 · 보고체계 등 포함 비상상황 매뉴얼 작성 · 비치하고, 모든 참여인력은 비상상황 발생대비 비상상황 훈련을 받아야 함
개별 사항	야간 비행	• 야간 비행 시 무인비행장치를 확인할 수 있는 한 명 이상의 관찰자를 배치해야 함 • 5km 밖에서 인식가능한 정도의 충돌방지등을 장착함 • 충돌방지등은 지속 점등 타입으로 전후좌우를 식별 가능 위치에 장착함 • 자동 비행 모드를 장착함 • 적외선 카메라를 사용하는 시각보조장치(FPV)를 장착함 • 이/착륙장 지상 조명시설 설치 및 서치라이트를 구비함
	비가시 비행	• 조종자의 가시권 벗어나는 범위 비행시, 계획된 비행경로에 무인비행장치를 확인 가능한 관찰자를 1명이상 배치해야 함 • 조종자와 관찰자 사이에 무인비행장치의 원활한 조작이 가능할 수 있도록 통신이 가능해야 함 • 조종자는 미리 계획된 비행과 경로를 확인해야 하며, 해당 무인비행장치는 수동/자동/반자동 비행이 가능하여야 함 • 조종자는 CCC(Command and Control, Communication) 장비가 계획된 비행 범위 내에서 사용가능한지 사전에 확인해야 함 • 무인비행장치는 비행계획과 비상상황 프로파일에 대한 프로그래밍이 되어있어야 함 • 무인비행장치는 시스템 이상 발생 시, 조종자에게 알림이 가능해야 함 • 통신(RF 통신 및 LTE 통신 기간망 사용 등)을 이중화함 • GCS(Ground Control System) 상에서 무인비행장치의 상태 표시 및 이상 발생 시 GCS 알림 및 외부 조종자 알림을 장착함 • 시각보조장치(FPV)를 장착함

D | 자주 하는 질문과 답변

Q. 야간비행에 속하는 시간은?

A. 일출 · 일몰(계절별로 상이) 시각으로 주 · 야간시간을 구분하며, 일출 전과 일몰 후부터는 야간에 속하므로, 일반 드론비행은 금지된다.

Q. 가시권 밖 비행의 기준은?

A. 거리를 수치적으로 제시하기 어려우나, 일반적으로 조종자가 육안으로 무인비행장치의 상태(전후좌우 인식)가 확인되지 않는 거리를 가시권 밖으로 정하고 있다. 기체의 크기 · 기상상황 등에 따라 거리는 달라질 수 있으며, 건물 뒤로 비행하는 등 조종자와 무인비행장치 사이에 장애물로 인하여 보이지 않는 경우도 가시권 밖으로 정하고 있다.

Q. FPV나 망원경, 카메라 등으로 기체를 확인할 수 있다면, 가시권 내에 속하는지?

A. 드론 조종자 준수사항에 기체를 육안으로 확인할 수 있어야 한다고 언급되어 있으며, 여기서 육안의 개념은 FPV · 망원경 · 카메라가 아닌 맨눈(안경 착용 포함)으로 확인하는 경우를 뜻한다.

E | 드론 관련 법률

1 드론 활용의 촉진 및 기반조성에 관한 법률 (약칭: 드론법)

[시행 2020. 5. 1] [법률 제16420호, 2019. 4. 30, 제정]

제1장 총칙

제1조(목적) 이 법은 드론 활용의 촉진 및 기반조성, 드론시스템의 운영·관리 등에 관한 사항을 규정하여 드론산업의 발전 기반을 조성하고 드론산업의 진흥을 통한 국민편의 증진과 국민경제의 발전에 이바지함을 목적으로 한다.

제2조(정의) ① 이 법에서 사용하는 용어의 뜻은 다음과 같다.

1. "**드론**"이란 조종자가 탑승하지 아니한 상태로 항행할 수 있는 비행체로서 국토교통부령으로 정하는 기준을 충족하는 다음 각 목의 어느 하나에 해당하는 기기를 말한다.
   가. 「항공안전법」 제2조제3호에 따른 무인비행장치
   나. 「항공안전법」 제2조제6호에 따른 무인항공기
   다. 그 밖에 원격·자동·자율 등 국토교통부령으로 정하는 방식에 따라 항행하는 비행체
2. "**드론시스템**"이란 드론의 비행이 유기적·체계적으로 이루어지기 위한 드론, 통신체계, 지상통제국(이·착륙장 및 조종인력을 포함한다), 항행관리 및 지원체계가 결합된 것을 말한다.
3. "**드론산업**"이란 드론시스템의 개발·관리·운영 또는 활용 등과 관련된 산업을 말한다.
4. "**드론사용사업자**"란 타인의 수요에 맞추어 드론을 사용하여 유상으로 운송, 농약살포, 사진촬영 등의 업무를 수행할 목적으로 「항공사업법」 제2조제23호에 따른 초경량비행장치사용사업 등 국토교통부령으로 정하는 사업을 영위하는 자를 말한다.
5. "**드론교통관리**"란 드론 비행에 필요한 각종 신고·승인 등 업무의 지원 및 비행에 필요한 정보제공, 비행경로 관리 등 드론의 이륙부터 착륙까지의 과정에서 필요한 관리 업무를 말한다.

② 제1항에 규정된 것 외의 용어에 관하여는 이 법에서 특별히 정하는 경우를 제외하고는 「항공안전법」 제2조 및 「항공사업법」 제2조에 따른 용어의 정의에 따른다.

제3조(드론산업의 지원) 국가 및 지방자치단체는 드론산업을 지속가능한 경제 성장 동력으로 육성하고 기업 간 상생문화를 구축하며 건전한 산업생태계를 조성하기 위하여 행정적·재정적·기술적 지원을 할 수 있다.

제4조(다른 법률과의 관계) 드론 활용의 촉진 및 기반조성에 관하여 이 법에서 정한 사항에 대하여는 다른 법률에 우선하여 이 법을 적용한다.

제2장 정책추진 체계

제5조(드론산업발전기본계획의 수립 등) ① 정부는 대통령령으로 정하는 절차에 따라 **드론산업의 육성 및 발전에 관한 기본계획**(이하 "기본계획"이라 한다)을 **5년마다 수립·시행**하여야 한다.

② 기본계획에는 다음 각 호의 사항이 포함되어야 한다.

1. 드론산업의 현황과 향후 전망
2. 드론산업 육성을 위한 정책의 기본방향
3. 드론산업의 부문별 육성 시책
4. 드론산업 육성을 위한 연구개발 지원
5. 드론산업 육성을 위한 제도 개선
6. 드론산업 관련 사용자 보호
7. 드론산업 관련 국제협력 및 해외시장 진출 지원
8. 드론산업 육성을 위한 투자소요 및 재원조달 방안
9. 그 밖에 드론산업 육성을 위하여 필요한 사항

③ 정부는 기본계획의 수립을 위하여 관계 중앙행정기관의 장, 특별시장·광역시장·특별자치시장·도지사 또는 특별자치도지사(이하 "시·도지사"라 한다) 및 공공기관(「공공기관의 운영에 관한 법률」 제4조에 따른 공공기관을 말한다. 이하 같다)의 장에게 관련 자료를 요청할 수 있다. 이 경우 자료 제공을 요청받은 각 기관의 장은 정당한 사유가 없으면 이에 따라야 한다.

④ 정부는 기본계획을 수립하거나 대통령령으로 정하는 중요한 사항을 변경하려면 관계 중앙행정기관의 장 및 시·도지사와 협의하여야 한다.

⑤ 정부는 기본계획을 수립하거나 변경하였을 때에는 그 내용을 관보에 즉시 고시하고, 관계 중앙행정기관의 장 및 시·도지사에게 알려야 한다.

⑥ 정부는 기본계획에 따라 연도별 시행계획을 수립하여야 한다.

제6조(드론산업 실태조사) ① 정부는 드론산업 관련 정책의 효과적인 수립·시행을 위하여 매년 드론산업 전반에 걸친 실태조사를 실시할 수 있다.

② 정부는 제1항에 따른 실태조사를 실시하는 경우 공공 및 민간부문의 드론시스템에 대한 중장기 수요전망을 포함할 수 있다.

③ 정부는 제1항에 따른 실태조사와 제2항에 따른 수요전망 작성을 위하여 필요한 경우 중앙행정기관의 장, 시·도지사 및 공공기관의 장에게 필요한 자료를 요청할 수 있으며 각 기관의 장은 특별한 사유가 없으면 이에 따라야 한다.

④ 제1항부터 제3항까지에 따른 실태조사의 대상·방법 및 절차에 관하여 필요한 사항은

대통령령으로 정한다.

제7조(드론산업협의체의 구성 · 운영) ① 정부는 드론의 운영 · 관리 등 드론산업과 관련된 업무를 담당하는 국가기관과 지방자치단체의 공무원, 공공기관의 임원 또는 직원 및 드론산업에 종사하는 사업자 등을 구성원으로 하는 드론산업협의체를 구성 · 운영할 수 있다.

② 드론산업협의체 구성 및 운영에 관하여 필요한 사항은 대통령령으로 정한다.

제8조(공공기관 드론 활용 등의 요청) 국토교통부장관은 드론산업의 활성화를 위하여 중앙행정기관의 장, 시 · 도지사 및 공공기관의 장에게 드론시스템의 도입 및 활용 등을 요청할 수 있다.

제3장 드론산업의 육성

제9조(드론시스템의 연구 · 개발) ① 정부는 드론시스템의 기술 개발을 촉진하고 기본계획을 효율적으로 추진하기 위하여 대통령령으로 정하는 바에 따라 드론시스템의 기술 발전에 필요한 연구 · 개발 사업을 할 수 있다.

② 정부는 제1항에 따른 연구 · 개발 사업을 추진함에 있어 드론시스템의 연구 · 개발자, 제작자 및 수요자 간의 연계협력을 위하여 필요한 지원을 할 수 있다.

③ 정부는 드론시스템에 관한 연구 · 개발의 성과를 높이기 위하여 공공기관, 법인, 단체 및 대학 간의 공동연구를 촉진하는 데 필요한 지원을 할 수 있다.

④ 제2항 및 제3항에 따른 지원에 필요한 사항은 대통령령으로 정한다.

제10조(드론특별자유화구역의 지정 및 관리) ① 국토교통부장관은 드론시스템의 실용화 및 사업화 등을 촉진하기 위하여 드론 특별자유화 구역(이하 "드론특별자유화구역"이라 한다)을 지정 · 운영할 수 있다.

② 국토교통부장관은 제1항의 드론특별자유화구역에서 행하는 드론 실용화 및 사업화 등을 위해 다음 각 호에 따른 법률에 규정된 인증 · 허가 · 승인 · 평가 · 신고 등을 대통령령으로 정하는 바에 따라 유예 또는 면제하거나 간소화할 수 있다.

1. 「항공안전법」 제23조에 따른 특별감항증명
2. 「항공안전법」 제68조에 따른 무인항공기의 비행 허가
3. 「항공안전법」 제124조에 따른 시험비행허가 또는 안전성인증
4. 「항공안전법」 제127조에 따른 비행승인
5. 「항공안전법」 제129조제5항에 따른 특별비행의 승인
6. 「전파법」 제58조의2에 따른 적합성평가

③ 국토교통부장관은 제1항에 따라 드론특별자유화구역을 지정하거나 제2항에 따른 인증 · 허가 · 승인 · 평가 · 신고 등을 한시적으로 유예 또는 면제하거나 간소화하기 위하여 관계 중앙행정기관의 장과 사전에 협의하여야 한다.

④ 그 밖에 드론특별자유화구역의 지정, 운영 및 관리 등에 필요한 사항은 대통령령으로

정한다.

제11조(드론시범사업구역의 지정 및 관리) ① 국토교통부장관은 대통령령으로 정하는 바에 따라 드론시스템의 실증·시험 등을 원활하게 수행하기 위한 드론시범사업구역(이하 "드론시범사업구역"이라 한다)을 지정·운영할 수 있다.

② 국토교통부장관은 드론시범사업구역에서 다음 각 호의 어느 하나에 해당하는 자에게 행정적·재정적 지원을 할 수 있다.

1. 드론의 성능시험 및 개발 등을 위하여 비행을 하는 자
2. 안전기준 연구 등을 위하여 드론을 비행하는 자
3. 그 밖에 국토교통부령으로 정하는 자

제12조(창업의 활성화) 정부는 드론산업과 관련된 창업을 촉진하고 활성화하기 위하여 대통령령으로 정하는 바에 따라 다음 각 호의 행정적·재정적 지원을 할 수 있다.

1. 창업자금의 융자
2. 드론 관련 연구개발 성과의 제공
3. 시험 장비 및 설비의 지원
4. 그 밖에 대통령령으로 정하는 사항

제13조(드론첨단기술의 지정 및 지원) ① 산업통상자원부장관은 드론산업 관련 기술의 개발 및 활용을 촉진하기 위하여 기존 드론시스템을 첨단화한 기술을 대통령령으로 정하는 바에 따라 드론첨단기술(드론첨단기술이 접목된 제품을 포함한다. 이하 같다)로 지정할 수 있다.

② 산업통상자원부장관은 관계 중앙행정기관의 장, 시·도지사 및 공공기관의 장에게 드론첨단기술을 우선 구매하여 사용하도록 요청할 수 있다.

③ 중소벤처 기업부장관은 산업통상자원부장관의 요청에 따라 중소기업(「중소기업기본법」 제2조에 따른 중소기업자를 말한다)이 개발한 드론첨단기술을 「중소기업제품 구매촉진 및 판로지원에 관한 법률」 제6조에 따른 경쟁제품으로 지정할 수 있다.

④ 산업통상자원부장관은 드론첨단기술로 지정된 기술이 다음 각 호의 어느 하나에 해당하는 경우에는 그 지정을 취소하거나 3개월 이내의 기간을 정하여 지정의 효력을 정지할 수 있다. 다만, 제1호에 해당하는 경우에는 그 지정을 취소하여야 한다.

1. 거짓이나 그 밖의 부정한 방법으로 지정을 받은 경우
2. 제1항에 따라 대통령령으로 정하는 드론첨단기술의 지정 기준에 적합하지 아니하게 된 경우

⑤ 제1항에 따른 드론첨단기술의 지정 및 제4항에 따른 지정취소 등에 필요한 사항은 대통령령으로 정한다.

제14조(인증등의 의제) ① 제13조에 따라 드론첨단기술의 지정을 받은 자는 다음 각 호의 인증·평가·검정(이하 "인증등"이라 한다)을 받은 것으로 본다.

1. 「항공안전법」 제124조에 따른 안전성인증
2. 「전파법」 제58조의2에 따른 적합성평가
3. 「농업기계화 촉진법」 제9조에 따른 농업기계의 검정

② 산업통상자원부장관은 제13조에 따른 지정을 할 때 제1항 각 호의 어느 하나에 해당하는 사항이 포함되어 있는 경우에는 제13조에 따른 지정을 신청한 자가 제출한 산업통상자원부령으로 정하는 관계 서류를 첨부하여 미리 관계 행정기관의 장과 협의하여야 한다. 이 경우 관계 행정기관의 장은 협의요청을 받은 날부터 30일 이내에 의견을 제출하여야 하며 같은 기간 이내에 의견 제출이 없는 경우에는 의견이 없는 것으로 본다.

③ 제1항에 따라 인증등을 받은 것으로 보는 경우에는 관계 법률에 따라 부과되는 수수료를 면제한다.

제15조(지식재산권의 보호 및 육성) ① 정부는 드론시스템의 연구 활동과 드론산업을 보호하고 육성하기 위하여 드론시스템의 지식재산권 보호 및 육성시책을 마련하여야 한다.

② 정부는 드론시스템의 지식재산권 보호를 위하여 다음 각 호의 사업을 추진할 수 있다.

1. 지식재산권 침해에 대한 대응과 복구
2. 지식재산권에 관한 교육·홍보
3. 지식재산권의 효율적 활용
4. 그 밖에 대통령령으로 정하는 사항

③ 정부는 대통령령으로 정하는 바에 따라 지식재산권 분야의 전문기관 또는 단체를 지정하여 제2항 각 호의 사업을 추진하게 할 수 있다.

제16조(우수사업자의 지정 등) ① 국토교통부장관은 드론사용사업자 중 드론산업의 발전과 서비스 및 안전 수준 향상에 기여한 자로서 국토교통부령으로 정하는 기준에 적합한 자를 우수사업자로 지정할 수 있다.

② 국토교통부장관은 우수사업자로 지정된 자에 대하여 우수사업자로 지정되었음을 나타내는 표지의 제공, 행정절차의 간소화 등 국토교통부령으로 정하는 지원을 할 수 있다.

③ 국토교통부장관은 우수사업자로 지정된 자가 다음 각 호의 어느 하나에 해당하는 경우에는 그 지정을 취소하거나 3개월 이내의 기간을 정하여 지정의 효력을 정지할 수 있다. 다만, 제1호에 해당하는 경우에는 그 지정을 취소하여야 한다.

1. 거짓이나 그 밖의 부정한 방법으로 우수사업자의 지정을 받은 경우
2. 제1항에 따른 국토교통부령으로 정하는 우수사업자의 지정 기준에 적합하지 아니하게 된 경우

④ 제1항부터 제3항까지에서 규정한 사항 외에 우수사업자의 지정·취소 또는 효력정지의 기준 및 절차 등에 필요한 사항은 국토교통부령으로 정한다.

제17조(드론교통관리시스템의 구축 및 운영) ① 국토교통부장관은 안전하고 효율적으로 드론을 운영하기 위하여 다음 각 호의 어느 하나에 해당하는 자를 전담사업자로 지정하여 드론교통관리시스템을 구축 및 운영할 수 있다.

1. 대통령령으로 정하는 공공기관 또는 드론산업 관련 단체
2. 대통령령으로 정하는 기준을 충족하는 「상법」에 따른 주식회사

② 제1항에 따라 지정된 전담사업자는 드론교통관리시스템을 사용하는 자로부터 드론교통

관리시스템의 운영·관리 등에 소요되는 비용을 징수할 수 있다.

③ 국토교통부장관은 제1항에 따라 드론교통관리시스템을 구축·운영하는 경우 드론비행로를 지정하여 운영할 수 있다.

제4장 보칙

제18조(전문인력의 양성) ① 정부는 드론산업 관련 전문인력의 양성과 자질 향상을 위하여 교육훈련을 실시할 수 있다.

② 정부는 대통령령으로 정하는 연구소나 대학, 그 밖의 기관이나 단체를 전문인력 양성기관으로 지정하여 제1항에 따른 교육훈련을 실시하게 할 수 있으며, 이에 필요한 예산을 지원할 수 있다.

③ 제1항 및 제2항에 따른 전문인력의 양성, 교육훈련에 관한 계획의 수립 및 전문인력 양성기관의 지정 요건·절차 등에 필요한 사항은 대통령령으로 정한다.

④ 정부는 제2항에 따라 전문인력 양성기관으로 지정받은 자가 다음 각 호의 어느 하나에 해당하게 된 때에는 그 지정을 취소할 수 있다. 다만, 제1호에 해당하는 경우에는 그 지정을 취소하여야 한다.

1. 거짓이나 그 밖의 부정한 방법으로 지정을 받은 경우
2. 대통령령으로 정하는 지정 요건에 계속하여 3개월 이상 미달한 경우
3. 교육을 이수하지 아니한 사람을 이수한 것으로 처리한 경우

제19조(해외진출 및 국제협력) ① 정부는 드론산업의 국제협력 및 해외시장 진출을 추진하기 위하여 관련 기술 및 인력의 국제교류, 국제전시회 참가, 국제표준화, 국제공동연구개발 등의 사업을 지원할 수 있다.

② 정부는 대통령령으로 정하는 기관이나 단체로 하여금 제1항의 사업을 수행하게 할 수 있으며 필요한 예산을 지원할 수 있다.

제20조(청문) 행정청은 다음 각 호의 어느 하나에 해당하는 처분을 하려면 청문을 하여야 한다.

1. 제13조제4항에 따른 드론첨단기술의 지정 취소
2. 제16조제3항에 따른 우수사업자의 지정 취소
3. 제18조제4항에 따른 전문인력 양성기관의 지정 취소

제21조(권한 등의 위임·위탁) ① 이 법에 따른 국토교통부장관의 권한 중 그 일부를 대통령령으로 정하는 바에 따라 그 소속 기관의 장에게 위임할 수 있다.

② 이 법에 따른 국토교통부장관의 업무 중 그 일부를 대통령령으로 정하는 바에 따라 드론산업에 전문성이 있다고 인정되어 국토교통부장관이 고시하는 기관 또는 단체에 위탁할 수 있다.

제22조(수수료 등) ① 다음 각 호의 어느 하나에 해당하는 자는 국토교통부장관 또는 산업통상자원부장관에게 수수료를 내야 한다. 다만, 제21조의 규정에 따라 업무가 위임되거나 위탁된 경우에는 그 수탁기관에 내야 한다.

1. 이 법에 따른 지정을 받으려는 자
2. 이 법에 따른 지정서 등의 발급 또는 재발급을 신청하는 자

② 인증등을 위하여 현지출장이 필요한 경우에는 그 출장에 드는 여비를 신청인이 내야 한다.

③ 제1항에 따른 수수료 및 제2항에 따른 여비의 산정기준, 징수절차·방법에 관하여 필요한 사항은 국토교통부령(제13조에 따른 드론첨단기술 지정의 경우에는 산업통상자원부령을 말한다)으로 정한다.

제23조(비밀 누설의 금지) 이 법에 따라 위탁받아 업무를 수행하거나 수행하였던 자는 업무를 수행하는 과정에서 알게 된 비밀을 누설하여서는 아니 된다.

제24조(벌칙 적용에서 공무원 의제) 다음 각 호의 어느 하나에 해당하는 사람은 「형법」 제129조부터 제132조까지의 규정을 적용할 때 공무원으로 본다.

1. 제17조제1항에 따른 전담사업자
2. 제21조제2항에 따라 국토교통부장관이 위탁한 업무에 종사하는 기관 또는 단체의 임직원

제5장 벌칙

제25조(벌칙) ① 제23조를 위반하여 위탁받은 업무를 수행하는 과정에서 알게 된 비밀을 누설하는 자는 3년 이하의 징역 또는 3천만 원 이하의 벌금에 처한다.

② 다음 각 호의 어느 하나에 해당하는 자는 2년 이하의 징역 또는 2천만 원 이하의 벌금에 처한다.

1. 제13조를 위반하여 거짓 또는 그 밖의 부정한 방법으로 드론첨단기술을 지정받은 자
2. 제16조를 위반하여 거짓 또는 그 밖의 부정한 방법으로 우수사업자로 지정받은 자
3. 제18조를 위반하여 거짓 또는 그 밖의 부정한 방법으로 전문인력 양성기관으로 지정받은 자

제26조(양벌규정) 법인의 대표자나 법인 또는 개인의 대리인, 사용인, 그 밖의 종업원이 그 법인 또는 개인의 업무에 관하여 제23조의 위반행위를 하면 그 행위자를 벌하는 외에 그 법인 또는 개인에게도 해당 조문의 벌금형을 과(科)한다. 다만, 법인 또는 개인이 그 위반행위를 방지하기 위하여 해당 업무에 관하여 상당한 주의와 감독을 게을리하지 아니한 경우에는 그러하지 아니하다.

부칙 〈제16420호, 2019. 4. 30.〉

제1조(시행일) 이 법은 공포 후 1년이 경과한 날부터 시행한다.

제2조(드론산업발전기본계획에 관한 경과조치) 이 법 시행 전 5년 이내에 「항공사업법」 제4조에 따른 항공정책위원회가 심의·의결한 드론산업의 발전에 관한 계획은 2022년 12월 31일까지 이 법 제5조에 따라 수립된 기본계획으로 본다.

2 드론 활용의 촉진 및 기반조성에 관한 법률 시행규칙

[시행 2020. 5. 1] [국토교통부령 제723호, 2020. 5. 1, 제정]

제1조(목적) 이 규칙은 「드론 활용의 촉진 및 기반조성에 관한 법률」 및 같은 법 시행령에서 위임된 사항과 그 시행에 필요한 사항을 규정함을 목적으로 한다.

제2조(드론의 범위) ① 「드론 활용의 촉진 및 기반조성에 관한 법률」(이하 "법"이라 한다) 제2조제1항제1호에서 "국토교통부령으로 정하는 기준"이란 다음 각 호의 기준을 말한다.

1. 동력을 일으키는 기계장치가 1개 이상일 것
2. 지상에서 비행체의 항행을 통제할 수 있을 것

② 법 제2조제1항제1호다목에서 "원격·자동·자율 등 국토교통부령으로 정하는 방식에 따라 항행하는 비행체"란 다음 각 호의 어느 하나에 해당하는 비행체를 말한다.

1. 외부에서 원격으로 조종할 수 있는 비행체
2. 외부의 원격 조종 없이 사전에 지정된 경로로 자동 항행이 가능한 비행체
3. 항행 중 발생하는 비행환경 변화 등을 인식·판단하여 자율적으로 비행속도 및 경로 등을 변경할 수 있는 비행체

제3조(드론사용사업자의 범위) 법 제2조제1항제4호에서 "「항공사업법」 제2조제23호에 따른 초경량비행장치사용사업 등 국토교통부령으로 정하는 사업"이란 타인의 수요에 맞추어 유상으로 하는 사업으로서 다음 각 호의 어느 하나에 해당하는 사업을 말한다.

1. 「항공사업법」 제2조제23호에 따른 초경량비행장치사용사업
2. 그 밖에 드론을 사용하는 사업으로서 다음 각 목의 어느 하나에 해당하지 않는 사업
   가. 국민의 생명과 재산 등 공공의 안전에 위해를 일으킬 수 있는 사업
   나. 국방·보안 등에 관련되어 국가 안보에 위협이 될 수 있는 사업

제4조(드론시범사업구역 지원대상자) 법 제11조제2항제3호에서 "국토교통부령으로 정하는 자"란 다음 각 호의 어느 하나에 해당하는 업무를 수행하기 위하여 드론을 비행하는 자를 말한다.

1. 드론시스템의 실용화 및 사업화 등의 준비
2. 드론 기술의 표준화 및 기준 마련
3. 드론 안전인증 체계 마련 및 인증 획득
4. 그 밖에 국토교통부장관이 드론시범사업구역에서 비행이 필요하다고 인정하는 업무

제5조(우수사업자의 지정기준) 법 제16조제1항에 따른 "국토교통부령으로 정하는 기준에 적합한 자"란 다음 각 호의 요건을 모두 갖춘 자를 말한다.

1. 최근 3년간 계속하여 드론사용사업자에 해당하는 사업자등록을 유지할 것

2. 최근 3년간 다음 각 목의 어느 하나에 해당하는 사실이 없을 것
   가. 「항공사업법」 제49조제7항부터 제9항까지의 규정에 따른 사업개선 명령, 등록취소, 사업정지 처분 또는 과징금 부과처분을 받은 사실
   나. 「항공사업법」 제77조부터 제82조까지의 규정에 따른 벌금 이상의 형 또는 같은 법 제84조에 따른 과태료 처분을 받은 사실
   다. 「국가를 당사자로 하는 계약에 관한 법률」 제27조에 따른 입찰참가자격 제한된 사실
   라. 「항공안전법」 제2조제6호 및 제8호에 따른 항공기사고 또는 초경량비행장치사고를 낸 사실

제6조(우수사업자에 대한 지원) ① 법 제16조제2항에 따른 지원은 다음 각 호와 같다.
1. 우수사업자로 지정되었음을 나타내는 다음 각 목의 표지의 제공
   가. 우수사업자 지정 인증서
   나. 우수사업자 지정 공인 인증 마크
2. 법 제19조에 따른 국제협력 및 해외진출 지원
3. 드론산업 관련 정보 및 자료의 제공
4. 형식적인 절차의 생략 등 행정절차의 간소화

② 국토교통부장관은 국가·지방자치단체 또는 공공기관이 드론 관련 계약을 체결하거나 인증·평가·검정 등을 하는 경우 우수사업자를 우대하도록 요청할 수 있다.

제7조(우수사업자 지정취소 등) 국토교통부장관은 법 제16조제4항에 따라 우수사업자 지정의 효력을 정지하려는 경우에는 청문을 해야 한다.

제8조(수수료) ① 법 제22조제1항 및 제2항에 따른 수수료 및 여비는 다음 각 호의 기준에 따라 산정한다.
1. 지정서 등의 발급 또는 재발급 수수료: 해당 지정서 등의 발급 또는 재발급 과정에서 발생하는 실비
2. 현지출장 등의 여비: 「공무원 여비 규정」(법 제22조제1항에 따른 수탁기관의 경우에는 그 기관의 여비 규정)에 따른 금액

② 제1항에 따른 수수료는 현금, 신용카드 또는 정보통신망을 이용한 전자화폐·전자결제 등의 방법으로 내야 한다.

③ 제1항 및 제2항에서 규정한 사항 외에 수수료 산정 및 납부 등에 필요한 사항은 국토교통부장관이 정하여 고시한다.

부칙 〈제723호, 2020. 5. 1.〉

이 규칙은 2020년 5월 1일부터 시행한다.

3 드론 활용의 촉진 및 기반조성에 관한 법률 시행령 - 개정이유 -

[시행 2020. 5. 1] [대통령령 제30647호, 2020. 4. 28, 제정]

[제정]

◇ 제정이유

4차 산업혁명 시대의 핵심산업으로 부상 중인 드론산업을 체계적이고 효율적으로 육성하기 위한 정책추진 체계 구축 및 드론시스템의 기술 개발, 실용화 및 사업화 등을 촉진하기 위하여 5년 단위의 드론산업의 육성 및 발전에 관한 기본계획을 수립하고, 매년 드론산업 전반에 걸친 실태조사를 하도록 하며, 드론시스템의 실용화 및 사업화 등을 촉진하기 위하여 드론 특별자유화 구역을 지정·운영하도록 하는 등의 내용으로 「드론 활용의 촉진 및 기반조성에 관한 법률」이 제정(법률 제16420호, 2019. 4. 30. 공포, 2020. 5. 1. 시행)됨에 따라, 국토교통부장관은 관계 중앙행정기관의 장 및 시·도지사의 협의 등을 거쳐 드론산업 육성 및 발전에 관한 기본계획을 수립하도록 하고, 시장·군수·구청장은 드론특별자유화구역 지정을 신청할 수 있도록 하는 등 법률에서 위임된 사항과 그 시행에 필요한 사항을 정하려는 것임.

◇ 주요내용

가. 드론산업발전기본계획의 수립(제2조)

국토교통부장관은 드론산업의 육성 및 발전에 관한 기본계획을 수립하는 데 필요하면 관계 중앙행정기관의 장과 협의를 거쳐 부문별 계획의 작성에 관한 지침을 정할 수 있도록 하고, 기본계획을 관계 중앙행정기관의 장 및 시·도지사와의 협의와 드론산업협의체의 심의를 거쳐 확정하도록 함.

나. 드론산업 실태조사의 대상 및 방법(제4조)

드론산업의 현황, 드론 수요기관의 향후 구매 및 활용 계획 등에 대하여 서면조사 또는 현장조사 등의 방법으로 실태조사를 하도록 함.

다. 드론산업협의체 구성 및 운영(제5조)

1) 국토교통부장관 소속으로 드론산업협의체를 두어 드론산업의 육성 및 발전에 관한 기본계획의 수립 및 변경, 드론의 안정성 및 보안성 확보에 관한 사항 등에 대해 심의하도록 함.

2) 드론산업협의체는 국토교통부장관을 위원장으로 하고, 위원장 1명을 포함한 20명 이내의 위원으로 구성하며, 위촉위원의 임기는 2년으로 함.

라. 드론시스템의 연구·개발 지원(제8조)

1) 국토교통부장관 및 관계 중앙행정기관의 장은 드론시스템의 기술 발전에 필요한 연구·개발 사업을 할 때 드론산업계의 연구·개발 수요, 드론 수요기관 및 소비자의 구매·활용 수요 등을 고려하도록 함.

2) 국토교통부장관 및 관계 중앙행정기관의 장은 드론시스템의 연구·개발자, 제작자 및 수요자 상호 간 정보 교류, 드론시스템 제작자 및 수요자의 연구·개발 성과 평가·검증 등에의 참여 촉진을 위한 행정적·재정적 지원을 할 수 있도록 함.

마. 드론특별자유화구역의 지정(제9조 및 제10조)

1) 시장·군수·구청장은 드론특별자유화구역의 지정 또는 변경지정을 받으려면 드론특별자유화구역의 위치·면적·고도 등이 포함된 드론특별자유화구역 조성계획을 작성하여 국토교통부장관에게 제출하도록 함.

2) 드론특별자유화구역의 지정요건을 조성계획이 실현 가능할 것, 조성계획이 드론산업의 육성 및 발전에 관한 기본계획 및 시행계획에 부합할 것 등으로 정함.

3) 국토교통부장관은 드론특별자유화구역의 지정 또는 변경지정 신청을 받은 경우 신청을 받은 날부터 120일 이내에 관계 중앙행정기관의 장과 협의를 거쳐 그 지정 또는 변경지정 여부를 결정하도록 함.

바. 드론시범사업구역의 지정 및 운영(제12조)

국토교통부장관은 드론시범사업구역을 지정 또는 변경지정하려는 경우에는 드론시스템의 실증·시험 등의 목적에 적합한 지역일 것, 드론 비행지역에 소재하는 주민의 안전에 지장이 없을 것 등을 고려하도록 함.

사. 창업 활성화 지원(제13조)

국토교통부장관 및 관계 중앙행정기관의 장은 창업자 및 개발자의 역량, 기술의 독창성 또는 진보성 등을 고려하여 드론 관련 창업자 및 드론시스템을 개발하는 자에게 행정적·재정적 지원을 할 수 있도록 함.

아. 전문인력 양성기관의 지정 등(제18조)

국토교통부장관 및 관계 중앙행정기관의 장은 드론산업 관련 교육과정을 개설·운영하는 학교, 드론산업에 관한 연구를 하는 연구기관 등을 드론산업 전문인력 양성기관으로 지정할 수 있도록 함.

〈법제처 제공〉

개정문

국무회의의 심의를 거친 드론 활용의 촉진 및 기반조성에 관한 법률 시행령을 이에 공포한다.

4 공항시설법 개정안(대 드론법)

[시행 2021. 1. 1] [법률 제17689호, 2020. 12. 22, 타법개정]

제1장 총칙

제2장 공항 및 비행장의 개발

제3장 공항 및 비행장의 관리 · 운영

제4장 항행안전시설

제5장 보칙

제56조(금지행위) ① 누구든지 국토교통부장관, 사업시행자등 또는 항행안전시설설치자등의 허가 없이 착륙대, 유도로(誘導路), 계류장(繫留場), 격납고(格納庫) 또는 항행안전시설이 설치된 지역에 출입해서는 아니 된다.

② 누구든지 활주로, 유도로 등 그 밖에 국토교통부령으로 정하는 공항시설 · 비행장시설 또는 항행안전시설을 파손하거나 이들의 기능을 해칠 우려가 있는 행위를 해서는 아니 된다.

③ 누구든지 항공기, 경량항공기 또는 초경량비행장치를 향하여 물건을 던지거나 그 밖에 항행에 위험을 일으킬 우려가 있는 행위를 해서는 아니 된다. 다만, 다음 각 호의 어느 하나에 해당하는 자는 「항공안전법」 제127조의 비행승인(같은 조 제2항 단서에 따라 제한된 범위에서 비행하려는 경우를 포함한다)을 받지 아니한 초경량비행장치가 공항 또는 비행장에 접근하거나 침입한 경우 해당 비행장치를 퇴치 · 추락 · 포획하는 등 항공안전에 필요한 조치를 할 수 있다. 〈개정 2020. 12. 8.〉

1. 국가 또는 지방자치단체
2. 공항운영자
3. 비행장시설을 관리 · 운영하는 자

④ 누구든지 항행안전시설과 유사한 기능을 가진 시설을 항공기 항행을 지원할 목적으로 설치 · 운영해서는 아니 된다.

⑤ 항공기와 조류의 충돌을 예방하기 위하여 누구든지 항공기가 이륙 · 착륙하는 방향의 공항 또는 비행장 주변지역 등 국토교통부령으로 정하는 범위에서 공항 주변에 새들을 유인할 가능성이 있는 오물처리장 등 국토교통부령으로 정하는 환경을 만들거나 시설을 설치해서는 아니 된다.

⑥ 누구든지 국토교통부장관, 사업시행자등, 항행안전시설설치자등 또는 이착륙장을 설치 · 관리하는 자의 승인 없이 해당 시설에서 다음 각 호의 어느 하나에 해당하는 행위를 해서는 아니 된다.

1. 영업행위

2. 시설을 무단으로 점유하는 행위
3. 상품 및 서비스의 구매를 강요하거나 영업을 목적으로 손님을 부르는 행위
4. 그 밖에 제1호부터 제3호까지의 행위에 준하는 행위로서 해당 시설의 이용이나 운영에 현저하게 지장을 주는 대통령령으로 정하는 행위

⑦ 국토교통부장관, 사업시행자등, 항행안전시설설치자등, 이착륙장을 설치·관리하는 자, 경찰공무원(의무경찰을 포함한다) 또는 자치경찰공무원은 제6항을 위반하는 자의 행위를 제지(制止)하거나 퇴거(退去)를 명할 수 있다. 〈개정 2017. 12. 26., 2020. 12. 22.〉

제6장 벌칙

제7장 범칙행위에 관한 처리의 특례 〈신설 2018. 2. 21.〉

부칙 〈제17689호, 2020. 12. 22.〉

제1조(시행일) 이 법은 **2021년 1월 1일부터 시행한다.**

제7조(다른 법률의 개정) ①부터 ⑪까지 생략

⑫ 공항시설법 일부를 다음과 같이 개정한다.

제56조제7항 중 "국가경찰공무원(의무경찰을 포함한다) 또는 자치경찰공무원“을 ”경찰공무원(의무경찰을 포함한다) 또는 자치경찰공무원"으로 한다.

⑬부터 〈53〉까지 생략

제8조 생략.

5 사이버안보 업무규정

[시행 2021. 1. 1] [대통령령 제31356호, 2020. 12. 31, 제정]

제1조(목적) 이 영은 「국가정보원법」 제4조제1항제1호마목, 같은 항 제4호 및 같은 조 제3항에 따라 국가정보원의 직무 중 사이버안보 관련 정보의 수집·작성·배포 및 사이버공격·위협에 대한 예방·대응 업무의 수행에 필요한 사항을 규정함을 목적으로 한다.

제2조(정의) 이 영에서 사용하는 용어의 뜻은 다음과 같다.

1. "정보통신망"이란 「전기통신사업법」 제2조제2호에 따른 전기통신설비를 이용하거나 전기통신설비와 컴퓨터 및 컴퓨터의 이용기술을 활용하여 정보를 수집·가공·저장·검색·송신 또는 수신하는 정보통신체제를 말한다.
2. "사이버공격·위협"이란 해킹, 컴퓨터 바이러스, 서비스거부, 전자기파 등 전자적 수단에 의하여 정보통신기기, 정보통신망 또는 이와 관련된 정보시스템을 침입·교란·마비·파괴하거나 정보를 위조·변조·훼손·절취하는 행위 및 그와 관련된 위협을 말한다.

제3조(사이버안보 업무의 수행) ① 국가정보원은 사이버안보를 위하여 다음 각 호의 업무(이하 "사이버안보 업무"라 한다)를 수행한다.

1. 「국가정보원법」(이하 "법"이라 한다) 제4조제1항제1호마목에 따른 국제 및 국가배후 해킹조직 등 사이버안보 관련 정보의 수집·작성·배포 업무(이하 "사이버정보업무"라 한다)
2. 법 제4조제1항제4호 각 목의 기관(이하 "중앙행정기관등"이라 한다)을 대상으로 하는 사이버 공격·위협에 대한 예방 및 대응 업무(이하 "사이버공격예방·대응업무"라 한다)

② 국가정보원은 사이버정보업무를 수행할 때 중앙행정기관등 외의 기관에 대해서는 개별 법령에 근거가 있거나 해당 기관의 명시적인 요청 또는 동의가 있는 경우를 제외하고는 해당 기관의 정보통신망에 대한 접근 시도나 사이버안보 관련 정보의 수집 등의 행위를 하면 안 된다.

③ 국가정보원은 사이버공격예방·대응업무를 수행할 때 해당 중앙행정기관등의 정보통신망이 「정보통신기반 보호법」에 따른 주요정보통신기반시설인 경우에는 「정보통신기반 보호법」을 우선 적용해야 한다.

제4조(국가사이버안보센터) ① 국가정보원장은 사이버안보 업무를 효율적으로 수행하기 위하여 국가사이버안보센터를 둘 수 있다.

② 국가정보원장은 제1항에 따른 국가사이버안보센터의 운영을 위하여 필요한 경우 중앙행정기관등의 장에게 소속 공무원 또는 임직원의 파견 등 협조를 요청할 수 있다.

제5조(기관 간 협력체계 구축) 국가정보원장은 사이버정보업무의 수행을 위하여 필요한 경우 중앙행정기관등 및 외국 정보·보안기관과 정보협력체계를 구축할 수 있다.

제6조(정보공유시스템 구축) ① 국가정보원장은 사이버안보 관련 정보를 중앙행정기관등에 배포·공유하기 위하여 정보공유시스템을 구축·운영할 수 있다.

② 제1항에 따른 정보공유시스템의 활용 대상 및 범위 등 운영에 필요한 사항은 국가정보원장이 관계 중앙행정기관등과 협의하여 정한다.

제7조(사이버공격예방·대응업무 대상 공공기관의 범위) 법 제4조제1항제4호다목에서 "대통령령으로 정하는 공공기관"이란 다음 각 호의 기관을 말한다.

1. 「공공기관의 운영에 관한 법률」 제4조에 따른 공공기관
2. 「지방공기업법」에 따른 지방공사 및 지방공단
3. 특별법에 따라 설립된 특수법인 중 다음 각 목에 따른 법인
   가. 「한국은행법」에 따른 한국은행
   나. 「방송법」 제43조에 따른 한국방송공사
   다. 「한국교육방송공사법」에 따른 한국교육방송공사
   라. 「한국해운조합법」에 따른 한국해운조합
4. 「초·중등교육법」, 「고등교육법」 및 그 밖의 다른 법률에 따라 설치된 국립·공립 학교
5. 「정부출연연구기관 등의 설립·운영 및 육성에 관한 법률」 제8조제1항 및 「과학기술분야 정부출연연구기관 등의 설립·운영 및 육성에 관한 법률」 제8조제1항에 따른 연구기관

제8조(사이버안보 기본대책의 수립·시행 등) ① 국가정보원장은 국가안보실장 및 관계 중앙행정기관의 장과 협의하여 중앙행정기관등에 대한 사이버공격예방·대응업무를 효율적·체계적으로 수행하기 위하여 사이버안보 기본대책을 수립·시행해야 한다.

② 중앙행정기관등의 장은 제1항에 따른 사이버안보 기본대책에 따라 해당 기관의 특성 및 보안수준 등을 반영하여 해당 기관을 대상으로 한 사이버안보 세부대책을 수립·시행해야 한다.

제9조(사이버공격·위협 예방 조치 등) ① 국가정보원장은 중앙행정기관등에 대한 사이버공격·위협을 예방하기 위하여 중앙행정기관등의 장이 시행하는 정보화사업(「지능정보화 기본법」 제11조제1항에 따른 지능정보화계획에 따른 사업을 포함한다)에 대하여 보안성 검토를 실시하고, 그 보안성 검토 결과의 이행 여부를 확인할 수 있다.

② 국가정보원장은 중앙행정기관등의 정보보호시스템, 암호장치, 암호모듈 및 보안기능이 있는 정보통신기기(이하 "정보보호시스템등"이라 한다)의 도입·운영에 관한 보안대책을 수립할 수 있다.

③ 국가정보원장은 중앙행정기관등이 도입·운영하는 정보보호시스템등이 제2항에 따른 보안대책에 적합한지 검증할 수 있다.

④ 국가정보원장은 정보보호시스템등을 직접 개발하여 중앙행정기관등에 보급할 수 있다.

⑤ 국가정보원장은 중앙행정기관등과 협의하여 해당 중앙행정기관등의 정보통신기기, 정보통신망 또는 이와 관련된 정보시스템의 취약요소를 발굴·개선하는 등 보안관리 컨설팅을 할 수 있다.

제10조(사이버공격 · 위협에 대한 예방 · 대응 교육) ① 중앙행정기관등의 장은 사이버 공격 · 위협에 대한 예방 및 대응 업무를 수행하는 소속 공무원 및 임직원의 직무역량을 높이기 위하여 필요한 교육을 실시해야 한다.

② 국가정보원장은 중앙행정기관등의 사이버 공격 · 위협에 대한 예방 및 대응 업무를 수행하는 공무원 및 임직원의 직무역량 향상을 지원하기 위하여 관련 교육과정을 직접 운영하거나 다른 기관 · 단체가 운영하는 교육과정을 직무역량 교육과정으로 지정할 수 있다.

제11조(사이버공격 · 위협 대응 훈련) ① 중앙행정기관등의 장은 매년 해당 기관에 대한 사이버공격 · 위협에 대응하기 위한 훈련을 실시해야 한다.

② 국가정보원장은 국가안보실장과 협의하여 중앙행정기관등에 대한 사이버공격 · 위협에 대비한 통합 훈련을 실시할 수 있다.

③ 국가정보원장은 제2항에 따른 통합 훈련을 실시하려는 경우 특별한 사유가 없으면 사전에 훈련 일정 등을 해당 중앙행정기관등의 장에게 통보해야 한다.

④ 국가정보원장은 제2항에 따른 통합 훈련 결과 필요하다고 판단하는 경우에는 해당 중앙행정기관등의 장에게 시정조치를 요청할 수 있다.

⑤ 제1항에 따른 훈련 및 제2항에 따른 통합 훈련의 범위와 세부 내용에 관하여 필요한 사항은 국가정보원장이 정한다.

제12조(사이버공격 · 위협에 대비한 진단 · 점검) ① 중앙행정기관등의 장은 해당 기관에 대한 사이버공격 · 위협에 대한 예방 및 대응에 필요한 진단 · 점검을 연 1회 이상 실시해야 한다.

② 제1항에도 불구하고 중앙행정기관등의 장이 다음 각 호의 어느 하나에 해당하는 조치를 한 경우에는 제1항에 따른 진단 · 점검을 실시한 것으로 본다.

1. 「보안업무규정」 제40조에 따른 정보통신보안감사
2. 「정보통신기반 보호법」 제9조에 따른 취약점 분석 · 평가
3. 제9조제5항에 따른 보안관리 컨설팅

③ 중앙행정기관등의 장은 제1항에 따른 진단 · 점검 결과 취약요소가 발견된 경우 이를 시정하는 등 필요한 조치를 해야 한다.

제13조(사이버공격 · 위협에 대한 예방 · 대응 실태 평가) ① 국가정보원장은 중앙행정기관등의 사이버공격 · 위협에 대한 예방 및 대응 실태를 평가할 수 있다.

② 국가정보원장은 제1항에 따른 평가를 하려는 경우 평가의 항목 · 절차 · 시기 등을 해당 중앙행정기관등의 장에게 미리 통보해야 한다.

③ 국가정보원장은 제1항에 따른 평가의 결과를 해당 중앙행정기관등의 장에게 통보해야 한다.

제14조(사이버공격 · 위협의 탐지 · 대응) ① 국가정보원장은 정부 차원에서 사이버공격 · 위협을 즉시 탐지 · 대응[이하 "보안관제(保安管制)"라 한다]하기 위하여 정부보안관제체계를 구축 · 운영해야 한다.

② 중앙행정기관등의 장은 해당 기관의 보안관제를 위하여 제1항에 따른 정부보안관제체

계와 연계된 보안관제센터를 설치·운영해야 한다. 다만, 다른 기관이 운영하는 보안관제센터를 활용하는 것이 더 효율적인 경우에는 직접 설치하지 않고 다른 기관의 보안관제센터를 활용할 수 있다.

③ 국가정보원장은 제1항에 따른 정부보안관제체계를 활용하여 각 중앙행정기관등의 장과 합동으로 해당 중앙행정기관등에 대한 보안관제를 실시할 수 있다.

④ 제1항부터 제3항까지에서 규정한 사항 외에 보안관제센터의 설치·운영 및 그 밖에 필요한 사항은 국가정보원장이 관계 중앙행정기관의 장과 협의하여 정한다.

제15조(경보 발령) ① 국가정보원장은 중앙행정기관등에 대한 사이버공격·위협에 체계적으로 대응 및 대비하기 위하여 파급영향 및 피해규모 등을 고려하여 단계별로 경보를 발령할 수 있다. 이 경우 국가안보실장과 미리 협의해야 한다.

② 제1항에도 불구하고 민간분야에 대해서는 과학기술정보통신부장관이 경보를 발령하고, 국방분야에 대해서는 국방부장관이 경보를 발령한다.

③ 국가정보원장, 과학기술정보통신부장관 및 국방부장관은 국가 차원에서의 효율적인 경보 업무를 수행하기 위하여 경보 관련 정보를 경보 발령 전에 상호 교환해야 한다.

제16조(사고 조사) ① 국가정보원장은 중앙행정기관등에 대한 사이버공격·위협으로 사고가 발생한 경우 공격 주체 규명, 원인 분석 및 피해 내역 확인 등을 위한 조사를 실시할 수 있다.

② 제1항에도 불구하고 국가정보원장은 중앙행정기관등에 대한 사이버공격·위협으로 인한 사고가 국제 및 국가배후 해킹조직 등의 위해(危害) 행위에 해당되지 않거나, 그 밖의 경미한 사고라고 판단될 경우 해당 중앙행정기관등의 장이 자체적으로 조사하게 할 수 있다.

③ 국가정보원장은 제1항 및 제2항에 따른 조사 결과 해당 사고로 유출된 것으로 판단되는 자료에 대하여 해당 중앙행정기관등의 장과 합동으로 국가안보, 국익 및 정부 정책에 미치는 영향을 평가할 수 있다.

④ 국가정보원장은 해당 중앙행정기관등의 장에게 제3항에 따른 국가안보, 국익 및 정부 정책에 미치는 영향을 최소화하기 위하여 필요한 조치를 할 것을 요청할 수 있다.

제17조(사이버안보 업무 관련 전략 등의 연구·개발) ① 국가정보원장은 사이버안보 업무의 수행에 필요한 전략·정책 및 기술을 연구·개발할 수 있다.

② 국가정보원장은 제1항에 따른 연구·개발을 위하여 「과학기술분야 정부출연연구기관 등의 설립·운영 및 육성에 관한 법률」 제8조제1항에 따라 설립된 연구기관 등을 전문기관으로 지정할 수 있다.

③ 국가정보원장은 제2항에 따라 지정된 전문기관의 업무 수행을 위하여 그 필요한 경비의 전부 또는 일부를 예산의 범위에서 지원할 수 있다.

제18조(고유식별정보의 처리) 국가정보원장 및 중앙행정기관등의 장은 다음 각 호의 업무를 수행하기 위하여 불가피한 경우 「개인정보 보호법 시행령」 제19조제1호 또는 제4호에 따른 주민등록번호 또는 외국인등록번호가 포함된 자료를 처리할 수 있다.

1. 법 제5조제2항에 따른 사이버정보업무의 수행을 위한 조사 업무
2 제16조에 따른 사고 조사 업무

부칙 〈제31356호, 2020. 12. 31.〉

제1조(시행일) 이 영은 2021년 1월 1일부터 시행한다.

제2조(사이버안보 기본대책 등에 관한 경과조치) ① 이 영 시행 당시 국가정보원장이 수립하여 시행 중인 국가사이버안전기본계획은 제8조제1항에 따른 사이버안보 기본대책으로 본다.

② 이 영 시행 당시 중앙행정기관등의 장이 수립하여 시행 중인 사이버안전대책은 제8조제2항에 따른 사이버안보 세부대책으로 본다.

제3조(보안관제센터에 관한 경과조치) 이 영 시행 당시 중앙행정기관등의 장이 설치하여 운영 중인 보안관제센터는 제14조제2항에 따른 보안관제센터로 본다.

제4조(경보 발령에 관한 경과조치) 이 영 시행 전에 경보가 발령되어 아직 해제되지 않은 경우에는 제15조에 따라 경보가 발령된 것으로 본다.

참고문헌

과학기술정보통신부 DNA+드론 기술개발사업 2020.4.29 보도자료.

과학기술정보통신부 무인이동체 원천기술개발사업 2020.3.16 보도자료.

과학기술정보통신부, 무인이동체 기술혁신과 성장10개년 로드맵, 2018.

과학기술정보통신부, 정책소통, www.msit.go.kr/submain/index.do, 2019, 2021.

국가정보포럼, 국가정보학, 박영사, 2006.

국정원(NIS), 사이버안보, www.nis.go.kr: 4016/AF/1_7.do, 2021.

국토교통부, 국내외 드론산업 동향 및 안전이슈 분석, 2019

국토교통부, 정책자료, www.molit.go.kr/portal.do, 2020, 2021.

김진오, 엄홍섭, 장상국, 김율희, 미래전의 희망, 국방로봇, 성안당, 2018.

네덜란드 델프트 대학 Alec Momont가 제안 앰뷸런스 드론, www.tudelft.nl/en/ide/ research/research-labs/applied-labs/ambulance-drone

드론 시장 전망 “World Unmanned Aerial Vehicle Systems, Market Profile and Forecast 2015”, Teal Group, 2015.

드론 택시를 위한 친환경 도심공항 복합 건축물 단지 개념 설계안, https://www.theverge.com

드론봇에 탑재된 소화탄을 활용하여 산림 화재 진압하는 광경, 세계일보, 2018.4.25.

문정인 편저, 국가정보론, 박영사, 2003.

산림청 양산국유림관리소장 김점복, 산림신문, 2019.12.10.

세계 최소형 회전익비행체, 서울신문 2006.5.19.

세계신기록 초소형 드론, 조선일보 2005.5.23.

여시재 미래산업연구팀, 모빌리티의 미래-드론 경쟁력으로 주도해야, 2020.

육군교육사령부, 육군 드론봇 및 대 드론 전투발전 방향, 2019.

윤광준, “드론산업 4차 산업 혁명 시대를 주도하다”, 《이달의 신기술》(산업통산자원부 월간지), 2017. 10.

이병석·권희춘, 《드론, 생명을 살리다》, 글로벌, 2018.

이성재, "고정익 무인항공기(드론)와 보급형 회전익 무인항공기를 이용한 지형측량 결과의 비교", TUNNEL & UNDERGROUND SPACE Vol.26, No. 1, 2016.

'이항(Ehang) 216' 드론택시, 조선일보 DB, 2020.11.

자율적으로 탐험할 수 있는 군집 드론 기술, The Science Times https://www.sciencetimes.co.kr/reporter-news

장조원, 비행의 시대, 시이언스북스, 2015.

재난치안용 멀티콥터 무인기 운용 개념, 항공우주산업기술동향 15권 2호, 2017.

중대형 드론봇을 위한 7대 핵심기술과 10대 핵심 품목, 2020.6.2. 국토교통부 보도자료.

한국무인이동체연구조합, The Counter-Drone Market Report 1·2·3, 2021 KRAUV 리포트 11·12·13호.

한국철도기술연구원 보도자료, 2020. 1. 29.

2019 무인이동체산업 및 드론 활용 실태조사보고서, 과학기술 정보통신부, 국통교통부, 2020.12.

PAV 기체와 서비스 관련 용어 및 개념, 국토교통부 2020년 11월 11일 보도자료.

Antrey Giyenko, "Intelligent Unmanned Aerial Vehicle Platform for Smart Cities", IEEE, 2016.

Comparing different CFD software with NACA 2412 airfoil, Progress in Agri. Eng. Sci. 16, 2020, 25-40.

Deep Drone, https://www.marinetechnologynews.com

Dr. Rainer Mautz, Indoor Positioning Technologies, ETH Zurich, 2012.

Drone Ship, https://en.wikipedia.org/wiki/Autonomous_spaceport_drone_ship

DRONETHUSIAST, https://www.dronethusiast.com/7-ways-you-could-use-a-drone-in-construction-projects/

en.wikipedia.org/wiki/Black_Hornet_Nano

Flapping MAV, Journal of Bionic Engineering, 2016.

Gale M. Craig, Stop Abusing Bernoulli!, -How Airplane Rellay Fly-

Hoang Vu Phan and Hoon Cheol Park, Mechanisms of collision recovery in flying beetles and flapping-wing robots, Science 370, 1214-1219, 4 December 2020.

https://samadaerospace.co.uk/docs/brochure.html

https://www.dji.com/kr/products

https://www.forbes.com/sites/jilliandonfro

https://www.intel.co.kr›drones›drone-applications

https://www.kittyhawk.aero

https://www.moog.com

Infinity: PanOceania Dronbot Remotes (REM) - Game Nerdz, https://human-sphere.com/index.php?title=Dronbot

Marilyn Monroe of Radioplane Company, https://en.wikipedia.org/wiki/Radioplane

RCR Wireless News, "https://www.rcrwireless.com/20160829/internet-of-things/drones-use-case-tag31-tag99"

UAM Market, https://www.morganstanley.com/ideas/autonomous-aircraft, 2019

www.airbus.com/innovation/zero-emission/urban-air-mobility

www.argodesign.com/work/drone-ambulance-argodesign

www.prodrone.com/notice-en/6146

www.skydio.com

찾아보기

ㄱ

가제트 로봇팔 34
각운동량(angular momentum) 9
개인용 비행체(PAV) 55
고정밀 위치 인식 89
국가보안기술연구소(NSR) 118
국가사이버안보센터 117
국방고등연구계획국(DARPA) 106, 146
그리폰 다이나믹스 58
기술 89
기술확산점(Tipping Point) 51

ㄴ

날갯짓 비행체(FMAV: Flapping Wing Aerial Vehicle) 129
네트워크 보안 109
넥스컴스 48, 61

ㄷ

다단 틸트 멀티 로터 플라잉 카 172
다단 틸트 플라잉 카 151
도심항공교통(UAM) 165
도심항공교통용 터미널(Vertiport) 176
드론 5
드론 건(Drone Gun) 141
드론 돔 139
드론 사이버보안 가이드 109
드론 센트리(Drone Sentry) 141
드론 앰뷸런스(drone ambulance) 52
드론디펜더 141
드론봇 모함 157
드론봇(dronebot) 2
드론봇전투단 5, 45
드론실드 141
드론캅 140
드론 킬러 142
드론트랙커(DroneTracker) 142
디바이스 보안 109
딥드론(deep drone) 6

ㄹ

라이다(LiDAR) 드론 70
로봇 11, 13
로봇드론맨 32

ㅁ

매니퓰레이터(Manipulator) 13, 15, 17, 18
메커니즘(Mechanism) 18
모바일 로봇(Mobile Robot) 13, 15
모바일 매니퓰레이터(Mobile Manipulator) 13, 15
무인비행체 2

ㅂ

반도체 칩 지문 114
백도어 104
버티포트(vertiport) 173
버티허브(verti-hub) 173
보안(保安) 102
보안 공격기술 107
보안 방어기술 107
볼로콥터(Volocopter) 69, 166
부스터(Booster) 34
블록체인 109

ㅅ

사용자 인터페이스(User Interface) 17
사이버보안 103
사이버보안청 119
사이버 신냉전 105
사이버안보 103, 115
사이버안보 기본법 119
사이버테러 103
사이버 안전 103
서비스 보안 109
센서 해킹 108
센싱(Sensing) 18
수직이착륙 기술 165
스네이크 드론봇 35
스마트 폴리스 조성 사업 77
스카우트(Scout) 44
스카이디오(Skydio) 27
스카이펜스 142
스파이 칩 103
시스코(CISCO) 95
시에라 4

ㅇ

아르고디자인(Argodesign) 52
아마존 24
안보(安保) 102
안전(安全) 102
안티드론법 144
알렉 모몬트(Alec Momont) 81
알파 파일럿 대회 156
양자암호 통신 114
어센딩테크놀로지 23
에어네스트(AIRNEST) 99
에어컴 58
엑센스 157
오션 드론 555 164
윙(Wing) 26
유니메이트(Unimate) 11
유령 함대(Ghost Fleet) 145
이항(Ehang) 166
인공지능 그랜드 챌린지 경연대회 155
인드로 로보틱스(InDro Robotics) 81
인텔(Intel) 22
임기 표적(Target of Opportunity) 137

ㅈ

자동 공중방어 시스템 142
작동기(Actuator) 18
재밍(Jamming) 108
저비용 무인기 군집기술(LOCUST) 146
정지 비행(hovering) 8
제4의 영토 115

제어(Control) 17
조작(Manipulation) 17
중국 제조 2025 105
지상통제시스템(GCS, Ground Control Sysyem) 157
지상통제장치(GCS) 66

ㅊ

찰스 베넷(Charles Bennett) 114
초소형 비행체(MAV) 120

ㅋ

캐리어 드론봇 157
컨트롤러 해킹 108
코르부스(Corvus) 4
쿼드콥터(Quadcopter) 8
퀄컴(Qualcomm) 23
클리퍼 4
키티 호크(Kitty Hawk) 168

ㅌ

타겟 드론(target drone) 6
탑인프라 73
통신 해킹 108
틸트로터형 43

ㅍ

파이오니어(Pioneer) 44
패롯(Parrot) 20
패스파인더 4
페이로드 35
푸가지 4
프레데터(Predator) 44

ㅎ

하이재킹 108
한국헬리콥터 49, 68
호버바이크 59
호버서프(HOVERSURF) 사 59
화웨이 105
회전력(토크, Torque) 16

기타

3A3F 180
AR 드론 20
ASDS(autonous spaceport drone ship) 7
Beehive Skyport 173
BLDC 모터 20
CityHawk 드론 56
CROW 123
D-21 44
Dennydrones 43
DHL 24
DNA+드론 기술 개발 사업 152
Firebee 43
Flying Dragon Robot 35
GLAS(Global-to-Local Safe Autonomy Synthesis) 91
GNSS(Global Navigation Satellite Systems) 92
GPS 스푸핑 108
HUMINT 147
IMINT 147

K-드론시스템 173
KUBeetle 130
Mavic Pro 27
MEMS 자이로스코프/가속도 센서 20
MEMS(초소형정밀기계기술) 121
MQ-1 프레데터(Predator) 137
MQ-9 리퍼(Reaper) 137
MRO(기체 유지보수 · 정비) 176
PAL-V Europa 사 57
Plan X 106
PRODRONE 33
PUF(Physical Unclonable Function 112
Q-Starling 개발계획 170
QueenBee 43
Skydio 2 27
Skydio X2D 29
SKYX사 99
SureFly 170
TECHINT 147
TR-60 49
U3로보틱스 157
VTOL 44, 165
WASP 123
xStation 99